安徽省高等学校省级质量工程项目

省级规划教材——工程训练实训系列教程

基本加工技术工程实训教程

主　编　邓景泉　陈洪军
副主编　支新涛　黄恭伟
主　审　陈杰平

重庆大学出版社

内容提要

本书编者秉承学生为主体的教材编写理念，按照"在理论指导下，使用设备依据工艺进行工程训练"的思路组织教学内容，着力培养学生自主学习的能力。全书分为5篇，共14章，主要内容包括冷加工(钳工、车削加工、铣削加工、磨削加工)、热加工(焊接、锻造冲压、铸造、热处理)等基础加工知识，将实践教学内容分为基本概念、工艺与设备、操作实训技能及工程训练项目4个板块，体现出知识的基础性和实用性，以及工程训练和创新实践的可操作性。努力融汇实践教学改革的最新成果，注重各章节间的内部逻辑联系，力求做到文字简练，图文并茂，便于自学。

本书可作为高等院校机械类、近机械类及其他专业的工程训练(或金工实习)教学用书，项目多样化，适应不同专业个性化教学的需要。

图书在版编目(CIP)数据

基本加工技术工程实训教程/邓景泉，陈洪军主编.—重庆：重庆大学出版社，2016.8

ISBN 978-7-5689-0010-2

Ⅰ.①基…　Ⅱ.①邓…②陈…　Ⅲ.①金属加工—教材　Ⅳ.①TG

中国版本图书馆CIP数据核字(2016)第173262号

基本加工技术工程实训教程

主　编　邓景泉　陈洪军

副主编　支新涛　黄恭伟

主　审　陈杰平

策划编辑：周　立

责任编辑：李定群　　版式设计：周　立

责任校对：贾　梅　　责任印制：赵　晟

*

重庆大学出版社出版发行

出版人：易树平

社址：重庆市沙坪坝区大学城西路21号

邮编：401331

电话：(023)88617190　88617185(中小学)

传真：(023)88617186　88617166

网址：http://www.cqup.com.cn

邮箱：fxk@cqup.com.cn(营销中心)

全国新华书店经销

重庆市远大印务有限公司印刷

*

开本：787mm×1092mm　1/16　印张：13.5　字数：337千

2016年8月第1版　2016年8月第1次印刷

印数：1—3 000

ISBN 978-7-5689-0010-2　定价：28.00元

安徽省高等学校省级质量工程项目
省级规划教材——工程训练实训系列教程
（项目编号:2013ghjc238）

编 审 委 员 会

前言

进入21世纪,我国许多地方专科院校升为本科院校,本科高等教育进入了快速发展阶段,高等教育的办学规模与内涵建设矛盾突出,教学资源紧张,教学水平参差不齐,高校间的发展相对不平衡。“以质量求生存,以特色求发展”,这是许多新建本科高校的发展口号,所以各高校不断加大办学投入,改善办学条件,提高教育教学质量。教育部先后下发了“教育部财政部关于实施高等学校本科教学质量与教学改革工程的意见”和“教育部关于进一步深化本科教学改革全面提高教学质量的若干意见”等一系列文件,强调质量是高等学校的生命线,并开始实施“质量工程”,要求高校培养出社会需求的合格人才。在“大众创业、万众创新”新形势下,日新月异的社会对高校毕业生提出了更高的要求,特别在工程实践能力、新技术应用能力以及创新意识等方面。

机械制造装备领域是知识高度密集的高技术产业,是国民经济的重要支柱和基础,是国之“重器”。在德国提出工业4.0时代后,我国也提出了“中国制造2025”等,积极推动“中国制造”由大变强,打造中国制造业升级版。从世界趋势看,装备制造产业的发展要依靠高素质的具有创新能力的工程技术人才。高等学校作为人才培养的摇篮,要培养出高质量、高素质的具有创新能力工程技术人才,必须在人才培养模式、课程体系、教育教学方法、手段等方面挖掘潜力,注重基础知识的教授,又注重工程实践能力和创新意识的培养,最终实现学生知识、能力和素质的全面发展。

教材建设是人才培养的基础工程,教材编写要有利于调动学生学习的积极性。教材是高校实现人才培养目标的重要载体,教材及教材建设对高校发展具有举足起重的作用。“授人以鱼,不如授人以渔。”自学能力是高等教育应该教授、培养学生的一项基本能力,要通过教材引导学生学会自主进行学习,同时教材本身要吸引、调动学生学习的积极性,面对日新月异的知识,只有具备了自主学习的能力,才能终身学习。基于此,必须在工程实践教学中,逐步实现由传统的实习向现代工程实践教学转变,由技术教育向创新教育转变。

编者秉承学生为主体的教材编写理念，努力贯彻教育部和财政部有关“质量工程”的文件精神，注重课程改革与教材改革配套进行，在以下几方面，本教材做了一些探索：

1. 项目驱动

着重培养学生综合应用能力，建立项目驱动法，提倡以学生为主体、教师为主导的“师傅领进门，修行靠个人”教学模式，根据具体工程训练项目可先组织学生进行有关加工工艺过程的讨论，然后再进行技能训练，以提高学生分析问题、解决问题的能力，充分调动学生学习的主观能动性，同时通过工程训练——动手来消化、加深理解所学的理论知识，从而巩固和提高教学的效果。

2. 调整知识结构，规范教学内容，扩大发展空间

本书按照“多样化与规范性相统一”的原则，根据工程训练课程的基本内容和教学特点，将实践教学内容分为基本概念、工艺与设备、操作实训技能及工程训练项目4大板块，按照“在理论指导下，使用设备依据工艺进行工程训练”的思路组织教学内容，摒弃了传统教材里冗长的理论教学部分，在操作实训项目教学部分，列举了若干个具体的工程训练实训项目作为参考。一方面可使实训环节所包含的内容更加条理化，另一方面也有利于各校在此框架下根据各自的具体条件开设有特色的工程训练项目，为工程训练项目的创新提供了广阔的空间。这样，工程训练教学内容在整体结构上更加明确和规范，既有一定的约束性，又有一定的灵活性。在规范教学的同时，为各校的教学改革和发展留有空间。在教材的内涵方面，着力体现工艺设备、工艺方法、工艺创新、工艺管理和工艺教育的有机结合，强调工程的意识。

3. 注重课程实验与工程训练的有机结合，强化知识的应用

根据当前高校教学教改中专业基础课程如工程材料、互换性与技术测量等教学时数下调的状况，本书遵循将课程实验与工程训练有机结合的原则，一定程度上弥补了课程实验在教学时数上的不足。一方面，将某些理论知识的验证内容列入工程训练中，效果比实验室来得更加生动；另一方面，某些理论知识在实践中得到应用，学生的知识得到升华。如将金属材料的热处理工艺与金属材料的力学性能工程训练内容结合起来，有助于培养学生独立获取知识的能力，有利于增强学生的工程实践能力和创新思维能力。

4. 强化创新意识，培养设计能力

开设由学生自行制订工艺方案的综合性实训课内、课外科技创新项目，如对某一个机器零部件，从其作用或功能入手，然

后绘图纸（二维、三维等），提出技术要求，并进行加工，让学生自己制订不同的工艺规程完成（达到）技术要求，最后进行方案的比较等，加强培养学生创新意识和分析问题、解决问题的能力，激发学生的创新兴趣，以期在实践教学环节上加强创新能力的培养。最后列举了历年来机械创新设计大赛的题目，工程训练综合能力竞赛“无碳小车”题目，让学生去尝试。

本书主要涉及基础加工知识，但力求把握好常规制造技术与先进制造技术的关联，如在教学中可以讲述传统机床的数字化改造方案等案例。努力融汇实践教学改革的最新成果，体现出知识的基础性和实用性，以及工程训练和创新实践的可操作性。注重各章节间的内部逻辑联系，力求做到文字简练，图文并茂，便于自学。

本书可作为高等院校机械类、近机械类及其他专业的工程训练（或金工实习）教学用书，适应不同专业个性化教学的需要，集中安排教学学时可为1~2周。

本书由滁州学院、安徽科技学院工程训练中心组织编写，全书分为5篇，共14章。参加编写的有邓景泉、陈洪军、黄恭伟、支新涛等老师。其中，邓景泉老师编写第1篇、第2篇、第4篇（第9、10、11章及第12章的气焊部分内容）、第5篇，陈洪军老师编写第3篇（第6章）、第4篇（第12章的手弧焊部分内容），黄恭伟老师编写第3篇（第5章），支新涛老师编写第3篇（第7、8章）。全书由邓景泉老师统稿，安徽科技学院陈杰平教授主审。

本教材的编写和出版，是高等教育课程和教材改革中的一种尝试，挂一漏万，一定会存在许多不足之处。希望同行和广大读者不断提出宝贵意见，使我们编写出的教材更好地为教育教学改革服务，更好地为培养高素质、具有创新能力的工程技术人才服务。

本书在编写过程中，得到安徽省2015年高等教育振兴计划重大教学改革研究项目——“大众创业、万众创新”背景下大学生创新创业教育教学模式研究——以机械类人才培养为例［项目号2015zdjy156］，2014年安徽省高等学校省级质量工程项目——机械设计制造及其自动化校企合作实践教育基地［项目号2014sjjd027］的资助，在此表示感谢！

由于编者水平有限，书中难免有缺点和错误，恳请广大同仁批评指正。

编　者

2016年3月于琅琊山下

目录

第 1 篇 工程训练及文明生产

第 1 章 机械工程训练概述

1.1 机械工程训练的含义

机械工程训练是学生在模拟现代企业或某种工程技术环境下的演习式训练;是一门实践性的工程技术基础课;是初步建立现代制造工程的概念,培养工程意识和工程素质、提高工程实践能力和创新精神的必修教学环节;是机械类、近机类学生学习机械专业基础、专业系列课程必不可少的先修课程;是学生获得生产技术及管理知识、进行工程师基本素质训练的必要途径。通过机械工程基本加工技术训练,使学生了解机械制造的一般工艺过程和基本知识,熟悉常用机械零件的常用加工方法、工艺技术、图纸文件、加工设备,熟悉典型机械机构,学会正确使用工、夹、量具,掌握安全操作规程等工程训练环节。

1.2　机械工程训练的目的

机械工程训练的目的如下：

①建立对机械制造生产基本过程的感性认识，为学生以后学习有关专业的技术基础课、专业课、毕业设计及毕业后从事实际工作打下良好的基础。

②培养实践动手能力。在机械工程训练中，学生操作各种设备，使用各种工具、夹具和量具，独立完成简单零件的加工制造全过程，培养了对简单零件具有初步选择加工方法和分析工艺过程的能力，并具有操作生产设备的技能。

③培养工程意识。通过机械工程训练，树立实践观点、劳动观点和团队协作观点，培养质量意识、环境意识、管理意识及安全生产意识等许多在课堂上无法直接体会的工程意识。

④提高综合素质，培养创新精神和创新能力。机械工程训练一般在学校工程训练中心的现场进行，实习现场不同于教室，它是生产、教学、科研三结合的场地，教学内容丰富，实习环境多变，接触面广。通过训练，培养学生的劳动观念和团队协作的工作作风，使学生遵守组织纪律、爱惜国家财产；帮助学生建立经济观点和质量意识，培养他们理论联系实际和一丝不苟的科学作风；初步培养学生在生产实践中调查、观察问题的能力，以及运用所学知识分析和解决工程实际问题的能力，提高人才综合素质。

1.3　机械工程训练的内容及要求

总的要求是深入实践、接触实际、强化动手、注重训练，培养学生工程素养。

1.3.1　工程训练的基本内容及要求（机械类专业适用）

(1)铸造

1)基本知识

①熟悉铸造生产工艺过程、特点和应用。

②了解型砂、芯砂、造型、造芯、合型、熔炼、浇注、落砂、清理及常见铸造缺陷；熟悉铸件分型面的选择；掌握手工两箱造型（整模、分模、挖砂、活块等）的特点和应用；了解三箱造型及刮板造型的特点和应用；了解机器造型的特点和应用。

③了解常用特种铸造方法（如消失模铸造等工艺）的原理、特点和应用。

④了解铸造生产安全技术、环境保护，并能进行简单经济分析。

2)基本技能

掌握手工两箱造型的操作技能，具有对铸件进行初步工艺分析的能力。

3)综合或创意（新）训练

安排课内外结合的综合工艺训练，以及设计与制作结合的创新训练。

(2)锻压

1)基本知识

①熟悉锻压生产工艺过程、特点和应用。

②了解坯料的加热、碳素钢的锻造温度范围和自由锻设备；掌握自由锻基本工序的特点；了解轴类和盘套类锻件自由锻的工艺过程；了解锻件的冷却及常见锻造缺陷。

③初步了解模锻的特点和锻模结构。

④了解普通冲床、冲模和常见冲压缺陷；熟悉冲压基本工序；了解数控冲床的工作原理、特点和应用。

⑤了解冲压工艺的特点和应用。

⑥了解锻压生产安全技术、环境保护，并能进行简单经济分析。

2）基本技能

初步掌握自由锻和板料冲压的操作技能，具有对自由锻件和冲压件进行初步工艺分析的能力。

3）综合或创意（新）训练

安排课内外结合的综合工艺训练，或设计与制作结合的创新训练。

（3）**焊接**

1）基本知识

①熟悉焊接生产工艺过程、特点和应用。

②了解焊条电弧焊机的种类和主要技术参数、电焊条、焊接接头形式、坡口形式及不同空间位置的焊接特点；了解焊接工艺参数及其对焊接质量的影响；了解常见的焊接缺陷；了解典型焊接结构的生产工艺过程。

③了解气焊设备、气焊火焰、焊丝及焊剂的作用。

④了解其他常用焊接方法（埋弧焊、气体保护焊、电阻焊、钎焊等）的特点和应用。

⑤熟悉氧气切割原理、切割过程和金属气割条件；了解等离子弧切割或激光切割的原理、特点和应用。

⑥了解焊接生产安全技术、环境保护，并能进行简单的经济分析。

2）基本技能

能正确选择焊接电流及调整气焊火焰；初步掌握焊条电弧焊、气焊的平焊操作技能。

3）综合或创意（新）训练

安排课内外结合的综合工艺训练，或设计与制作结合的创新训练。

（4）**热处理及表面处理**

①了解钢的热处理原理、作用及常用热处理方法和设备。

②了解表面处理概念、工艺与方法，例如激光表面处理等技术。

（5）**机械加工**

1）基本知识

①了解金属切削加工的基本知识。

②了解车床的型号、熟悉卧式车床的组成、运动、传动系统及用途。

③熟悉常用车刀的组成和结构、车刀的主要角度及其作用；了解对刀具材料性能的要求；了解常用和超硬刀具材料的性能、特点和应用。

④了解轴类、盘套类零件装夹方法的特点及常用附件的结构和用途。

⑤掌握车外圆、车端面、钻孔和车孔的方法。

⑥掌握车槽、车断及锥面。了解成形面、螺纹的车削方法。

⑦了解常用铣床、刨床和磨床的组成、运动和用途；了解其常用刀具和附件的结构、用途及简单分度的方法。

⑧熟悉铣削、磨削的加工方法；了解刨削和常用齿形的加工方法。

⑨了解切削加工常用方法所能达到的尺寸公差等级、表面粗糙度 R_a 值的范围及其测量方法。

⑩了解机械加工安全技术、环境保护，并能进行简单的经济分析。

2）基本技能

①掌握卧式车床的操作技能，能按零件的加工要求正确使用刀、夹、量具，独立完成简单零件的车削加工。

②熟悉铣床的基本操作方法；了解磨床的基本操作方法。

③具有对简单的工件进行初步工艺分析的能力。

3）综合或创意（新）训练

安排车削加工的综合工艺训练或自主设计的创意（新）实践训练。

（6）钳工

1）基本知识

①熟悉钳工工作在机械制造及维修中的作用。

②掌握划线、锯削、锉削、钻孔、攻螺纹及套螺纹的方法和应用。

③了解刮削的方法和应用。

④了解钻床的组成、运动和用途；了解扩孔、铰孔和锪孔的方法。

⑤了解机械部件装配的基本知识。

⑥了解自动化装配的概念。

2）基本技能

①掌握钳工常用工具、量具的使用方法；能独立完成钳工作业件。

②具有装拆简单部件的技能。

3）综合或创意（新）训练

安排难度适中的综合训练或创新设计与制作。

几点说明：

①建议实习时间为2周，每周5天，每天7 h。铸造、热处理、锻压和焊接实习时间占1/3；车工实习时间占1/3；铣工和磨工实习时间占1/6；钳工实习时间占1/6。各院校也可根据不同的专业需要，在满足教学基本要求的前提下，对时间分配作适当调整，逐步增加对新技术和新工艺的训练。

②应积极创造条件，充实新工艺、新技术的教学内容，积极开展形式多样、具有独立思维的综合训练或创新实践训练。

③充分利用工程实践教学基地的优质资源。

④应健全实践教学组织机构，配备适当数量的、素质较高的人员辅导实习；要创建优秀教学团队，教师在实习中应发挥主导作用。

在教学基本要求中有关认知层次提法的说明：

①了解：是指对知识有初步和一般的认识。

②熟悉：是指对知识有较深入的认识，具有初步运用的能力。

③掌握:是指对知识有具体和深入的认识,具有一定的分析和运用能力。

总之,各院校可根据自己的特点,在某些教学内容上提出比基本要求更高的要求,逐步形成特色,努力提高课程的教学水平,确保实践教学质量。

1.3.2　工程训练的基本内容及要求(非机械类专业适用)

(1)铸造模块

①了解铸造生产工艺过程、特点和应用。

②了解砂型铸造工艺的主要内容;了解铸件分型面的选择;熟悉两箱造型(整模、分模、挖砂等)的特点和应用;能独立完成简单铸件的两箱造型;了解常见铸造缺陷;了解机器造型的特点和应用。

③了解常用特种铸造方法的特点和应用。

④了解铸造生产的环境保护及安全技术。

(2)锻压模块

①了解锻压生产工艺过程、特点和应用。

②了解自由锻工艺的主要内容:坯料加热、碳钢的锻造温度范围、空气锤的大致结构、主要基本工序(镦粗、拔长、冲孔)的特点和常见锻造缺陷;能制作锻造作业件。

③了解模锻的特点和应用。

④了解冲床和冲模的大致结构及冲压基本工序的特点。

⑤了解钣金工艺的特点和应用。

⑥了解锻压生产环境保护及安全技术。

(3)焊接模块

①了解焊接生产工艺过程、特点和应用。

②了解焊条弧焊工艺的主要内容:焊条弧焊机的种类和主要技术参数、电焊条、焊接工艺参数和常见焊接缺陷;能进行焊条弧焊的平焊操作。

③了解气焊、气割设备和气焊火焰,能进行气焊的平焊操作;了解气割过程及金属气割条件;了解等离子弧切割的特点和应用。

④了解其他焊接方法的特点和应用。

⑤了解焊接生产的环境保护及安全技术。

(4)热处理模块

①了解常用钢铁材料的种类、牌号、性能特点及选用。

②了解热处理的作用及钢的常用热处理方法。

③了解激光表面处理等先进表面处理方法。

④了解热处理的环境保护及安全技术。

(5)机械切削加工模块

①熟悉卧式车床的组成、运动和用途。

②了解车床及主要附件的大致结构和用途;了解常用车刀的种类和材料。

③熟悉常用量具及其使用方法。

④熟悉车外圆、车端面、钻孔、车孔、车槽和车断的方法;了解成形面、螺纹的车削特点。能独立完成简单零件的车削加工。

⑤了解铣削、刨削、磨削加工的特点和应用;能在 1 ~2 种机床上加工零件或作业件。

⑥了解机械切削加工的环境保护及安全技术。

⑦适量安排综合训练或创意实践训练。

(6)**钳工模块**

①了解钳工工作在机械制造和维修中的作用。

②了解钻床的大致结构和操作方法。

③熟悉锯削、锉削和钻孔的基本技能;了解划线、攻螺纹、套螺纹、扩孔及铰孔的方法。

④了解装配的基本知识。

⑤了解钳工工作的安全技术。

几点说明:

①由于非机械类专业的数量多、差异大,时间短,实践教学资源宜采用模块式的组织方法,以方便不同专业的选课和针对不同专业特点组织教学。

②建议实习时间为 1 周,每周 5 天,每天 7 h。教师在实习中应发挥主导作用。

③应鼓励结合不同行业与专业需要,充实新设备、新工艺、新技术的教学内容。

④非机械类专业包括机械类以外的其他工科专业,以及文、理、医、艺术和管理等专业。其中,近机类专业可参照机械类专业的课程教学基本要求。

⑤组织学生了解 1 ~2 种常见工业产品的生产流程。

第 2 章
安全文明生产和职业道德

2.1 安全文明生产

安全生产是我国在生产建设中一贯坚持的方针。国家对不断改善劳动条件、做好劳动保护工作、保证生产者的健康和安全历来十分重视,国家制订并颁布了《工厂安全卫生规程》等文件,为安全生产指明了方向。每一起安全事故都是血淋淋的教训,事故的主观原因肯定是没有严格遵守安全文明生产规程。

机械工程训练的最基本要求是保证人和设备在实习中的安全。人是实习中的决定因素,设备是实习的手段,没有人和设备的安全,实习就无法进行。特别是人身的安全尤为重要,不能保证人身的安全,设备的作用无法发挥,实习也就不能顺利、安全地进行。

在机械工程训练中,如果实习人员不遵守工艺操作规程或者缺乏足够的安全知识,容易发生机械伤害、触电、烫伤等工伤事故。因此,为保证实习人员的安全和健康,必须进行安全实习知识的教育,使所有参加实习的人员都树立起“安全第一”的观念,懂得并严格执行有关的安全技术规章制度。

实习中的安全技术有冷、热加工安全技术和电气安全技术等,上岗前认真学习各工种的安全守则,严格遵守各工种的安全操作规程。

冷加工主要是指车、铣、刨、磨及钻等切削加工。其特点是使用的装夹工具、被切削的工件或刀具间不仅有相对运动,而且速度较高,如果设备防护不好,操作者不注意遵守操作规程,很容易造成各种机器运动部位对人体及衣物由于绞缠、卷入等引起的人身伤害。注意:“先学停车再学开车”;工作前,应先检查设备状况,无故障后再实习;严禁用手或嘴清除切屑,必须用钩子或刷子;重物及吊车下不得站人,等等。

热加工一般是指铸造、锻造、焊接及热处理等工种。其特点是生产过程伴随着高温、有害气体、粉尘及噪声,这些都严重恶化了劳动条件。在热加工工伤事故中,烫伤、灼伤、喷溅及砸碰伤害约占事故的70%,应引起高度重视。

电是各种机床传动、电器控制以及加热、高频热处理和电焊等方面的重要能源。实习时,必须严格遵守电气安全守则,避免触电事故。下班后或中途停电时,必须关闭所有设备的电气开关。

避免安全事故的基本要点如下:

①绝对服从实习指导教师的指挥,树立安全意识和自我保护意识,确保充足的体力和精力。

②严格遵守着装方面的要求,按要求穿戴好规定的工作服及防护用品。

③必须每天清扫实习场地,保持设备整洁、通道畅通。

2.2 职业道德

职业作为认识和管理社会的基础性工作。是人的社会角色的重要方面。道德是逐步形成的具有普遍约束力的社会行为规范。为此,要求广大从业人员要有高度的责任感和使命,热爱工作,献身事业,树立崇高的职业荣誉感。要克服任务繁重、条件艰苦等困难,勤勤恳恳,任劳任怨,甘于寂寞,乐于奉献。要适应新形势的变化,刻苦钻研。加强个人的道德修养,处理好个人、集体、国家三者关系,树立正确的世界观、人生观和价值观;把继承中华民族传统美德与弘扬时代精神结合起来,坚持解放思想、实事求是,与时俱进、勇于创新,淡泊名利、无私奉献。机械行业是工业大系统的基础,眼下我们国家正在从制造大国到制造强国转变,急需大量为民族发展献身的仁人志士,以实现中国梦。

职业道德是社会分工的产物,人们的职业生活实践是职业道德产生的基础。职业道德反映着特定的职业关系,具有特定职业的业务特征,因而它的作用范围仅仅局限于特定的职业活动中,只对从事特定职业的人们具有约束力。职业道德通常以规章制度、工作守则、服务公约、劳动规程、行为须知等形式表现出来。中国古代的医生,在长期的医疗实践中形成了优良的医德传统。“疾小不可云大,事易不可云难,贫富用心皆一,贵贱使药无别”,是医界长期流传的医德格言。公元前5世纪古希腊的《希波克拉底誓言》,是西方最早的医界职业道德文献。

机械行业职业道德的内容与职业实践活动紧密相连,反映着机械制造这个特定职业活动对从业人员行为的道德、行为准则的要求。原则上能规范本行业从业人员的职业行为,在特定的职业范围内发挥作用。

机械行业从业人员在职业实践中,经过职业道德教育和修养,认识到本职工作的社会意义,树立起献身本职工作的决心,就逐步形成职业责任感、自豪感、职业良心、职业理想以及职业道德品质,从而在机械行业中树立起良好的职业道德风尚。

尊职敬业是机械行业从业人员应该具备的一种崇高精神,是做到求真务实、优质服务、勤奋奉献的前提和基础。从业人员首先要安心工作、热爱工作,献身所从的行业,不怕油污、灰尘、噪声等,把自己远大的理想和追求落到工作实处,工作中不放过任何问题。0.000 1 mm的装配、制造误差足以影响装备的关键质量,误差的累积可以导致装备的失效,所以只有具有高尚的职业道德,才能在平凡的工作岗位上作出非凡的贡献。从业人员有了尊职敬业的精神,就能在实际工作中积极进取、忘我工作,把好工作质量关。对工作认真负责和核实,把工作中所得出的成果,作为自己的天职和莫大的荣幸;同时,认真分析工作中的不足,并积累实践经验。

敬业奉献是从业人员的职业道德的内在要求。随着市场经济市场的发展,对从业人员的职业观念、态度、技能、纪律和作风都提出了新的更高的要求。制造业是现代工业企业的基础，高端的制造业，特别是高端成套设备更是制造业的王牌，应加快发展；否则，我们始终是世界的制造中心，是制造大国，而不是制造强国，始终不能引领制造业的发展方向。制造业要认识到自己的压力，中低端的产品成本不如东南亚，高端的产品技术不如西方发达国家，这就是压力，就是动力。因此，要把机械装备制造业看作民族振兴的基石，“中国制造 2025”需要众多的具有高尚职业道德的机械行业从业人员。

第2篇 金属材料常识及型材认知

第3章 金属材料常识

3.1 金属材料概述

金属材料具有良好的导电性、导热性、延展性以及金属光泽，且具有较好的力学性能，是目前用量最大、应用最广泛的工程材料。金属材料分为黑色金属和有色金属两类。黑色金属是指铁(即钢铁材料)、锰、铬及其合金。2010 年，世界黑色金属年产量已达约 14 亿 t。其中，钢和铁应用最广，占整个材料产量的 80% 以上。黑色金属具有优良的机械性能，价格便宜，是最重要的工程金属材料。有色金属是指除黑色金属之外的所有金属及其合金。有色金属的种类很多，根据其特性不同又可分为轻金属、重金属、贵金属、稀有金属、稀土金属及碱土合金等。它们是重要的功能材料。

3.2　碳素钢(碳钢)

含碳量≤2.11%的铁碳合金称为碳素钢。主要成分铁和5大元素碳、硅、锰、硫、磷。根据硫磷含量又分为:普通碳钢的硫磷含量是S≤0.055%,P≤0.045%;优质碳钢的硫磷含量是S≤0.040%,P≤0.040%;高级优质碳钢是S≤0.030%,P≤0.035%。

(1)**普通碳素结构钢**

有害杂质元素S,P含量相对较高,综合机械性能和耐蚀性较差,故不宜用在较重要的场合。但普通碳素结构钢价格便宜,工程上常用于各种构架、支架等受力不大的场合,如Q195,Q215等。结构钢主要用于制造工程构件和机器零件等用的钢。按用途不同,结构钢又可分为建造用钢和机械用钢两类。

1)建造用钢

建造用钢用于建造锅炉、船舶、桥梁、厂房及其他建筑用钢,这类钢,通常要经过焊接施工,所以一般含碳量不超过0.25%的低碳钢,多在热轧或正火状态下使用。

2)机械用钢

机械用钢用于制造机器或机械零件的钢,这类钢往往要经过渗碳或调质处理后才使用。

(2)**优质碳素结构钢**

优质碳素钢中的有害杂质元素S,P比普通碳素钢低,综合机械性能、耐蚀性等均优于普通碳素钢。优质碳素钢与高级优质碳素钢相比,价格适中,是工程上应用最广泛的碳素钢。例如,8,20,45,60号钢等,常用来制造轴、机械零件等。

(3)**高级优质碳素钢**

高级优质碳素钢各方面性能略优于优质碳素钢,但价格较高,工程上用得并不多。一般情况下,如果采用优质碳素钢不能满足使用条件要求时,将考虑选用相应的合金钢而不用高级优质碳素钢。高级优质碳素钢在优质碳素钢的牌号后加A,如T10A。

碳素工具钢是用以制造切削刀具、量具、模具及耐磨工具的钢。工具钢具有较高的硬度,在高温下能保持高硬度和红硬性,以及高的耐磨性和适当的韧性。

3.3　合金钢

为了提高、改善钢的机械性能、工艺性能或物理化学性能,有意识地向钢中加入一些合金元素,由此得到合金钢。合金钢与碳素钢相比,具有较高的强度、较好的耐热性、较好的耐低温性能、较好的耐腐蚀性能等优点。

常用合金钢有低合金钢、不锈钢、耐热钢及低温钢。

3.4 铁

含碳量大于2.11%的铁碳合金，称为铁（工业企业所用铁是指铁碳合金，是混合物；不同于化学概念的铁，它是元素，是纯净物）。与钢相比较，铁的力学性能较差，但铸造性能、切削加工性能好，而且石墨的存在可起到减磨、减振的作用。它用于制造机床床身、汽缸、箱体等结构件。

3.5 铝及铝合金

纯铝的密度小（密度2.7 g/cm^3），大约是铁的1/3，熔点低（660 ℃），铝是面心立方结构，故具有很高的塑性（延伸率32%～40%，断面收缩率70%～90%），易于加工，可制成各种型材、板材，抗腐蚀性能好。

铝合金由于比强度高，在航空工业中占有特殊的地位。铝合金密度低，但强度比较高，接近或超过优质钢，塑性好，可加工成各种型材，具有优良的导电性、导热性和抗蚀性，工业上广泛使用，使用量仅次于钢。

飞机都以铝合金作为主要结构材料。飞机上的蒙皮、梁、肋、桁条、隔框及起落架都可用铝合金制造。飞机依用途的不同，铝的用量也不一样。着重于经济效益的民用机因铝合金价格便宜而大量采用，如波音767客机采用的铝合金约占机体结构质量的81%。军用飞机因要求有良好的作战性能而相对地减少铝的用量，如最大飞行速度为2.5马赫的F-15高性能战斗机仅使用35.5%铝合金。有些铝合金有良好的低温性能，在－253～－183℃下不冷脆，可在液氢和液氧环境下工作，它与浓硝酸和偏二甲肼不起化学反应，具有良好的焊接性能，因而是制造液体火箭的好材料。发射“阿波罗”号飞船的“土星”5号运载火箭各级的燃料箱、氧化剂箱、箱间段、级间段、尾段及仪器舱都用铝合金制造。

航天飞机的乘员舱、前机身、中机身、后机身、垂尾、襟翼、升降副翼及水平尾翼都是用铝合金制做的。各种人造地球卫星和空间探测器的主要结构材料也都是铝合金。

铝和铝合金经加工成一定形状的材料统称铝材，包括板材、带材、箔材、管材、棒材、线材及型材等。

3.6 铜及铜合金

纯铜是玫瑰红色金属，表面形成氧化铜膜后呈紫色，故工业纯铜常称紫铜或电解铜。密度为8.9 g/cm^2，熔点1 083 ℃。纯铜导电性很好，仅次于银，大量用于制造电线、电缆、电刷等；导热性好，常用来制造须防磁性干扰的磁学仪器、仪表，如罗盘、航空仪表等；塑性极好，易于热压和冷压加工，可制成管、棒、线、条、带、板、箔等铜型材。杂质元素会降低导电性和导热性。工业纯铜耐蚀性好，可在大气、淡水、水蒸气及海水中工作。

铜合金以黄铜、青铜最为常用。黄铜是由铜和主加元素锌所组成的合金。它常被用于制造阀门、水管、空调内外机连接管和散热器等。含锌 30% 的黄铜常用来制作弹壳，俗称弹壳黄铜或七三黄铜。青铜是我国使用最早的合金，至今已有 3 000 多年的历史。青铜原指铜锡合金，现指除黄铜、白铜（铜镍合金）以外的铜合金，并常在青铜名字前冠以第一主要添加元素的名。锡青铜的铸造性能、减摩性能和机械性能较好，适用于制造轴承、蜗轮、齿轮等。

第4章 型材认知

4.1 型材概述

型材是铁或钢以及具有一定强度和韧性的材料(如塑料、铝、铜、玻璃纤维等)通过轧制,挤出,铸造等工艺制成的具有一定几何形状的物体。按照钢的冶炼质量不同,型钢分为普通型钢和优质型钢。普通型钢按现行金属产品目录,又分为大型型钢、中型型钢、小型型钢。普通型钢按其断面形状,又可分为工字钢、槽钢、角钢、圆钢等。其中,大型型钢中工字钢、槽钢、角钢、扁钢都是热轧的,圆钢、方钢、六角钢除热轧外,还有锻制、冷拉等。

工字钢、槽钢、角钢广泛应用于工业建筑和金属结构,如厂房、桥梁、船舶、农机车辆制造、输电铁塔,运输机械、往往配合使用。扁钢主要用作桥梁、房架、栅栏、输电、船舶、车辆等。圆钢、方钢用作各种机械零件、农机配件、工具等。

图4.1 国家体育运动中心——鸟巢钢(所用钢材Q460)

4.2　角钢(GB/T 706—2008)

角钢俗称角铁,是两边互相垂直成角形的长条钢材(见图4.2)。角钢有等边角钢和不等边角钢之分。等边角钢的两个边宽相等。其规格以边宽×边宽×边厚的毫米(mm)数表示。例如,∠30×30×3即表示边宽为30 mm、边厚为3 mm的等边角钢。也可用型号表示,型号是边宽的厘米(cm)数,如∠3#。型号不表示同一型号中不同边厚的尺寸,因而在合同等单据上将角钢的边宽、边厚尺寸填写齐全,避免单独用型号表示。热轧等边角钢的规格为2#—20#。

角钢可按结构的不同需要组成各种不同的受力构件,也可作构件之间的联接件。它广泛地用于各种建筑结构和工程结构,如房梁、桥梁、输电塔、起重运输机械、船舶、工业炉、反应塔、容器架以及仓库货架等。角钢属建造用碳素结构钢,是简单断面的型钢钢材,主要用于金属构件及厂房的框架等。在使用中要求有较好的可焊性、塑性变形性能及一定的机械强度。生产角钢的原料钢坯为低碳方钢坯,成品角钢为热轧成形、正火或热轧状态交货。

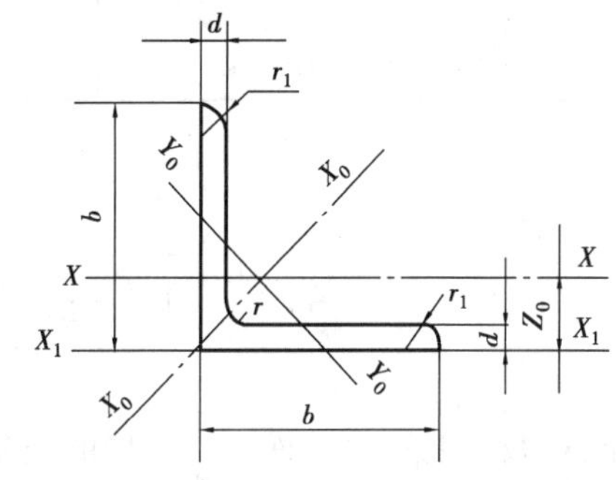

图4.2　角钢示意图

表4.1　常用角钢部分技术参数

型　号	b /mm	d /mm	x /mm	截面积 /cm²	理论质量 /(kg·m⁻¹)	外表面积 /cm²
2	20	3	3.5	1.132	0.889	0.078
		4		1.459	1.145	0.077
2.5	25	3		1.432	1.124	0.098
		4		1.859	1.459	0.097
3	30	3	4.5	1.749	1.373	0.117
		4		2.276	1.786	
3.6	36	3		2.109	1.656	0.141
		4		2.756	2.163	
		5		3.382	2.654	

续表

型　号	b /mm	d /mm	x /mm	截面积 /cm^2	理论质量 /($kg \cdot m^{-1}$)	外表面积 /cm^2
4	40	3	5	2.359	1.852	0.157
		4		3.086	2.422	
		5		3.791	2.976	0.156
4.5	45	3		2.659	2.088	0.177
		4		3.486	2.736	
		5		4.292	3.369	0.176
		6		5.076	3.985	
5	50	3	5.5	2.971	2.332	0.197
		4		3.897	3.659	
		5		4.083	3.77	0.196
		6		5.688	4.465	

4.3　工字钢(GB/T 706—2008)

工字钢也称钢梁,是截面为工字形的长条钢材(见图4.3)。其规格以腰高 h × 腿宽 b × 腰厚 d 的毫米数表示。例如,I 160 ×88 ×6 即表示腰高为 160 mm、腿宽为 88 mm、腰厚为 6 mm 的工字钢。工字钢的规格也可用型号表示,型号表示腰高的厘米(cm)数,如I 16#。腰高相同的工字钢,如有几种不同的腿宽和腰厚,需在型号右边加 a,b,c 予以区别,如 32a#,32b#,32c# 等。工字钢分普通工字钢和轻型工字钢,热轧普通工字钢的规格为 10—63#。经供需双方协议供应的热轧普通工字钢规格为 12—55#。工字钢广泛用于各种建筑结构、桥梁、车辆、支架、机械等。

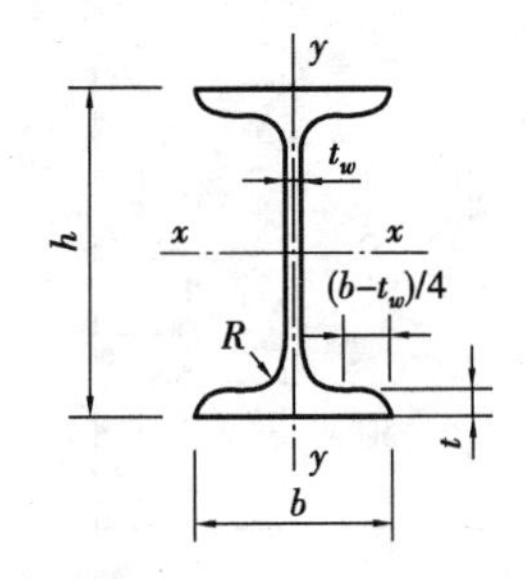

图4.3　工字钢示意图

表4.2 常用工字钢部分技术参数

型号		尺寸/mm					截面面积 /cm^2	理论质量 /(kg · m^{-1})	x-x 轴				y-y 轴		
		h	b	t_w	t	R			I_x /cm^4	W_x /cm^3	i_x /cm	I_xS_x /cm	I_y /cm^4	W_y /cm^3	I_y /cm
10		100	68	4.5	7.6	6.5	14.3	11.2	245	49	4.14	8.69	33	9.6	1.51
12.6		126	74	5	8.4	7	18.1	14.2	488	77	5.19	11.0	47	12.7	1.61
14		140	80	5.5	9.1	7.5	21.5	16.9	712	102	5.75	12.2	64	16.1	1.73
16		160	88	6	9.9	8	26.1	20.5	1 127	141	6.57	13.9	93	21.1	1.89
18		180	94	6.5	10.7	8.5	30.7	24.1	1 699	185	7.37	15.4	123	26.2	2.00
20	a	200	100	7	11.4	9	35.5	27.9	2 369	237	8.16	17.4	158	31.6	2.11
	b		102	9			39.5	31.1	2 502	250	7.95	17.1	169	33.1	2.07
22	a	220	110	7.5	12.3	9.5	42.1	33	3 406	310	8.99	19.2	226	41.1	2.32
	b		112	9.5			46.5	36.5	3 583	326	8.78	18.9	240	42.9	2.27
25	a	250	116	8	13	10	48.5	38.1	5 017	401	10.20	21.7	280	45.4	2.40
	b		118	10			53.5	42	5 278	422	9.93	21.4	297	50.4	2.36

4.4 H型钢(截面形状为H形)(GB/T 706—2008)

H型钢也称宽腿工字钢,用带方能机架的H型钢轧机来轧制的(见图4.4)。H型钢的特点是两腿平行,腿的内侧没有斜度。H型钢型号以公称高度表示,其后标注A,B,C等,表示不同规格(如HK200C#)。也可采用高度(H)×宽度(B)×腹板厚度(T_1)×翼板厚度T_2表示,如HK200×206×15.0×25.0。

H型钢截面形状经济合理,力学性能好,轧制时截面上各点延伸较均匀,内应力小,与普通工字钢相比,具有截面模数大,质量轻,节省金属等优点。它用于建筑结构,可使结构减轻30%~40%。又因其腿内外侧平行,腿端是直角,拼装组合成构件,可节约焊接、铆接工作量达25%。常用于要求承载能力大,截面稳定性好的大型建筑(如高层建筑、厂房等)、桥梁、船舶、起重运输机械、机械基础、支架及基础桩等。

热轧H型钢根据不同用途合理分配截面尺寸的高宽比,具有优良的力学性能和优越的使用性能。设计风格灵活、丰富。在梁高相同的情况下,钢结构的开间可比混凝土结构的开间大50%,从而使建筑布置更加灵活。

以热轧H型钢为主的钢结构,其结构科学合理,塑性和柔韧性好,结构稳定性高,适用于承受振动和冲击载荷大的建筑结构。它抗自然灾害能力强,特别适用于一些多地震发生带的建筑结构。据统计,在世界上发生7级以上毁灭性的大地震灾害中,以H型钢为主的钢结构建筑受害程度最小。

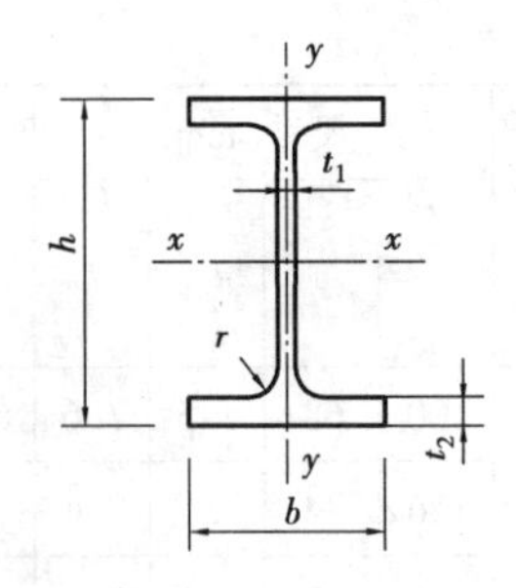

图 4.4　H 型钢示意图

表 4.3　常用 H 型钢部分技术参数

类别	H 型钢规格	截面积	质量	x-x 轴			y-y 轴		
	$(h\times b\times t_1\times t_2)$	A /cm²	g /(kg · m⁻¹)	I_x /cm⁴	W_x /cm³	i_x /cm	I_y /cm⁴	W_y /cm³	I_y /cm
HN（窄翼缘型）	100 × 50 × 5 × 7	12.16	9.54	192	38.5	3.98	14.9	5.96	1.11
	125 × 60 × 6 × 8	17.01	13.3	417	66.8	4.95	29.3	9.75	1.31
	150 × 75 × 5 × 7	18.16	14.3	679	90.6	6.12	49.6	13.2	1.65
	175 × 90 × 5 × 8	23.21	18.2	1 220	140	7.26	97.6	21.7	2.05
	198 × 99 × 4.5 × 7	23.59	18.5	1 610	163	8.27	114	23	2.2
	200 × 100 × 5.5 × 8	27.57	21.7	1 880	188	8.25	134	26.8	2.21
	248 × 124 × 5 × 8	32.89	25.8	3 560	287	10.4	255	41.1	2.78
	250 × 125 × 6 × 9	37.87	29.7	4 080	326	10.4	294	47	2.79
	298 × 149 × 5.5 × 8	41.55	32.6	6 460	433	12.4	443	59.4	3.26
	300 × 150 × 6.5 × 9	47.53	37.3	7 350	490	12.4	508	67.7	3.27
	346 × 174 × 6 × 9	53.19	41.8	11 200	649	14.5	792	91	3.86
	350 × 175 × 7 × 11	63.66	50	13 700	782	14.7	985	113	3.93

4.5　槽钢（GB/T 706—2008）

槽钢是截面为凹槽形的长条钢材，如图 4.5 所示。型号和规格的表示方法同样以腰高 h × 腿宽 b × 腰厚 d 的毫米（mm）数表示，如 120 mm × 53 mm × 5 mm。

槽钢主要用于建筑结构、车辆制造和其他工业结构，槽钢还常常和工字钢配合使用。槽钢属建造用和机械用碳素结构钢，是复杂断面的型钢钢材，其断面形状为凹槽形。槽钢主要用于建筑结构、幕墙工程、机械设备和车辆制造等。在使用中，要求其具有较好的焊接、铆接性能及综合机械性能。产槽钢的原料钢坯为含碳量不超过 0.25% 的碳结钢或低合金钢钢坯。成品槽钢经热加工成形、正火或热轧状态交货。其规格以腰高 h × 腿宽 b × 腰厚 d 的毫米（mm）数表示，如 100 ×

48×5.3表示腰高为100 mm、腿宽为48 mm、腰厚为5.3 mm的槽钢,或称10#槽钢。腰高相同的槽钢,如有几种不同的腿宽和腰厚也需在型号右边加a,b,c予以区别,如25#a,25#b,25#c等。

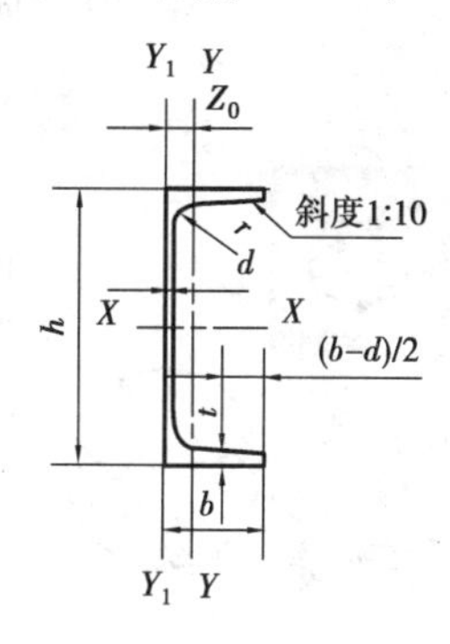

图4.5 普通槽钢示意图

表4.4 常用槽钢部分技术参数

<table>
<tr><th>型 号</th><th>h
/mm</th><th>b
/mm</th><th>d
/mm</th><th>t
/mm</th><th>x
/mm</th><th>x_1
/mm</th><th>截面面积
/cm^2</th><th>理论质量
/(kg·m^{-1})</th></tr>
<tr><td>5</td><td>50</td><td>37</td><td>4.5</td><td>7</td><td>7</td><td>3.5</td><td>6.928</td><td>5.438</td></tr>
<tr><td>6.3</td><td>63</td><td>40</td><td>4.8</td><td>7.5</td><td>7.5</td><td>3.8</td><td>8.451</td><td>6.634</td></tr>
<tr><td>8</td><td>80</td><td>43</td><td>5</td><td>8</td><td>8</td><td>4</td><td>10.248</td><td>8.045</td></tr>
<tr><td>10</td><td>100</td><td>48</td><td>5.3</td><td>8.5</td><td>8.5</td><td>4.2</td><td>12.748</td><td>10.007</td></tr>
<tr><td>12.6</td><td>126</td><td>53</td><td>5.5</td><td>9</td><td>9</td><td>4.5</td><td>15.692</td><td>12.318</td></tr>
<tr><td>14a</td><td rowspan="2">140</td><td>58</td><td>6</td><td rowspan="2">9.5</td><td rowspan="2">9.5</td><td rowspan="2">4.8</td><td>18.516</td><td>14.535</td></tr>
<tr><td>14b</td><td>60</td><td>8</td><td>21.316</td><td>16.733</td></tr>
<tr><td>16a</td><td rowspan="2">160</td><td>63</td><td>6.5</td><td rowspan="2">10</td><td rowspan="2">10</td><td rowspan="2">5</td><td>21.962</td><td>17.24</td></tr>
<tr><td>16</td><td>65</td><td>8.5</td><td>25.162</td><td>19.752</td></tr>
<tr><td>18a</td><td rowspan="2">180</td><td>68</td><td>7</td><td rowspan="2">10.5</td><td rowspan="2">10.5</td><td rowspan="2">5.2</td><td>25.699</td><td>20.174</td></tr>
<tr><td>18</td><td>10</td><td>9</td><td>29.299</td><td>23</td></tr>
<tr><td>20a</td><td rowspan="2">200</td><td>73</td><td>7</td><td rowspan="2">11</td><td rowspan="2">11</td><td rowspan="2">5.5</td><td>28.837</td><td>22.637</td></tr>
<tr><td>20</td><td>75</td><td>9</td><td>32.831</td><td>25.777</td></tr>
<tr><td>22a</td><td rowspan="2">220</td><td>77</td><td>7</td><td rowspan="2">11.5</td><td rowspan="2">11.5</td><td rowspan="2">5.8</td><td>31.846</td><td>24.999</td></tr>
<tr><td>22</td><td>79</td><td>9</td><td>36.246</td><td>28.453</td></tr>
<tr><td>25a</td><td rowspan="3">250</td><td>78</td><td>7</td><td rowspan="3">12</td><td rowspan="3">12</td><td rowspan="3">6</td><td>34.917</td><td>27.41</td></tr>
<tr><td>25b</td><td>80</td><td>9</td><td>39.917</td><td>31.335</td></tr>
<tr><td>25c</td><td rowspan="2">82</td><td>11</td><td>44.917</td><td>35.26</td></tr>
<tr><td>28a</td><td rowspan="3">280</td><td>7.5</td><td rowspan="3">12.5</td><td rowspan="3">12.5</td><td rowspan="3">6.2</td><td>40.034</td><td>31.427</td></tr>
<tr><td>28b</td><td>84</td><td>9.5</td><td>45.634</td><td>35.823</td></tr>
<tr><td>28c</td><td>86</td><td>11.5</td><td>51.234</td><td>40.219</td></tr>
</table>

4.6 圆钢(GB/T 702—2008)

图4.6 圆钢示意图

圆钢是截面为圆形的实心长条钢材,如图4.6所示。圆钢因加工状态和方法不同,分为热轧、锻制和冷拉3种。圆钢的规格以直径的毫米数表示。其主要用途是:ϕ5.5~ϕ25 mm的小型圆钢适用于建筑结构件、螺钉、螺栓及各种机械零件。大于ϕ25 mm的圆钢主要用于制造机械零件、自行车配件、锻件坯料及无缝钢管的管坯等。

表4.5 常用圆钢部分技术参数

序号	d或a /mm	圆钢截面积 /cm^2	方钢截面积 cm^2	圆钢质量 /($kg \cdot m^{-1}$)	方钢质量 /($kg \cdot m^{-1}$)
1	5.5	0.24	0.30	0.19	0.24
2	6	0.28	0.36	0.22	0.28
3	6.5	0.33	0.42	0.26	0.33
4	7	0.38	0.49	0.30	0.39
5	8	0.50	0.64	0.40	0.50
6	9	0.64	0.81	0.50	0.64
7	10	0.79	1.00	0.62	0.79
8	(11)	0.95	1.21	0.75	0.95
9	12	1.13	1.44	0.89	1.13
10	13	1.33	1.69	1.04	1.33
11	14	1.54	1.96	1.21	1.54
12	15	1.77	2.25	1.39	1.17
13	16	2.01	2.56	1.58	2.01
14	17	2.27	2.89	1.78	2.27
15	18	2.55	3.24	2.00	2.54
16	19	2.84	3.61	2.23	2.83
17	20	3.14	4.00	2.47	3.14
18	21	3.46	4.41	2.72	3.46
19	22	3.80	4.84	2.98	3.80
20	(23)	4.15	5.29	3.26	4.15
21	24	4.52	5.76	3.55	4.52

4.7　方钢(GB/T 702—2008)

方钢是截面为正方形的长条钢材,如图4.7所示。方钢分为热轧、锻制和冷拉3种。其规格以正方形的边长的毫米(mm)数表示。其主要用途是:热轧方钢主要用于制造各种结构件和机械零件,也可用于轧制其他小型钢材的坯料 。

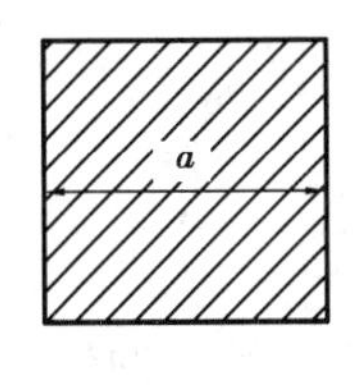

图4.7　方钢示意图

表4.6　常用方钢部分技术参数

序　号	d或a /mm	圆钢截面积 /cm^2	方钢截面积 /cm^2	圆钢质量 /($kg \cdot m^{-1}$)	方钢质量 /($kg \cdot m^{-1}$)
1	5.5	0.24	0.30	0.19	0.24
2	6	0.28	0.36	0.22	0.28
3	6.5	0.33	0.42	0.26	0.33
4	7	0.38	0.49	0.30	0.39
5	8	0.50	0.64	0.40	0.50
6	9	0.64	0.81	0.50	0.64
7	10	0.79	1.00	0.62	0.79
8	(11)	0.95	1.21	0.75	0.95
9	12	1.13	1.44	0.89	1.13
10	13	1.33	1.69	1.04	1.33
11	14	1.54	1.96	1.21	1.54
12	15	1.77	2.25	1.39	1.17
13	16	2.01	2.56	1.58	2.01
14	17	2.27	2.89	1.78	2.27
15	18	2.55	3.24	2.00	2.54
16	19	2.84	3.61	2.23	2.83
17	20	3.14	4.00	2.47	3.14

续表

序号	d或a /mm	圆钢截面积 /cm^2	方钢截面积 /cm^2	圆钢质量 /($kg \cdot m^{-1}$)	方钢质量 /($kg \cdot m^{-1}$)
18	21	3.46	4.41	2.72	3.46
19	22	3.80	4.84	2.98	3.80
20	(23)	4.15	5.29	3.26	4.15
21	24	4.52	5.76	3.55	4.52

4.8 扁 钢

扁钢系截面为矩形并稍带钝边的长条钢材,如图4.8所示。其规格以其厚度×宽度的毫米(mm)数表示。其主要用途是:作为成材可用于制箍铁、工具及机械零件,建筑上用作房架结构件、扶梯、桥梁及栅栏等;也可用作焊管和叠轧薄板的坯料。

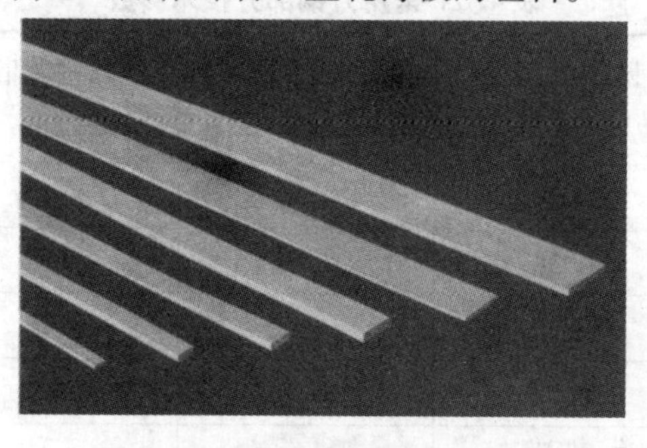

图4.8 扁钢示意图

表4.7 常用扁钢部分技术参数

序号	宽度 /mm	厚度 3mm	厚度 4mm	厚度 5mm	厚度 6mm	厚度 7mm	厚度 8mm	厚度 9mm	厚度 10mm	厚度 11mm	厚度 12mm	厚度 14mm	厚度 16mm
1	10	0.24	0.31	0.39	0.47	0.55	0.63						
2	12	0.28	0.38	0.47	0.57	0.66	0.75						
3	14	0.33	0.44	0.55	0.66	0.77	0.88						
4	16	0.38	0.5	0.63	0.75	0.88	1	1.15	1.26				
5	18	0.42	0.57	0.71	0.85	0.99	1.13	1.27	1.41				
6	20	0.47	0.63	0.78	0.94	1.1	1.26	1.41	1.57	1.73	1.88		
7	22	0.52	0.69	0.86	1.04	1.21	1.38	1.55	1.73	1.9	2.07		
8	25	0.59	0.78	0.98	1.18	1.37	1.57	1.77	1.96	2.16	2.36	2.75	3.14
9	28	0.66	0.88	1.1	1.32	1.54	1.76	1.98	2.2	2.42	2.64	3.08	3.53

续表

序　号	宽度/mm	厚度3mm	厚度4mm	厚度5mm	厚度6mm	厚度7mm	厚度8mm	厚度9mm	厚度10mm	厚度11mm	厚度12mm	厚度14mm	厚度16mm
10	30	0.71	0.94	1.18	1.41	1.65	1.88	2.12	2.36	2.59	2.83	3.3	3.77
11	32	0.75	1	1.26	1.51	1.76	2.01	2.26	2.55	2.76	3.01	3.52	4.02
12	35	0.82	1.1	1.37	1.65	1.92	2.2	2.47	2.75	3.02	3.3	3.85	4.4
13	40	0.94	1.26	1.57	1.88	2.2	2.51	2.83	3.14	3.45	3.77	4.4	5.02
14	45	1.06	1.41	1.77	2.12	2.47	2.83	3.18	3.53	3.89	4.24	4.95	5.65
15	50	1.18	1.57	1.96	2.36	2.75	3.14	3.53	3.93	4.32	4.71	5.5	6.28
16	55		1.73	2.16	2.59	3.02	3.45	3.89	4.32	4.75	5.18	6.04	6.91
17	60		1.88	2.36	2.83	3.3	3.77	4.24	4.71	5.18	5.65	6.59	7.54
18	65		2.04	2.55	3.06	3.57	4.08	4.59	5.1	5.61	6.12	7.14	8.1
19	70		2.2	2.75	3.3	3.85	4.4	4.95	5.5	6.04	6.59	7.69	8.7
20	75		2.36	2.94	3.53	4.12	4.71	5.3	5.89	6.48	7.07	8.24	9.42
21	80		2.51	3.14	3.77	4.4	5.02	5.65	6.28	6.91	7.54	8.7	10.05

4.9　六角钢和八角钢(GB/T 702—2008)

六角钢和八角钢是截面为正六角形和正八角形的长条钢材,如图4.9所示。其规格以对边距离的毫米(mm)数表示。它可分为热轧和冷拉两种。热轧六角钢的规格范围为8～70 mm;热轧八角钢的规格范围为16～40 mm。其主要用途是:热轧六角钢和八角钢主要用于制造标准件螺母、钢钎等。

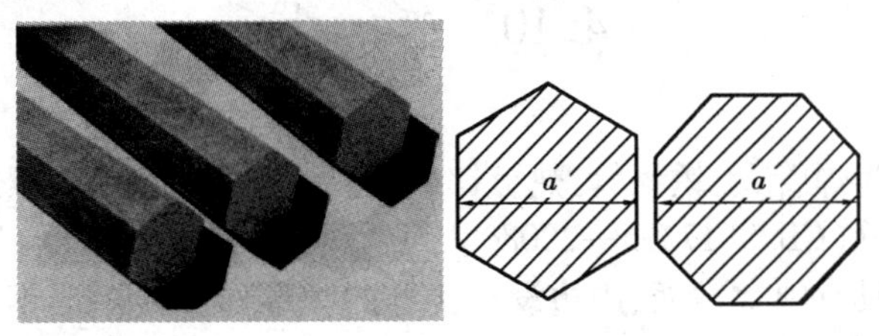

图4.9　六角钢、八角钢示意图

表4.8　常用角钢部分技术参数

序　号	对角边的距离 a /mm	六角钢截面积 /cm²	八角钢截面积 /cm²	六角钢质量 /(kg·m⁻¹)	八角钢质量 /(kg·m⁻¹)
1	8	0.554		0.435	
2	9	0.701		0.551	

续表

序　号	对角边的距离 a /mm	六角钢截面积 /cm^2	八角钢截面积 /cm^2	六角钢质量 /($kg \cdot m^{-1}$)	八角钢质量 /($kg \cdot m^{-1}$)
3	10	0.866		0.68	
4	11	1.048		0.823	
5	12	1.247		0.979	
6	13	1.464		1.15	
7	14	1.697		1.33	
8	15	1.949		1.53	
9	16	2.217	2.12	1.74	1.66
10	17	2.503		1.96	
11	18	2.806	2.683	2.2	2.16
12	19	3.126		2.45	
13	20	3.464	3.312	2.72	2.6
14	21	3.819		3	
15	22	4.192	4.008	3.29	3.15
16	23	4.581		3.6	
17	24	4.988		3.92	
18	25	5.413	5.175	4.25	4.06
19	26	5.854		4.6	
20	27	6.314		4.96	

4.10　管　材

常见的管材可分为焊管、不锈钢管、热镀锌管、冷镀锌管、无缝管、螺旋管及热轧无缝钢管等。常用的是无缝钢管(GB/T 17395—2008)。

无缝钢管是一种具有中空截面、周边没有接缝的圆形、方形、矩形钢材。无缝钢管是用钢锭或实心管坯经穿孔制成毛管,然后经热轧、冷轧或冷拔制成。无缝钢管具有中空截面,大量用作输送流体的管道,钢管与圆钢等实心钢材相比,在抗弯抗扭强度相同时,质量较轻,是一种经济截面钢材,广泛用于制造结构件和机械零件,如石油钻杆、汽车传动轴、自行车架以及建筑施工中用的钢脚手架等。

无缝钢管的规格用外径×壁厚毫米(mm)数表示。无缝钢管分热轧和冷轧(拔)无缝钢管两类。

热轧无缝钢管分一般钢管,低、中压锅炉钢管,高压锅炉钢管,合金钢管,不锈钢管,石油裂化管,地质钢管,以及其他钢管等。冷轧(拔)无缝钢管除分一般钢管、低中压锅炉钢管、高压锅炉钢管、合金钢管、不锈钢管、石油裂化管、其他钢管外，还包括碳素薄壁钢管、合金薄壁钢管、不锈薄壁钢管、异型钢管。热轧无缝管外径一般大于32 mm，壁厚2.5 ~75 mm，冷轧无缝钢管外径可以到6 mm，壁厚可到0.25 mm，薄壁管外径可到5 mm壁厚小于0.25 mm，冷轧比热轧尺寸精度高。一般用无缝钢管是用10，20，30，35，45等优质碳结钢，16Mn，5MnV等低合金结构钢，或40Cr，30CrMnSi，45Mn2，40MnB等合结钢热轧或冷轧制成的。10，20等低碳钢制造的无缝管主要用于流体输送管道。45，40Cr等中碳钢制成的无缝管用来制造机械零件，如汽车、拖拉机的受力零件。一般用无缝钢管要保证强度和压扁试验。

图4.10　钢管材示意图

表4.9　常用管材部分技术参数

序号	外径/mm	钢管壁厚2.5 mm	钢管壁厚3.0 mm	钢管壁厚3.5 mm	钢管壁厚4.0 mm	钢管壁厚4.5 mm	钢管壁厚5.0 mm	钢管壁厚5.5 mm	钢管壁厚6.0 mm	钢管壁厚6.5 mm	钢管壁厚7.0 mm	钢管壁厚7.5 mm	钢管壁厚8.0 mm
1	32	1.82	2.15	2.46	2.76	3.05	3.33	3.59	3.85	4.09	4.32	4.53	4.74
2	38	2.19	2.59	2.98	3.35	3.72	4.07	4.41	4.74	5.05	5.35	5.64	5.92
3	42	2.44	2.89	3.35	3.75	4.16	4.56	4.95	5.33	5.69	6.04	6.38	6.71
4	45	2.62	3.11	3.58	4.04	4.49	4.93	5.36	5.77	6.17	6.56	6.94	7.30
5	50	2.93	3.48	4.01	4.54	5.05	5.55	6.04	6.51	6.97	7.42	7.86	8.29
6	54		3.77	4.36	4.93	5.49	6.04	6.58	7.10	7.61	8.11	8.60	9.08
7	57		4.00	4.62	5.23	5.83	6.41	6.99	7.55	8.10	8.63	9.16	9.67
8	60		4.22	4.88	5.52	6.16	6.78	7.39	7.99	8.58	9.15	9.71	10.26
9	63.5		4.48	5.18	5.87	6.55	7.21	7.87	8.51	9.14	9.75	10.36	10.95
10	68		4.81	5.57	6.31	7.05	7.77	8.48	9.17	9.86	10.53	11.19	11.84
11	70		4.96	5.74	6.51	7.27	8.01	8.75	9.47	10.18	10.88	11.56	12.23
12	73		5.18	6.00	6.81	7.60	8.38	9.16	9.91	10.66	11.39	12.11	12.82
13	76		5.40	6.26	7.10	7.93	8.75	9.56	10.36	11.14	11.91	12.67	13.42
14	83			6.86	7.79	8.71	9.62	10.51	11.39	12.26	13.12	13.96	14.80
15	89			7.08	8.38	9.38	10.36	11.33	12.28	13.22	14.16	15.07	15.98
16	95			7.90	8.98	10.04	11.10	12.14	13.17	14.19	15.19	16.18	17.16
17	102			8.50	9.67	10.82	11.96	13.09	14.21	15.31	16.40	17.48	18.55
18	108				10.26	11.49	12.70	13.90	15.09	16.27	17.44	18.59	19.73
19	114				10.85	12.15	13.44	14.72	15.98	17.23	18.47	19.70	20.91
20	121				11.54	12.93	14.30	15.67	17.02	18.35	10.68	20.99	22.29
21	127				12.13	13.59	15.04	16.48	17.90	19.32	20.72	22.10	23.48

4.11 板 材

钢板分为冷轧板和热轧板。

冷轧薄钢板是普通碳素结构钢冷轧板的简称,俗称冷板。它是由普通碳素结构钢热轧钢带,经过进一步冷轧制成厚度小于4 mm的钢板。由于在常温下轧制,不产生氧化铁皮,因此,冷板表面质量好,尺寸精度高,再加之退火处理,其机械性能和工艺性能都优于热轧薄钢板,在许多领域里,特别是家电制造领域,已逐渐用它取代热轧薄钢板。适用牌号为Q195,Q215,Q235,Q275。由于Q235钢的强度、塑性、韧性和焊接性等综合机械性能在普通碳素结构钢中较好,基本满足一般的使用要求,所以应用范围十分广泛。

冷轧优质薄钢板,同冷轧普通薄钢板一样,冷轧优质碳素结构钢薄钢板也是冷板中使用最广泛的薄钢板。冷轧优质碳素薄钢板是以优质碳素结构钢为材质,经冷轧制成厚度小于4 mm的薄板。适用牌号有08,08F,10,10F。由于08F钢板的塑性好,冲压性能也好,大多用来制造一般有拉延结构的钣金件制品。08F表示其平均含碳量为0.08%的不脱氧沸腾钢。深冲压冷轧薄钢板多半用铝脱氧的镇静钢,属于优质碳素结构钢。由于它的塑性非常好;具有优良的深拉延特性,所以被广泛用于需要比较复杂结构的深拉延的制品上。

适用牌号有08A1。符号:08-钢号开头的两位数字表示钢的含碳量,以平均碳含量×100表示;A1-使用铝脱氧的镇静钢。

第3篇 冷加工

第5章 钳 工

5.1 钳工概述

钳工是使用手持工具和钻削设备完成零件加工、零部件装配和调试以及机械设备安装维护维修等工作内容的统称。钳工是机械制造中的重要工种之一，其工作内容主要以手工的形式完成。

根据工作内容，钳工分为普通钳工（装配钳工）、工具钳工和修理钳工等。无论哪一种钳工，都必须掌握各项基本操作，包括划线、錾削（凿削）、锉削、锯割、钻孔、扩孔、锪孔、铰孔、攻丝、套丝、装配、矫正、弯曲、铆接、刮削、研磨以及测量和简单的热处理等。

5.1.1 钳工的工作范围和作用

(1)普通钳工工作范围

①加工前的准备工作,如毛坯或半成品工件上的划线。

②单件零件的修配性加工,零件装配时的配合修整。

③单件小批零件装配时的钻孔、铰孔、攻螺纹及套螺纹等。

④加工精密零件,如刮削或研磨机器、量具和工具的配合面、夹具与模具的精加工等。

⑤机器的组装、试车、调整及维修等。

(2)钳工在机械制造和维修中的作用

钳工是一种比较复杂、细微、技术要求较高的工作。目前,虽然制造行业机械化、自动化程度有了很大提高,但在机械制造过程中仍需要钳工。其原因如下:

①划线、刮削、研磨、机械装配和维修等钳工作业,至今尚无适当的机械化设备可以全部代替。

②某些最精密的样板、模具、量具和配合表面(如导轨面和轴瓦等),仍需要依靠工人的手艺作精密加工。

③在单件小批生产、修配工作或缺乏设备条件的情况下,采用钳工制造某些零件仍是一种经济实用的方法。

因此,钳工在机械制造及机械维修中有着特殊的、不可取代的作用。但钳工操作的劳动强度大、生产效率低、对工人技术水平要求较高。

5.1.2 钳工安全操作规范

①工作时,必须穿戴好防护用品,如工作服、工作帽和防护眼镜等。

②使用带把的工具时,检查手柄是否牢固、完整。

③用虎钳装夹工件时,要注意夹牢。锉削时,不准用嘴吹工件铁屑。

④錾子头部不准淬火,不准有飞刺,不能沾油。錾削时,要戴眼镜。

⑤手锤必须有铁楔,抡锤的方向要避开旁人。

⑥使用手电钻时,要检查导线是否绝缘可靠,要保证安全接地,要戴绝缘手套。

⑦操作钻床不准戴手套。运转时,不准变速,不准手摸工件、钻头和铁屑。使用钻床时,只允许一人操作。

5.1.3 钳工常用的设备和工具

(1)钳工工作台

钳工工作台简称钳台,也称钳桌,有多种式样。如图5.1,所示为其中的一种。钳台的作用是安装台虎钳和放置各种工量具。钳台的高度为800～900 mm,装上台虎钳后,正好适合于操作者的工作位置。

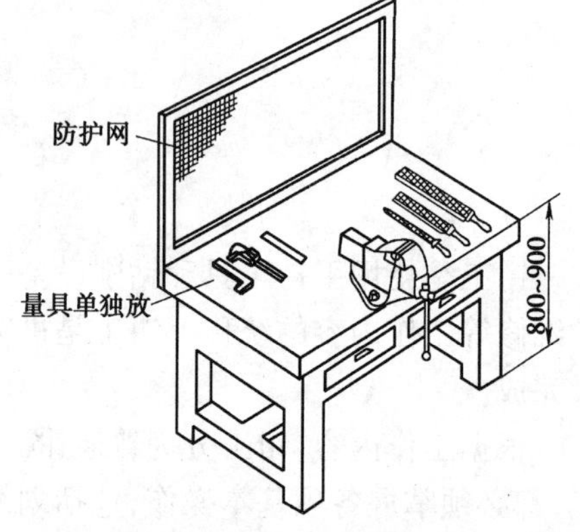

图5.1 钳工工作台

(2)台虎钳

台虎钳是一种夹具,用来夹持工件。台虎钳的规格是以钳口的宽度表示的,如钳口宽度为100 mm,

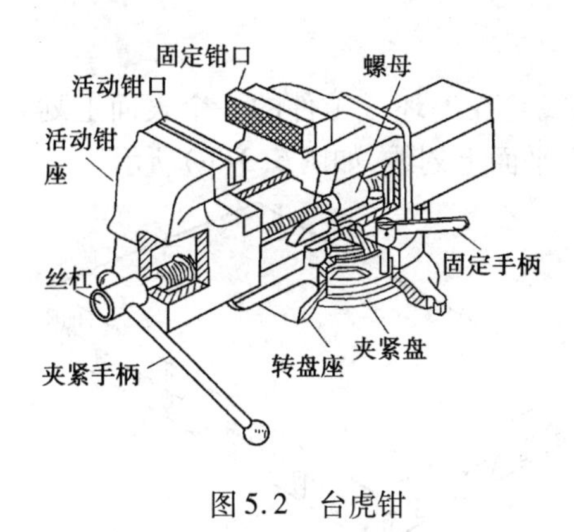

图5.2 台虎钳

125 mm 和150 mm 等。台虎钳的种类有固定式和回转式两种。两者的主要结构和工作原理基本相同。由于回转式台虎钳能够回转,因此能满足各种不同方位的需要,如图5.2 所示。

使用台虎钳时,应注意以下事项:

①夹持工件时,尽可能夹在钳口中部,使钳口均匀受力。

②转动手柄夹紧工件时,不得用锤敲击,以防止丝杠或螺母损坏。

③夹持工件的光洁表面时,应垫铜皮或铝皮加以保护。

(3)**工量具使用和文明生产注意事项**

①钳工台上工具、量具的摆放要整齐合理,拿取方便,不应任意堆放,以防损坏。量具要注意轻拿轻放。工具要放在工作位置的附近,如台虎钳右侧。量具与工具应分开摆放。

②工作场地应保持整洁,做到文明生产。每班工作完毕后,设备、工具均需清洁或涂油防锈,并放回原来的位置;工作场地要清扫干净,铁屑等杂物要送往指定的堆放地点。

5.2 划 线

5.2.1 划线的作用和种类

划线是根据图样要求,在零件表面(毛坯面或已加工表面)准确地划出加工界线的操作。划线是钳工的一种基本操作,是零件在成形加工前的一道重要工序。

(1)**划线的作用**

①通过划线确定零件加工面的位置,确定孔的位置或划出加工位置的找正线,作为加工的依据。

②通过划线及时发现毛坯的各种质量问题,可以及时剔出不能补救的毛坯,避免后续不必要的加工浪费。

③在型材上按划线下料,可合理使用材料。

划线是一种复杂、细致而重要的工作,直接关系到产品质量的好坏。

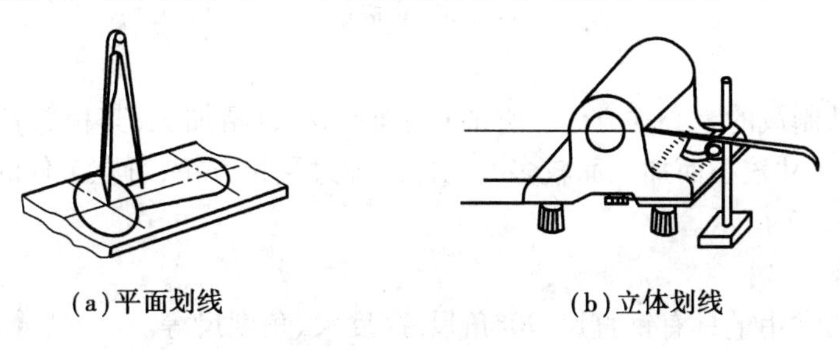

(a)平面划线　(b)立体划线

图5.3 平面和立体划线

(2)**划线的种类**

划线可分为平面划线和立体划线两种类型。平面划线是在毛坯或工件的一个表面上划线,如图5.3(a)所示。立体划线是在毛坯或工件两个以上平面上划线,如图5.3(b)所示。

5.2.2　划线工具和量具

(1)**常用基准工具及夹持工具**

1)划线平台

划线平台是划线的基准工具,如图5.4所示。工件和划线工具放在平台上面进行划线。由于划线平台的上平面作为划线的基准面,因此,在使用时不准用锤敲打工件和碰撞平台,不用时应涂防锈油,并加防护罩。

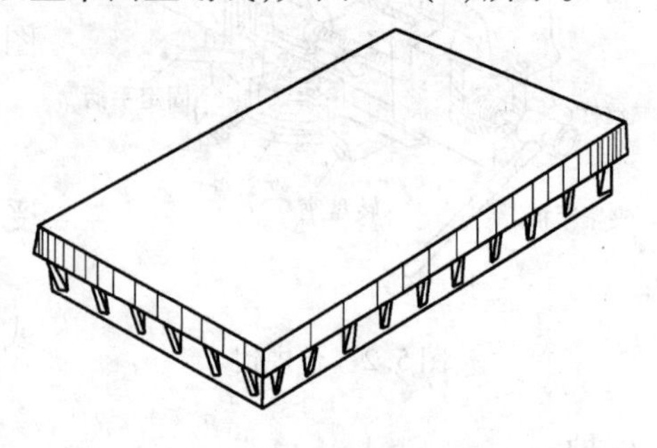

图5.4　划线平台

2)千斤顶

千斤顶是在划线过程中用来支承较大或不规则工件的辅助工具,通常以3个为一组,其高度可以调整,如图5.5所示。

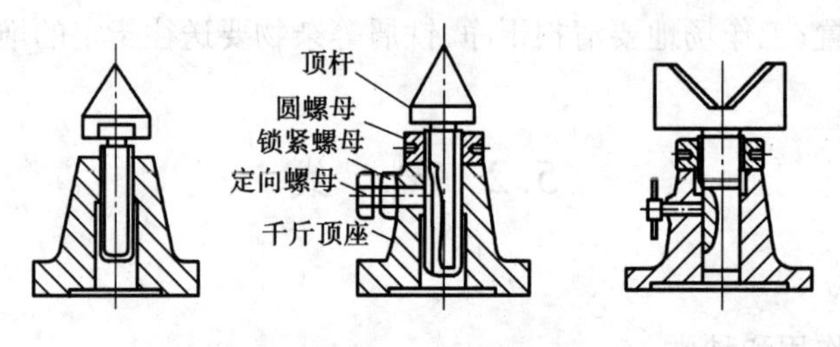

图5.5　千斤顶

3)V形块

V形块用于安装和支承圆柱形和半圆柱形工件(如轴、套管等),如图5.6所示。

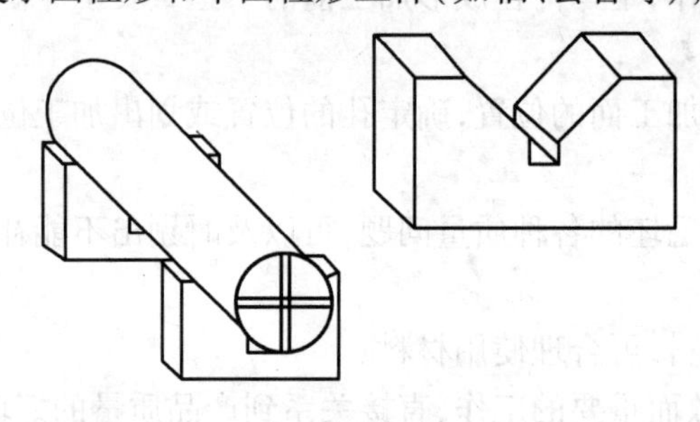

图5.6　V形块

4)方箱

方箱是用铸铁制成的空心立方体。它的6个面都经过精加工,其相邻各面相互垂直。方箱用于夹持、支撑尺寸较小而加工面较多的工件。经过翻转方箱,可在工件的表面上划出相互垂直的线条,如图5.7所示。

(2)**常用量具**

与划线有关的常用量具有钢直尺、90°角尺、高度尺、角度尺等。

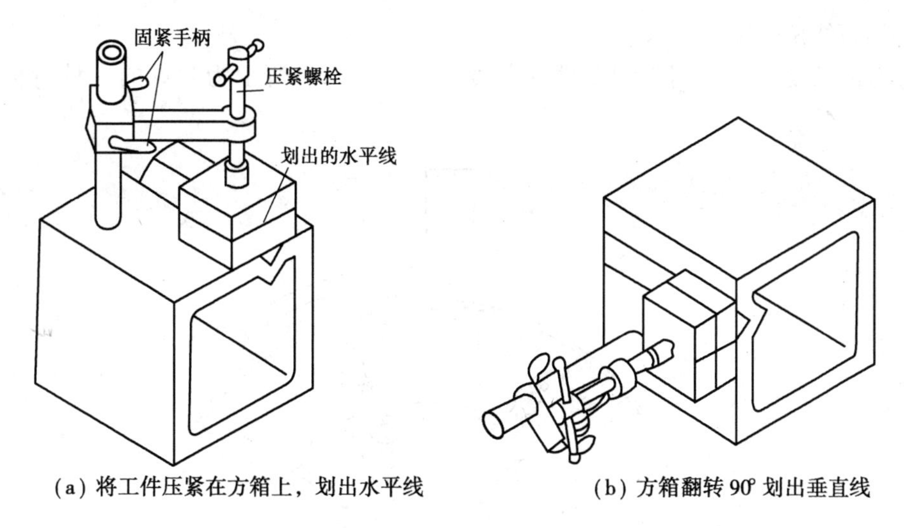

图5.7　用方箱夹持工件

①90°角尺

90°角尺是钳工常用的测量工具。在划线中,用来划垂直线和找正工件位置。

②高度尺

如图5.8(a)所示为普通高度尺,它由钢直尺和底座组成,用来给划线盘量取高度尺寸;如图5.8(b)所示为高度游标卡尺,它附带划针脚,能直接表示出高度尺寸,其读数精度一般为0.02 mm,可作为精密划线工具。

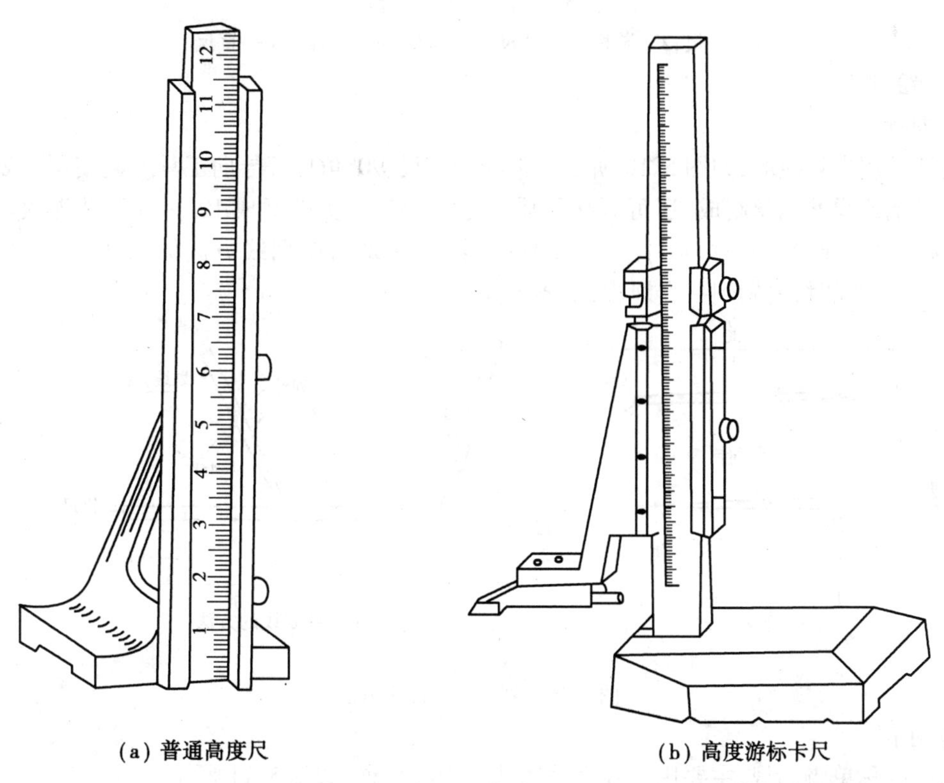

图5.8　高度尺

③游标万能角度尺

游标万能角度尺主要用于划工件的角度线。如图 5.9 所示为常见的一种游标万能角度尺。

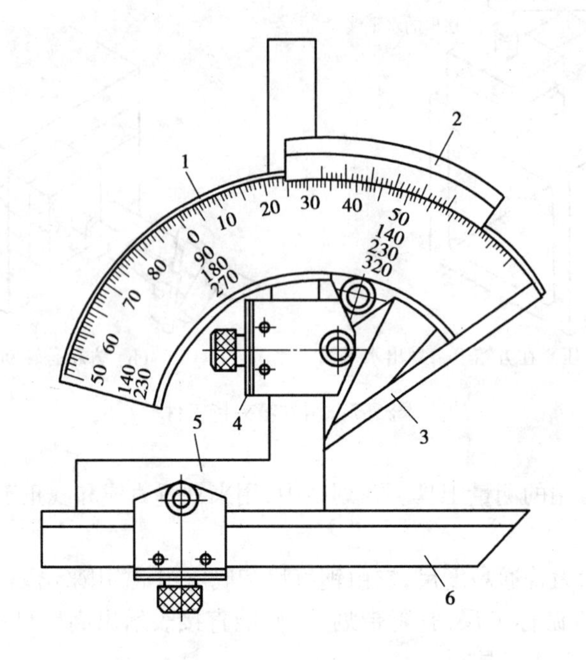

图 5.9　游标万能角度尺

1—主尺;2—游标;3—基尺;4—压板;5—直角尺;6—直尺

(3)**绘划工具**

1)划针

划针是用来划线的,如图 5.10 所示。常与钢直尺、90°角尺等导向工具一起使用。划针一般用工具钢或弹簧钢丝制成,还可焊接硬质合金后磨锐。尖端磨成 10°～20°,并淬火。划线时,尖端要贴紧导向工具移动,上端向外侧倾斜 15°～20°,向划线方向倾斜 45°～75°,如图 5.10所示。划线时,要做到一次划成,不要重复。

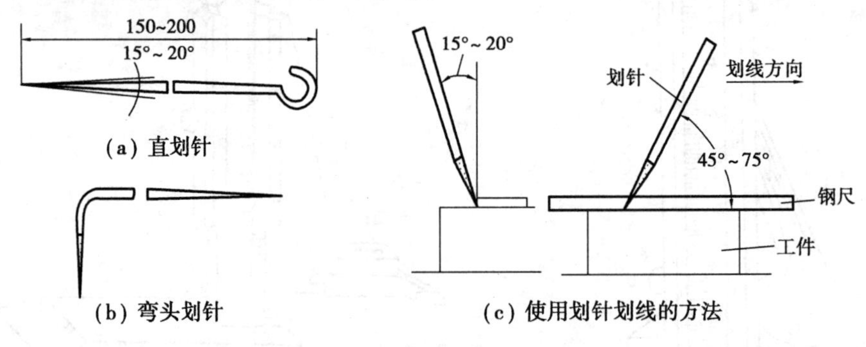

图 5.10　划针及其使用方法

2)划卡

划卡或称单脚划规,主要用于确定轴和孔的中心位置,如图 5.11 所示。

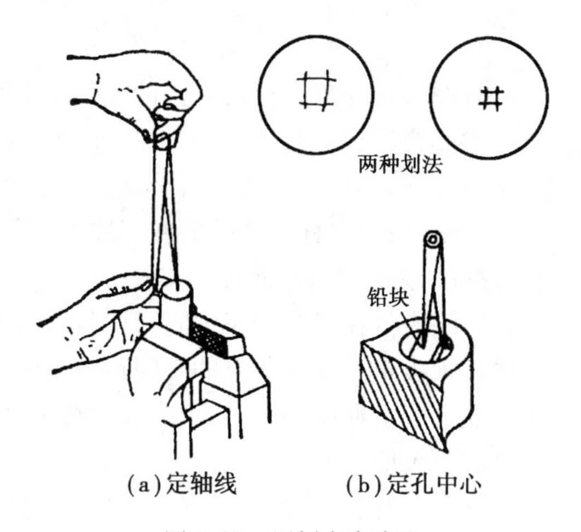

图5.11　用划卡定中心

3)划规

划规为圆规式的划线工具,如图5.12所示。划规用于划圆和圆弧,量取尺寸及等分线段、等分角度等工作。

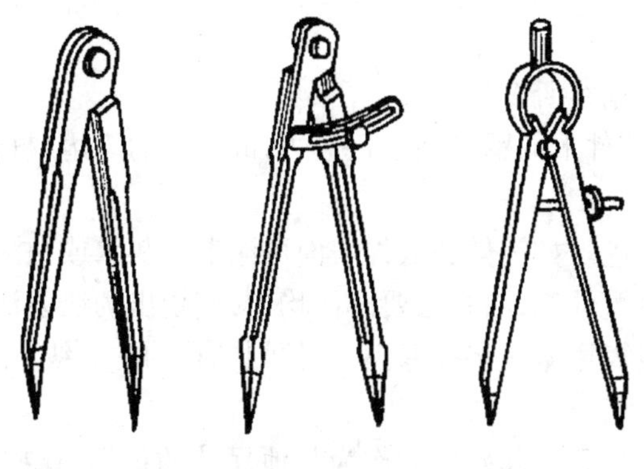

图5.12　划规

4)划线盘

划线盘是安装划针的工具,多用于立体划线和校正工件。常见的有普通划线盘和可调式划线盘,如图5.13所示。

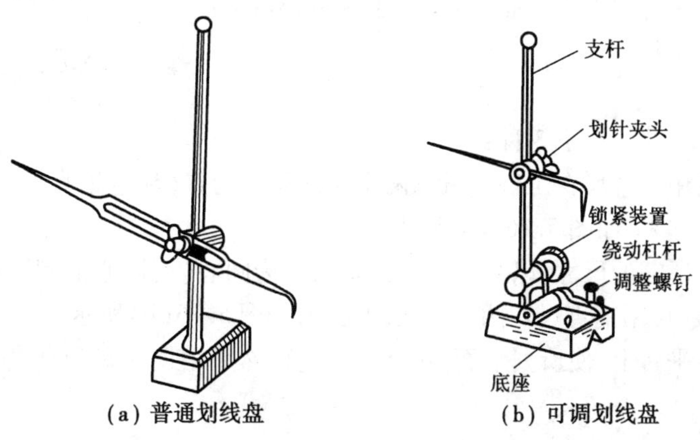

图5.13　划线盘

5)样冲

样冲用于划线时在线上冲出冲眼,作为界线标志。样冲也用于划圆的中心眼,钻孔时的定位眼。样冲一般用工具钢制作,尖端要淬火。打冲眼的方法如图5.14所示。其具体操作要求如下:

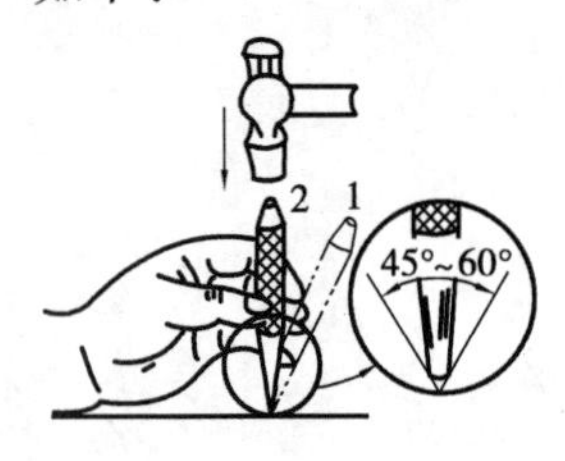

图5.14　打样冲眼
1—对准位置;2—冲孔

①冲眼时,先将样冲斜着放在划线上,锤击前再竖直,以保证冲眼的位置准确,如图5.14所示。

②冲眼应打在线宽的正中间,且间距要均匀。冲眼间距由线的长短及曲直来决定。在短线上冲眼间距应小些,而在长的直线上间距可大些。在直线上冲眼间距可大些,在曲线上冲眼间距应小些。在线的交接处间距也应小些。

另外,在曲面凸出的部分必须冲眼,因为此处更易磨损。在用划规划圆弧的地方,要在圆心上冲眼,作为划规脚尖的立脚点,以防划规滑动。

5.2.3　划线步骤和方法

(1)划线前的准备

①按图样要求准备好划线所需工量具。

②清理工件表面,如铸件上的冒口、浇口、毛边,锻件上的飞边、氧化皮,以及已加工件相邻表面的尖角、毛刺等。

③给工件划线部位涂色。如铸件和锻件表面可涂上石灰水或白漆,小件毛坯可涂粉笔,已加工的表面可涂上蓝油或墨汁等,涂料层要薄而均匀,使划出的线条清晰可见。

④在带孔工件上划线需用塞块将孔塞满,以便划出孔的中心线。

(2)划线基准选择

在零件图上总有一个或几个起始尺寸作为其他尺寸的依据,这些尺寸就是零件的设计基准。一般情况,划线基准应尽量与设计基准一致。根据加工情况,划线基准有以下3种类型:

①以两个互相垂直的平面为基准,如图5.15(a)所示。

②以一个平面和一个中心平面为基准,如图5.15(b)所示。

③以两个互相垂直的中心平面为基准,如图5.15(c)所示。

(3)基本线条划法

1)平行线

平行线的划法主要有以下3种:

①通过基准线用钢直尺在工件上量取两个相同尺寸的点(注意钢直尺与基准线要垂直),然后把两个点连接起来,如图5.16(a)所示。

②用圆规量取所需的尺寸,以基准线上任意两点为圆心(两圆心的间距越大,划出的线越准确),划两圆弧线,再用钢直尺作两圆弧线的切线,如图5.16(b)所示。

③把工件放在平台上,使所划平面与平台面垂直,然后用划线盘和高度尺配合划线,如图5.16(c)所示。

2)垂直线

垂直线的划法也主要有以下3种:

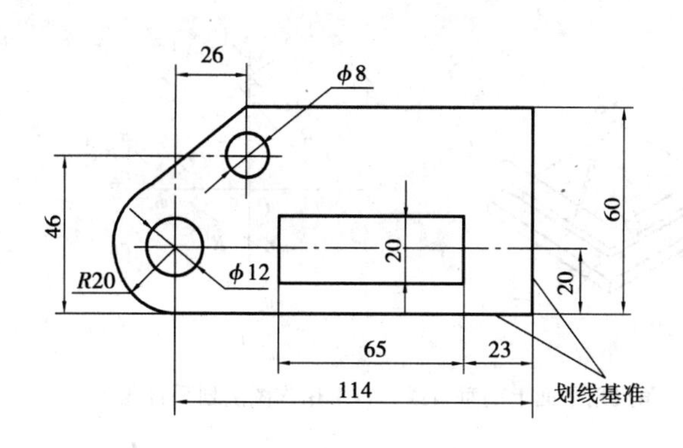

(a) 以两个互相垂直的平面为基准

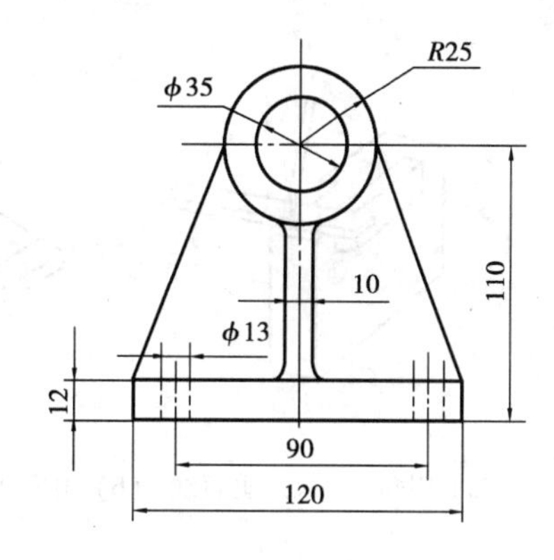

(b) 以一个平面和一个中心平面为基准

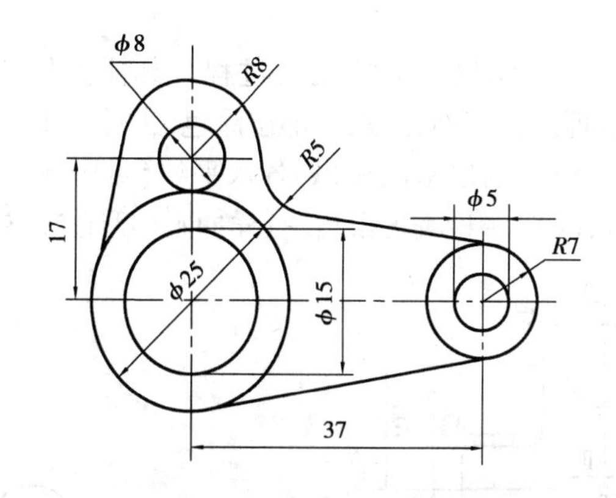

(c) 以两个互相垂直的中心平面为基准

图 5.15　划线基准选择

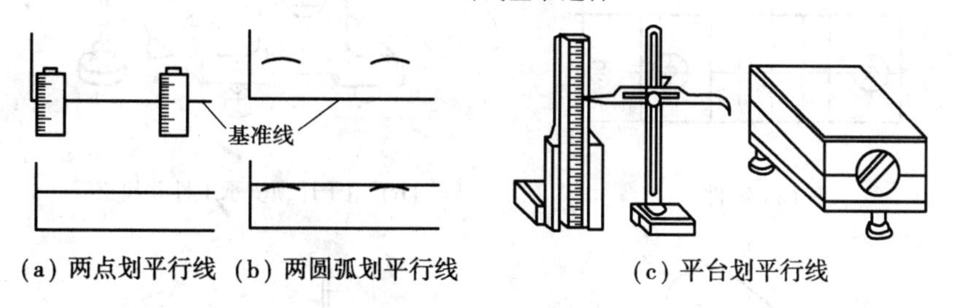

(a) 两点划平行线　(b) 两圆弧划平行线　(c) 平台划平行线

图 5.16　平行线划法

①用 90°角尺划垂直线，如图 5.17(a)所示。划出的直线就与 90°角尺座的一边垂直。

②用扁 90°角尺划平面上的垂直线，方法如图 5.17(b)所示。

③用作图法划垂直线，如图 5.17(c)所示。用圆规在 *AB* 线上任取两点 *a*,*b* 作为圆心，以大于两点间距一半的长度为半径 *R*(两点间距越大，尺越大，划出的线就越准确)作圆，划出 4 条圆弧线，圆弧线相交两点 *c*,*d*，然后用钢直尺连接 *c*,*d* 点就得到了直线 *AB* 的垂直线 *CD*，且直线 *AB* 与 *CD* 的交点 *O* 即是两圆心 *a* 和 *b* 间的中心。

3)划圆弧

划圆弧线的要点是确定圆弧中心。圆弧中心确定后，在圆弧中心处打上冲眼，然后用圆规按要求的半径划出圆弧线。

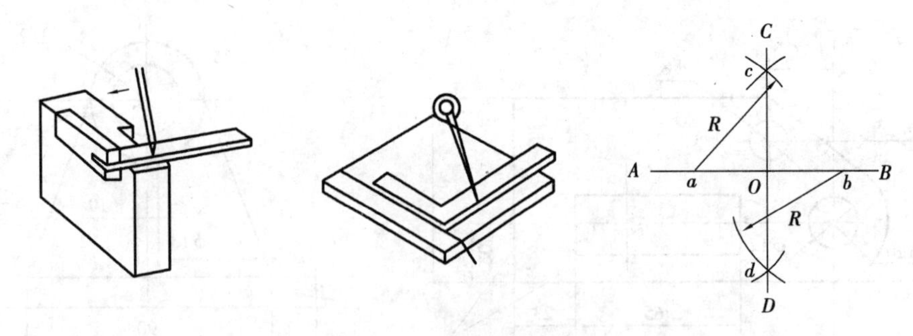

(a) 用 90° 角尺划垂直线　(b) 用扁 90° 角尺划平面上的垂直线　(c) 用作图法划垂直线

图 5.17　垂直线划法

(4) **立体划线实例**

如图 5.18 所示为滑动轴承座的立体划线过程。具体操作如下:研究图样(见图 5.18(a)),确定划线基准。清理工件表面,给划线部位涂色,工件堵上木料或铅块→用千斤顶支承工件并找正(见图 5.18(b))→划出基准线,划各水平线(见图 5.18(c))→翻转工件找正,划出垂直线(见图 5.18(d)、(e))→检查无误后,打样冲眼(见图 5.18(f))。

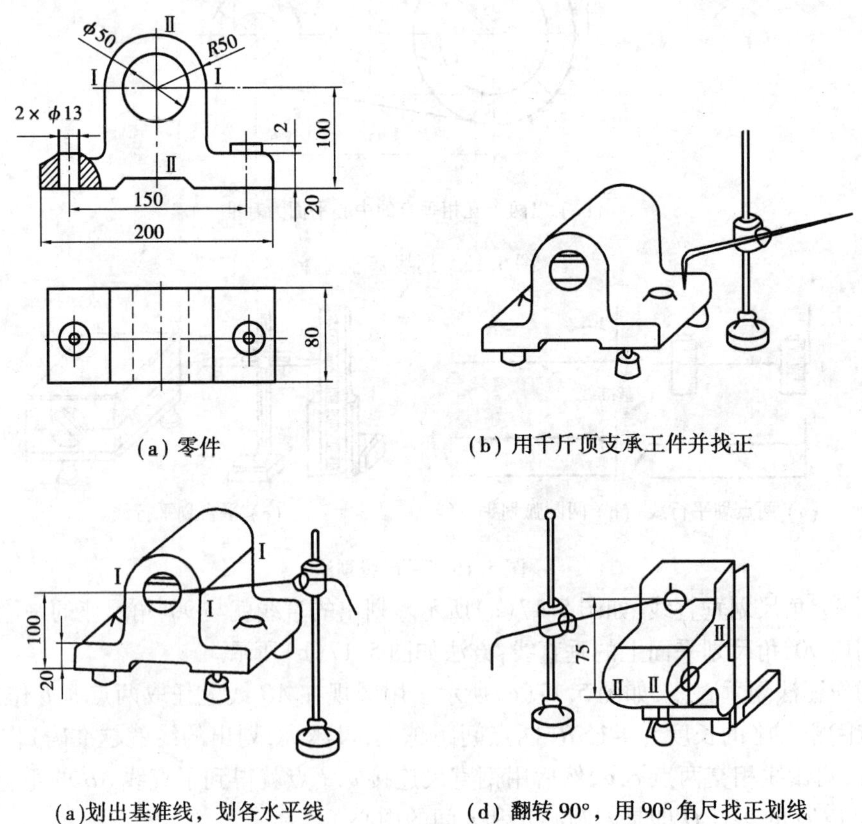

(a) 零件　(b) 用千斤顶支承工件并找正

(a)划出基准线, 划各水平线　(d) 翻转 90°, 用 90° 角尺找正划线

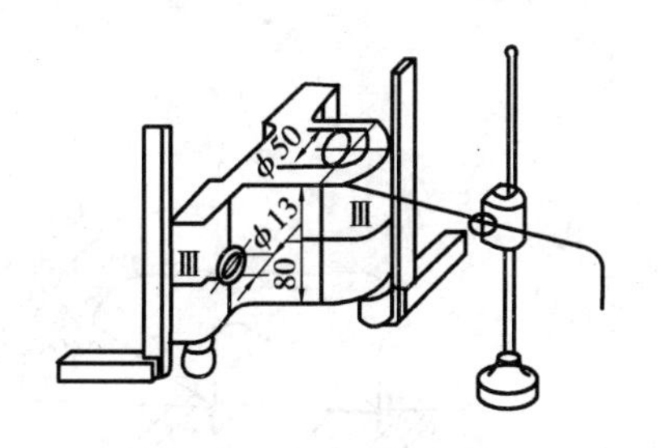

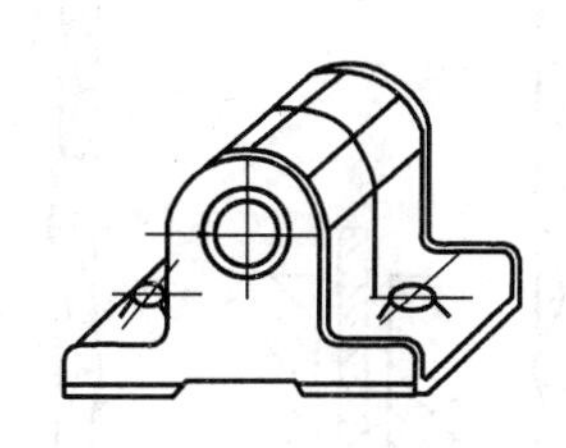

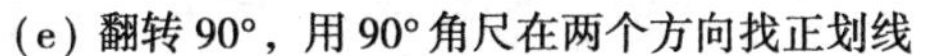
(e) 翻转90°，用90°角尺在两个方向找正划线

(f) 打样冲样

图5.18 滑动轴承座的立体划线过程

5.3 锯 削

锯削是用手锯对工件或材料进行分割的一种切削加工方法。锯削的工作范围包括:分割各种材料或半成品;锯掉工件上的多余部分;在工件上锯槽,等等。

5.3.1 锯削工具

手锯是由锯弓和锯条两部分组成。

(1)**锯弓**

锯弓是用来装夹并张紧锯条的工具。它有固定式和可调式两种,如图5.19所示。

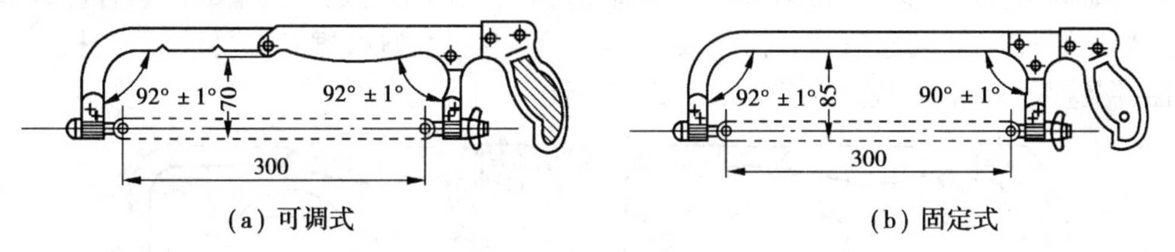

(a) 可调式

(b) 固定式

图5.19 锯弓

固定式锯弓只使用一种规格的锯条;可调式锯弓,因弓架是两段组成,可使用几种不同规格的锯条。因此,可调式锯弓使用较为方便。

(2)**锯条**

手用锯条,一般是300 mm长的单向齿锯条。锯削时,锯入工件越深,锯缝的两边对锯条的摩擦阻力就越大,严重时将把锯条夹住。为了避免锯条在锯缝中被夹住,锯齿均有规律地向左右扳斜,使锯齿形成波浪形或交错形的排列,一般称为锯路,如图5.20所示。

各个齿的作用相当于一排同样形状的錾子,每令齿都起到切削的作用,如图5.21所示。

锯齿的粗细规格是以锯条每25 mm长度内的齿数来表示的。一般分粗、中、细3种,见表5.1。

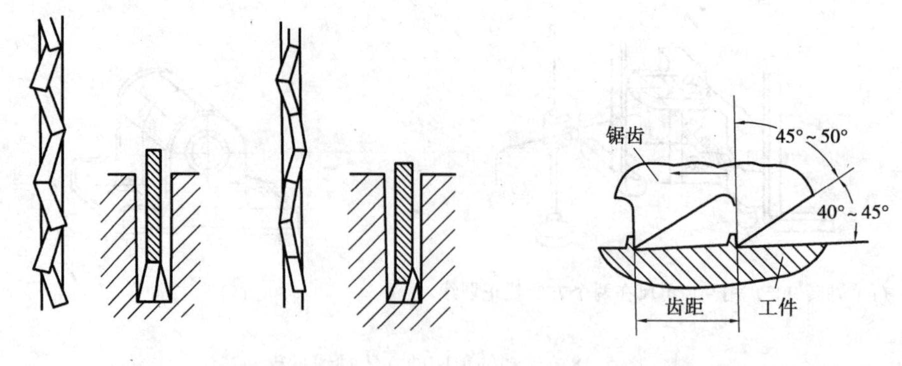

图5.20　锯齿的排列图　　图5.21　锯齿的切削角度

表5.1　锯齿的粗细规格及应用

锯齿粗细	锯齿齿数/25 mm	应　用
粗	14~18	锯削软钢、黄铜、铝、铸铁、紫铜、人造胶质材料
中	22~24	锯削中等硬度钢、厚壁铜管、铜管
细	32	薄片金属、薄壁管材

5.3.2　锯削的方法

(1)锯条的安装

锯削前选用合适的锯条,使锯条齿尖朝前,装入夹头的销钉上。锯条的松紧程度,用翼形螺母调整。调整时,不可过紧或过松。太紧,失去了应有的弹性,锯条容易崩断;太松,会使锯条扭曲,锯缝歪斜,锯条也容易折断,如图5.22所示。

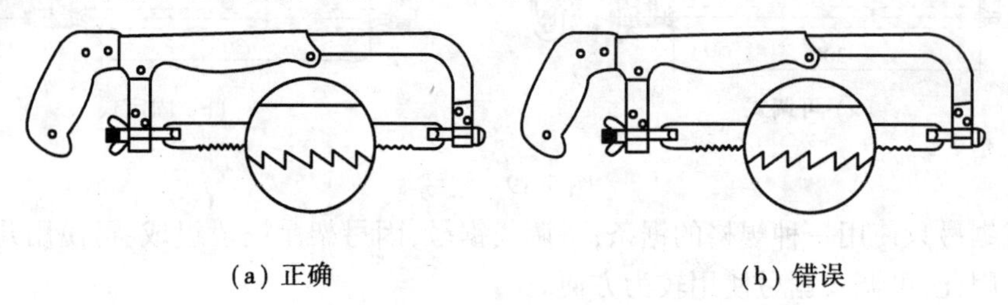

图5.22　锯条的安装

(2)手锯的握法

右手满握锯弓手柄,大拇指压在食指上。左手控制锯弓方向,大拇指在弓背上,食指、中指、无名指扶在锯弓前端,如图5.23所示。

(3)锯削姿势

锯削时,左脚向前半步,右脚稍微朝后,自然站立,重心偏于右脚,右脚要站稳伸直,左脚膝盖关节应稍微自然弯曲,握锯要自然舒展,右手握柄,左手扶弓。锯削时,右手施力,左手压力不要太大,主要是协助右手扶正锯弓。回程时不加力,使锯条在加工面上轻轻滑过。锯削时的姿势有两种:一种是直线往复运动,适用于锯薄形工件和直槽;另一种是摆动式,这种操作方法,两手动作自然,不易疲劳,切削效率高。锯割时工件应夹在左面,以便操作。工件要夹紧,

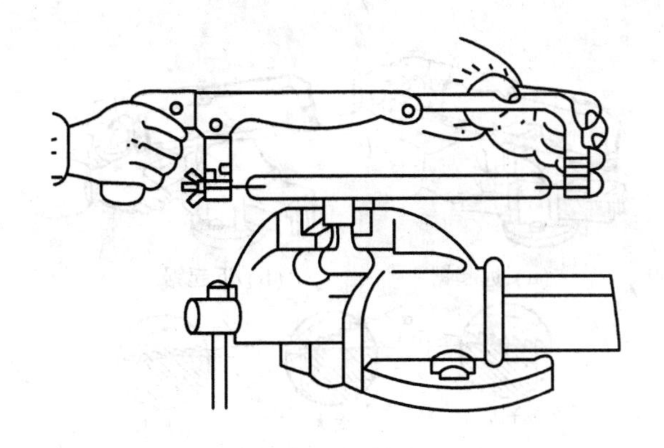

图5.23　手锯的握法示意图

以免在锯割过程中产生振动。锯削姿势及锯削过程如图5.24所示。

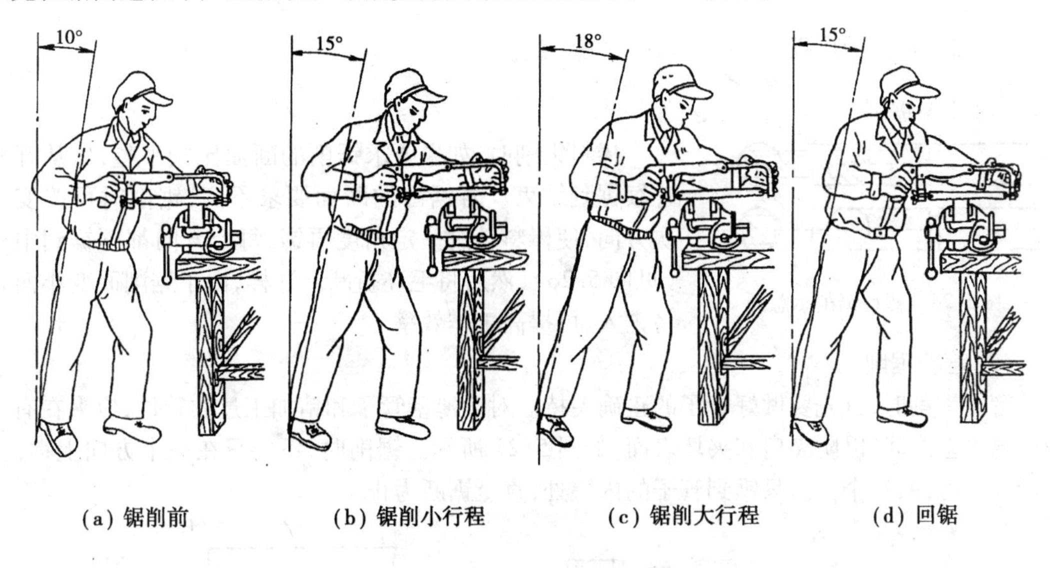

(a) 锯削前　(b) 锯削小行程　(c) 锯削大行程　(d) 回锯

图5.24　锯削姿势及锯削过程

(4) **起锯**

起锯是锯削的开始，它直接影响锯削的质量和锯条的使用。起锯分为远起锯和近起锯，如图5.25所示。远起锯是指从工件的远点开始起锯，其角度以俯倾15°为宜，实际工作中一般采用这种起锯方法。近起锯是指从工件的近点开始起锯，其角度以仰倾15°为宜，这种起锯方法在实际中较少采用。起锯时，压力要小，速度要慢，为了防止锯条在工件上打滑，可用拇指指甲松靠据条，以引导锯条切入。

(5) **收锯**

工件将要被锯断或要被锯到尺寸时，操作者用力要小，速度要放慢。对需锯断的工件，还要用左手托住工件要被锯断部分，以防锯条折断或工件掉落。

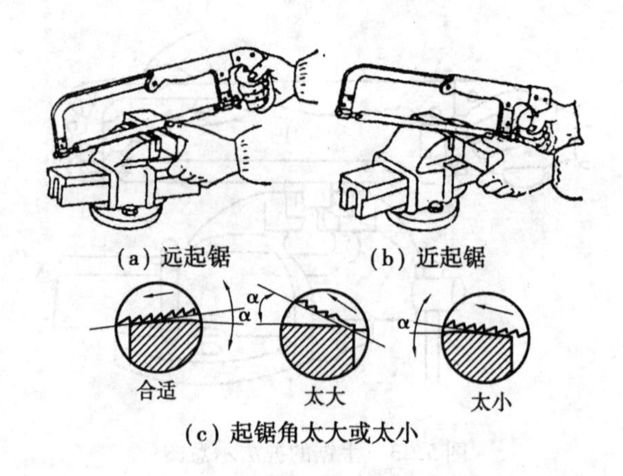

图 5.25　起锯角度示意图

5.3.3　锯削的应用

(1)**棒料锯削**

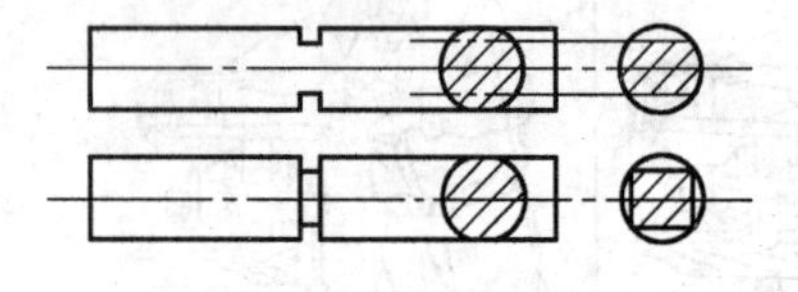

图 5.26　棒料锯削示意图

棒料锯削时,如果要求锯削的断面比较平整,应从开始连续锯到结束。若锯出的断面要求不高,锯削时可改变几次方向,使棒料转过一定角度再锯,每个方向都不锯到中心(见图 5.26),然后将毛坯折断。这样,由于锯削面变小而容易锯入,可提高工作效率。

(2)**管料锯削**

管料锯削时,首先要做好管子的正确夹持。对于薄壁管子和精加工过的管件,应夹在有 V 形槽的木垫之间,以防夹扁和夹坏表面,如图 5.27 所示。锯削时,不要只在一个方向上锯,要多转几个方向,每个方向只锯到管子的内壁处,直至锯断为止。

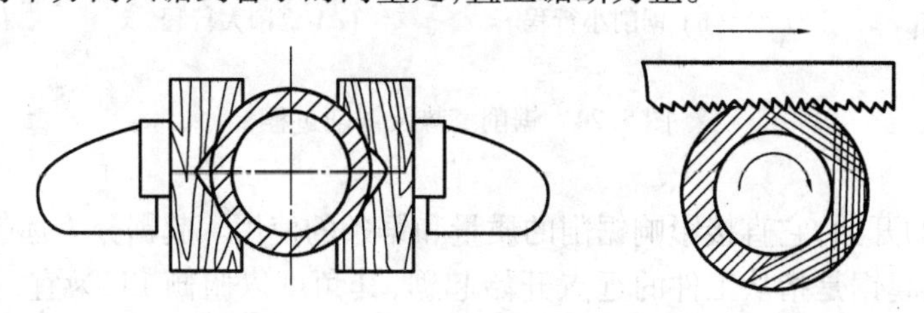

图 5.27　管料锯削示意图

(3)**板料锯削**

薄板料锯削时,尽可能从宽的面上锯下去。这样,锯齿不易产生勾住现象。当一定要在板料的窄面锯下去时,应该把它夹在两块木块之间,连木块一起锯下,如图 5.28 所示。这样才可避免锯齿勾住,同时也增加了板料的刚度,锯削时不会颤动。

(4)**深缝锯削**

当锯缝的深度超过锯弓的高度时,可把锯条转过 90°安装后再锯。装夹时,锯削部位应处于钳口附近,以免因工件颤动而影响锯削质量和损坏锯条。如图 5.29 所示。

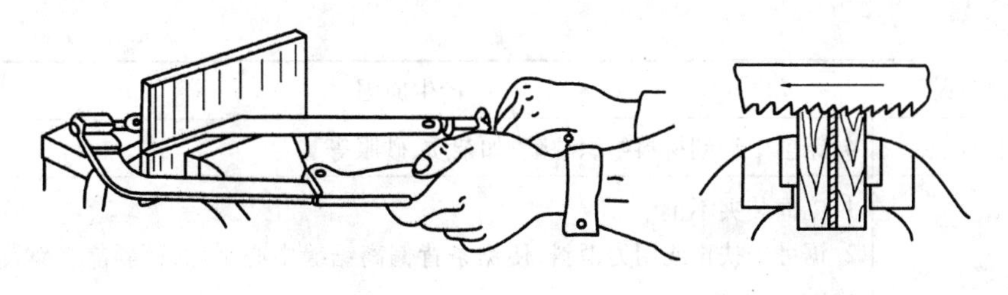

(a) 斜推锯法　　(b) 夹在木板中

图 5.28　薄板料锯削示意图

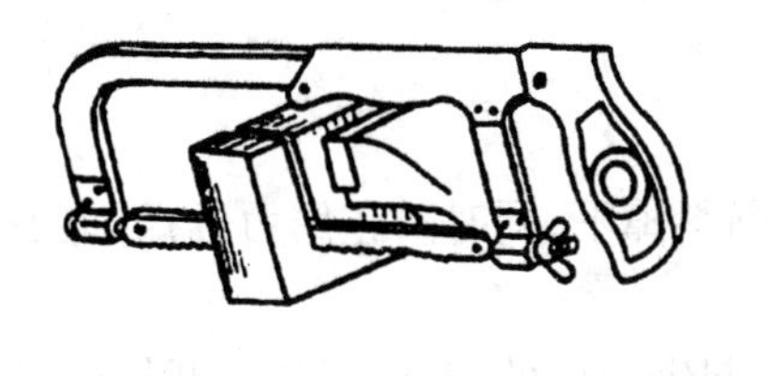

(a) 锯缝深度大于锯弓高度

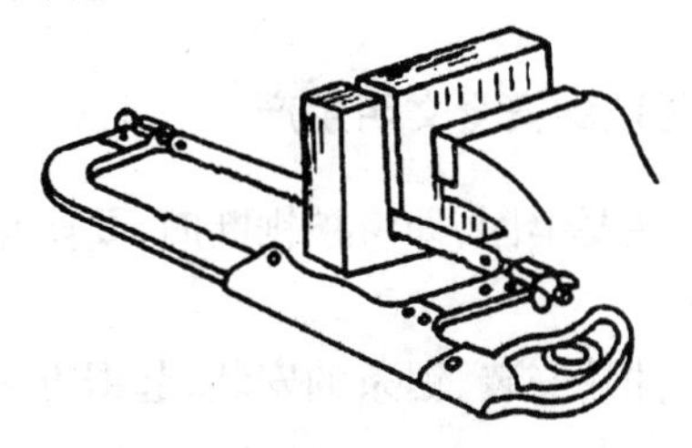

(b) 锯条转 90°

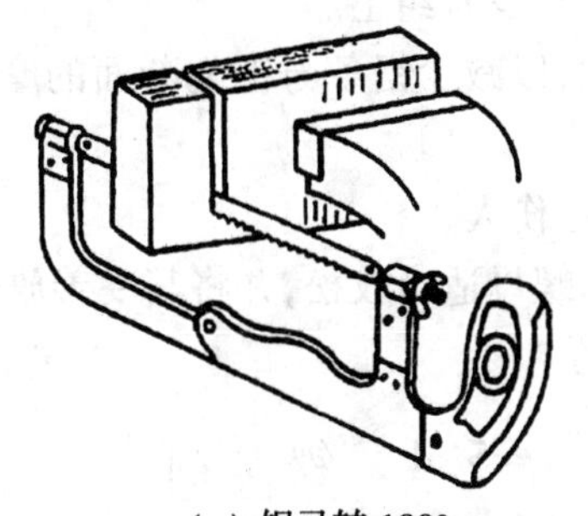

(c) 锯弓转 180°

图 5.29　深缝锯削

5.3.4　锯削的废品分析

锯削时常出现锯条损坏和工件报废等缺陷。其原因见表 5.2。

表 5.2　锯削的废品分析

缺陷形式	产生原因
锯条折断	1. 锯条选用不当或起锯角度不当 2. 锯条装夹过紧或过松 3. 工件未夹紧,锯削时工件有松动 4. 锯削压力太大或推锯过猛 5. 强行矫正歪斜锯缝或换上的新锯条在原锯缝中受卡 6. 工件锯断时锯条撞击工件
锯齿崩裂	1. 锯条装夹过紧 2. 起锯角度太大 3. 锯削压力太大或推锯过猛

续表

缺陷形式	产生原因
锯齿崩裂	4. 锯削中遇到材料组织缺陷,如杂质、砂眼等
锯缝歪斜	1. 工件装夹不正 2. 锯弓未扶正或用力歪斜,使锯条背偏离锯缝中心平面,而斜靠在锯削断面的一侧 3. 锯削时双手操作不协调

5.3.5 锯削的安全文明生产

①工件装夹要牢固,即将被锯断时,要防止断料掉下,同时防止用力过猛,将手撞到工件或台虎钳上受伤。

②注意工件的安装、锯条的安装,起锯方法、起锯角度的正确,以免一开始锯削就造成废品和锯条损坏。

③要适时注意锯缝的平直情况,及时纠正。

④在锯削钢件时,可加些机油,以减少锯条与锯削断面的摩擦并冷却锯条,提高锯条的使用寿命。

⑤要防止锯条折断后弹出锯弓伤人。

⑥锯削完毕,应将锯弓上张紧螺母适当放松,并将其妥善放好。

5.4 锉　削

锉削是用锉刀对工件表面进行切削加工,使工件达到所要求的尺寸、形状和表面粗糙度的方法。锉削是钳工重要的工作之一。尽管它的效率不高,但在现代工业生产中用途仍很广泛。例如,对装配过程中的个别零件作最后修整;在维修工作中或在单件小批量生产条件下,对一些形状较复杂的零件进行加工;制作工具或模具;手工去毛刺、倒角、倒圆,等等。总之,一些不能用机械加工方法来完成的表面,采用锉削方法更简便、经济,且能达到较小的表面粗糙度值(尺寸精度可达 0.01 mm,表面粗糙度 R_a 值可达 1.6 μm)。

5.4.1 锉削工具

锉削的加工范围包括内外平面、内外曲面、内外角、沟槽及其他各种复杂形状的表面。锉削的主要工具是锉刀。锉刀是用高碳工具钢 T12,T12A 和 T13A 等制成,经热处理淬硬,硬度可达 HRC62 以上。由于锉削工作较广泛,目前使用的锉刀规格已标准化。锉刀主要由锉刀面、锉刀边、锉刀尾、锉刀舌及木柄等组成,如图 5.30 所示。

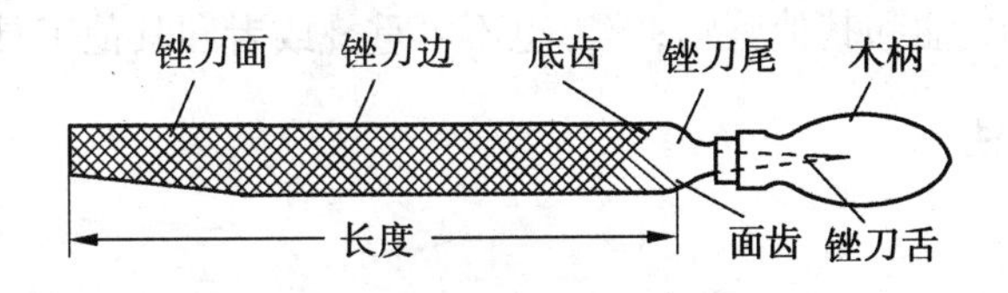

图5.30　锉刀

(1)**锉刀的分类**

锉刀按用途不同可分为钳工锉、异形锉和整形锉。

1)钳工锉

钳工锉按断面形状不同,又分为扁锉、方锉、三角锉、半圆锉、圆锉、菱形锉及刀口锉等。它主要用于加工金属零件的各种表面,加工范围广。

2)异形锉

它主要用于锉削工件上特殊的表面。

3)整形锉

它主要用于机械、模具、电器和仪表等零件进行整形加工,通常一套分5把、6把、9把或12把等几种。

(2)**锉刀的规格**

锉刀的规格分尺寸规格和齿纹粗细规格两种。方锉刀的尺寸规格以方形尺寸表示;圆锉刀的规格用直径表示;其他锉刀则以锉身长度表示。钳工常用的锉刀,锉身长度有100 mm,125 mm,150 mm,200 mm,250 mm,300 mm,350 mm,400 mm等多种。

齿纹粗细规格,以锉刀每10 mm轴向长度上齿数多少可分为粗齿、中齿、细齿、粗油光、细油光。

(3)**锉刀的选用**

合理选用锉刀对保证加工质量、提高生产效率和延长锉刀寿命有很大的影响。锉刀的一般选择原则是:根据加工面的大小选择锉刀的断面形状和规格,根据材料软硬、加工余量、精度及表面粗糙度的要求选择锉刀齿纹的粗细。

粗锉刀由于齿锯大,一般用于铜、铝等软金属及加工余量大、精度和表面粗糙度要求不高的粗加工;中锉适于粗锉的后续加工;细锉可用于钢、铸铁等较硬材料及加工余量小、精度和表面粗糙度要求较高的精加工;油光锉用于最后修光工件表面。

(4)**锉刀使用注意事项**

为了延长锉刀的使用寿命,必须遵守下列规则:

①禁止使用无手柄或手柄松动的锉刀,防止锉舌刺伤。

②不准用新锉刀锉硬金属或淬火材料。

③对有硬皮或黏砂的锻件和铸件,须将其去掉后,才可用半锋利的锉刀锉削。

④新锉刀先使用一面,当该面磨钝后,再用另一面。

⑤锉削时,锉刀表面产生积屑瘤阻塞刀刃时,禁止用力敲打锉刀,应用钢丝刷去积屑。

⑥使用锉刀时不宜速度过快,否则容易过早磨损。

⑦细锉刀不允许锉软金属。

⑧使用整形锉,用力不宜过大,以免折断。

⑨锉刀要避免沾水、油和其他脏物;锉刀也不可重叠或者和其他工具堆放在一起。

5.4.2　锉削的方法

(1)锉刀的握法

1)较大锉刀

较大锉刀一般指锉刀长度大于250 mm 的锉刀,较大锉刀握法如图5.31所示。右手握着锉刀柄,将柄外端顶在拇指根部的手掌上,大拇指放在手柄上,其余手指由下而上握手柄。左手在锉刀上的握法有3种,左手掌斜放在锉梢上方,拇指根部肌肉轻压在锉刀刀头上,中指和无名指抵住梢部右下方;左手掌斜放在锉梢部,大拇指自然伸出,其余各指自然蜷曲,小拇指、无名指、中指抵住锉刀前下方;左手掌斜放在锉梢上,各指自然平放。

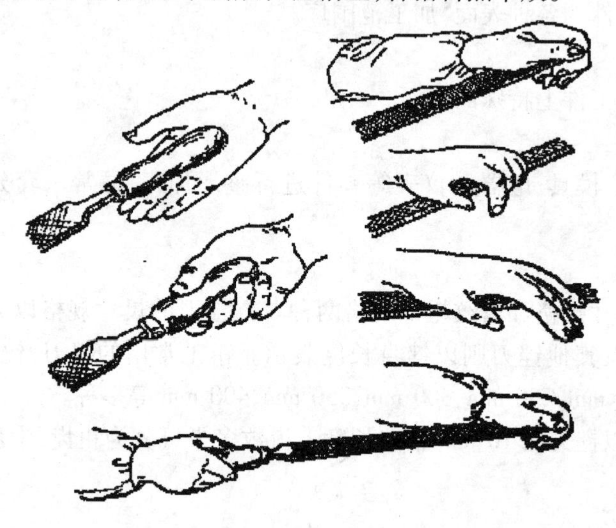

图5.31　较大锉刀握法示意图

2)中型锉刀

中型锉刀握法右手与较大锉刀握法相同,左手的大拇指和食指轻轻持扶锉刀,如图5.32所示。

3)小型锉刀

右手的食指平直扶在手柄外侧面,左手手指压在锉刀的中部,以防锉刀弯曲,如图5.33所示。

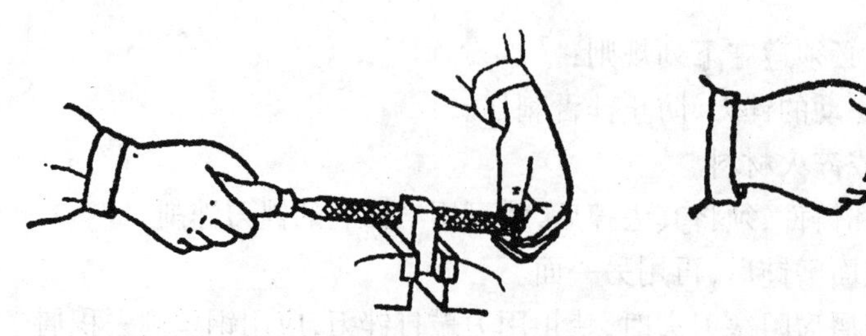

图5.32　中型锉刀握法示意图

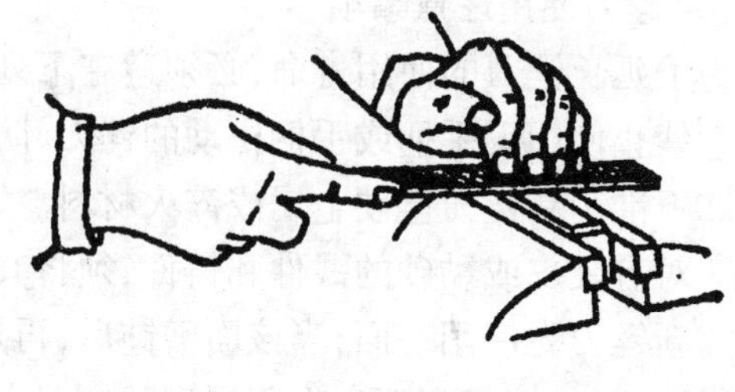

图5.33　小型锉刀握法示意图

(2)锉削的姿势

①锉削时的站立步位和姿势如图5.34所示。锉削动作如图5.35所示。两手握住锉刀放

在工件上面,左臂弯曲,小臂与工件锉削面的左右方向保持基本平行,右小臂要与工件锉削面的前后方向保持基本平行。

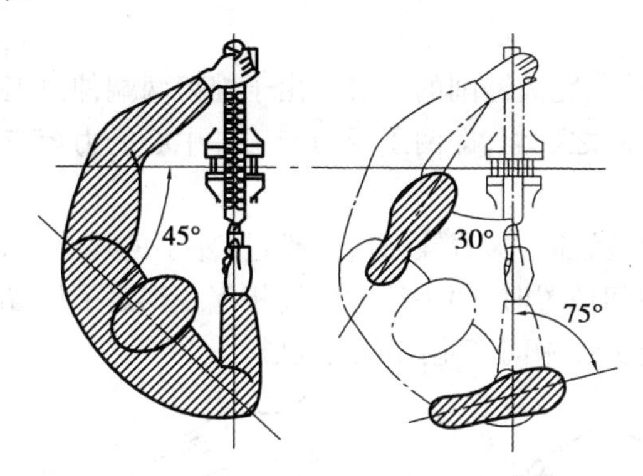

图5.34　锉削的站立步位和姿势示意图

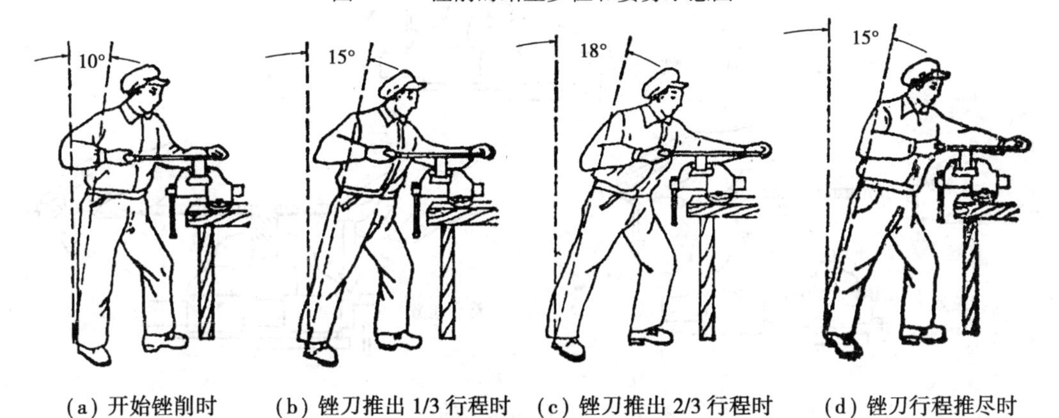

(a) 开始锉削时　(b) 锉刀推出 1/3 行程时　(c) 锉刀推出 2/3 行程时　(d) 锉刀行程推尽时

图5.35　锉削动作

②开始锉削时,身体要向前倾斜10°,左肘弯曲,右肘向后,身体先于锉刀并与之一起向前,如图5.35(a)所示。

③当锉刀推出1/3行程时,身体要向前倾斜15°,右脚伸直并稍向前倾,重心在左脚,左膝部呈弯曲状态,左肘稍直,右臂先前推,如图5.35(b)所示。

④当锉刀锉至约2/3行程时,身体逐渐倾斜到18°左右,如图5.35(c)所示。身体停止前进,两臂则继续将锉刀向前锉到头。同时,左脚自然伸直并随着锉削时的反作用力,将身体重心后移,使身体恢复向前倾斜15°,并顺势将锉刀收回,如图5.35(d)所示。

⑤当锉刀收回将近结束时,身体又开始先于锉刀前倾,做第二次锉削的向前运动。

注意事项如下:

①锉削姿势的正确与否,对锉削质量、锉削力的运用和发挥以及操作者的疲劳程度都起着决定性作用。

②锉削姿势的正确掌握,须从锉刀握法、站立步位、行,动作要协调一致,经过反复练习才能达到一定的要求。

(3)锉削力的运用

锉削时有两个力:一是推力;二是压力。其中,推力由右手控制,压力由两手控制。其作用是使锉齿深入金属表面。

锉削时,锉刀平直运动是完成锉削的关键。由于锉刀两端伸出工件的长度随时都在变化,因此两手压力大小也必须随之变化,即两手压力与工件中心的力矩应相等,只是保证锉刀平直运动的关键。

如图5.36所示,开始位置时,随着锉刀向前推进,左手的压力应由大逐渐变小,右手的压力应由小逐渐变大。到中间位置时,两手压力应该相等。到终了位置时,两手压力正好与开始相反。只有这样才能避免工件中间产生凸面或鼓形。

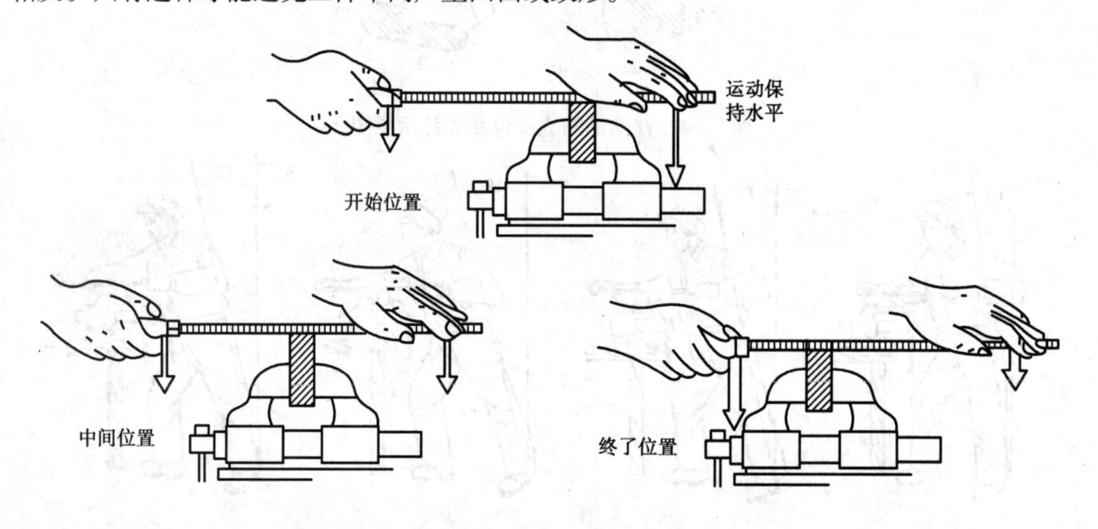

图5.36 锉削时施力的变化

锉削时,压力不能太大,否则只能使锉刀磨损加快。锉削速度一般是30~60次/min,太快,操作者容易疲劳;太慢,切削效率低。

(4)锉削方法

1)平面锉削方法

①顺向锉

顺向锉是锉刀顺一个方向锉削的运动方法。它具有锉纹清晰、美观和表面粗糙度较小的特点,适用于小平面和粗锉后的场合,顺向锉的锉纹整齐一致,这是最基本的一种锉削方法,如图5.37(a)所示。

②交叉锉

交叉锉是从两个以上不同方向交替交叉锉削的方法,锉刀运动方向与工件夹持方向成30°~40°角。它具有锉削平面度好的特点,但表面粗糙度稍差,且锉纹交叉。姿势动作、操作等几方而进,如图5.37(b)所示。

③推锉

推锉是双手横握锉刀往复锉削的方法。其锉纹特点同顺向锉,适用于狭长平面和修整时余量较小的场合,如图5.37(c)所示。

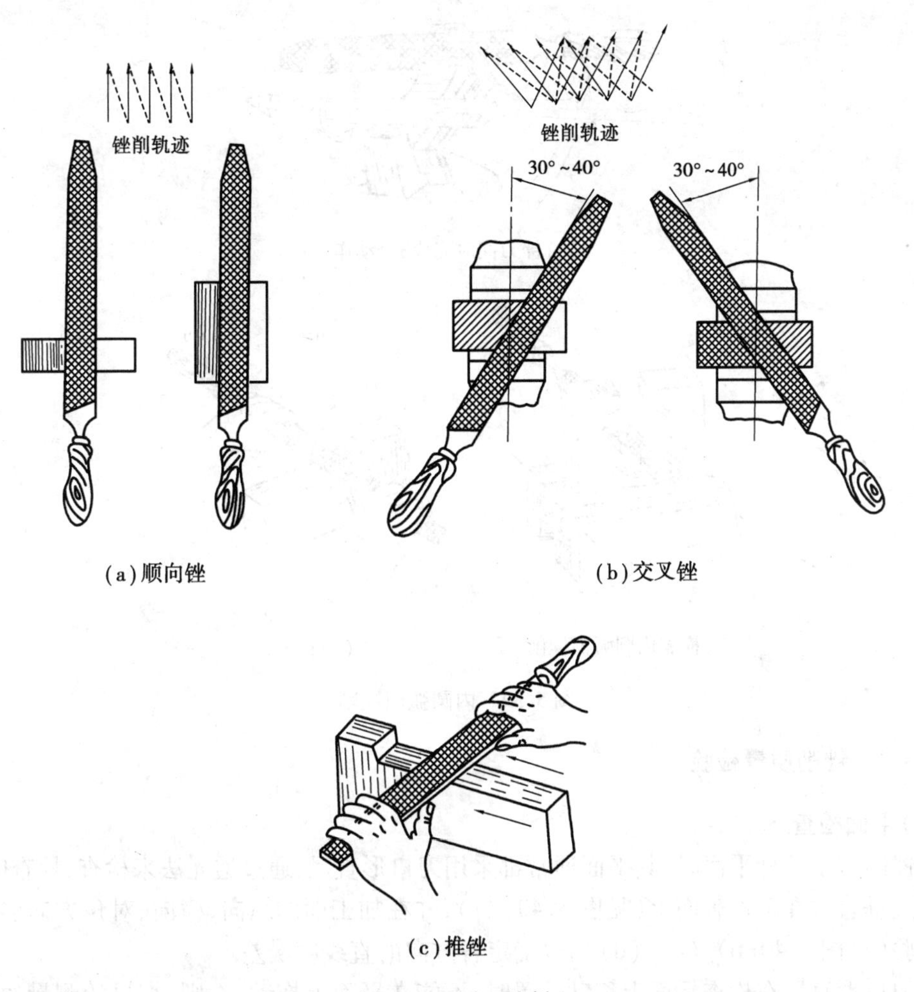

(a)顺向锉　　(b)交叉锉

(c)推锉

图5.37　平面锉削

2)曲面锉削方法

①外圆弧面锉削方法

锉削外圆弧面时,锉刀运动分为顺着和横着圆弧面锉削两种方法,如图5.38所示。

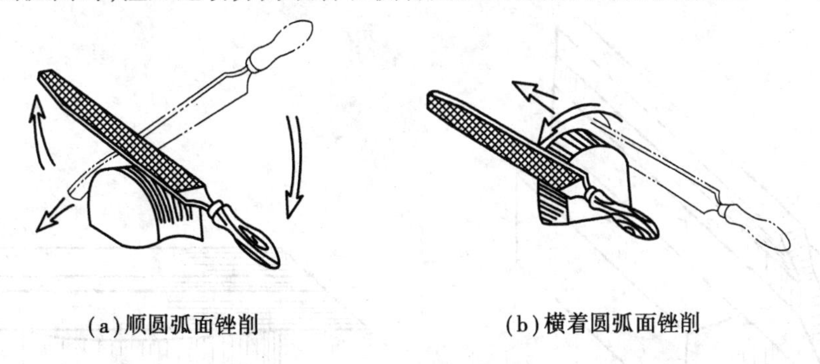

(a)顺圆弧面锉削　　(b)横着圆弧面锉削

图5.38　外圆弧面锉削

②内圆弧面锉削方法

内圆弧面锉削是指锉刀必须同时完成前进运动、移动(向左或向右)和绕内弧中心转动3个运动的复合运动。对于修整时余量较小的狭长内圆弧面,也可采用推锉,如图5.39所示。

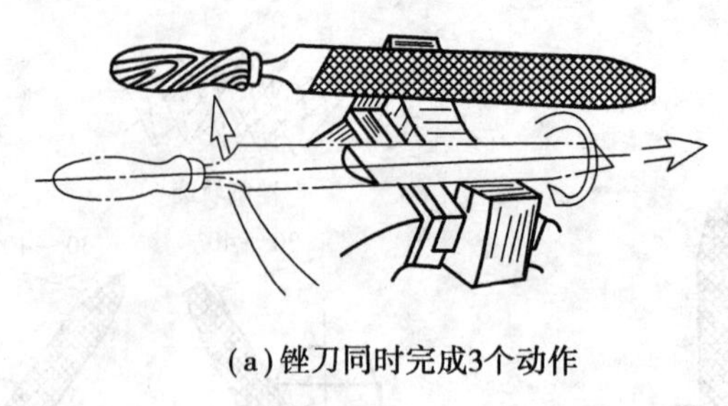

(a)锉刀同时完成3个动作

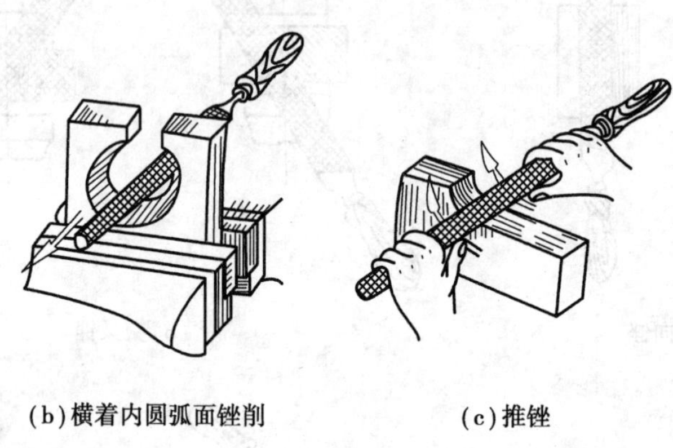

(b)横着内圆弧面锉削　　(c)推锉

图5.39　内圆弧面锉削

5.4.3　锉削质量检验

(1)平面检查

①锉削较小工件平面时,其平面通常都采用刀口形直尺,通过透光法来检查,检查时,刀口形直尺应垂直放在工件表面上(见图5.40(a)),并在加工面的纵向、横向、对角方向多处逐一进行检验(见图5.40(b)、(c)、(d)),以确定各方向的直线度误差。

②刀口形直尺在检查平面上移动位置时,不能在平面上拖动;否则,直尺的测量边容易磨损而降低其精度。

③塞尺是用来检验两个结合面之间间隙大小的片状量规。使用时,根据被测间隙的大小,可用一片或数片重叠在一起做塞入检验,如图5.40(e)所示。

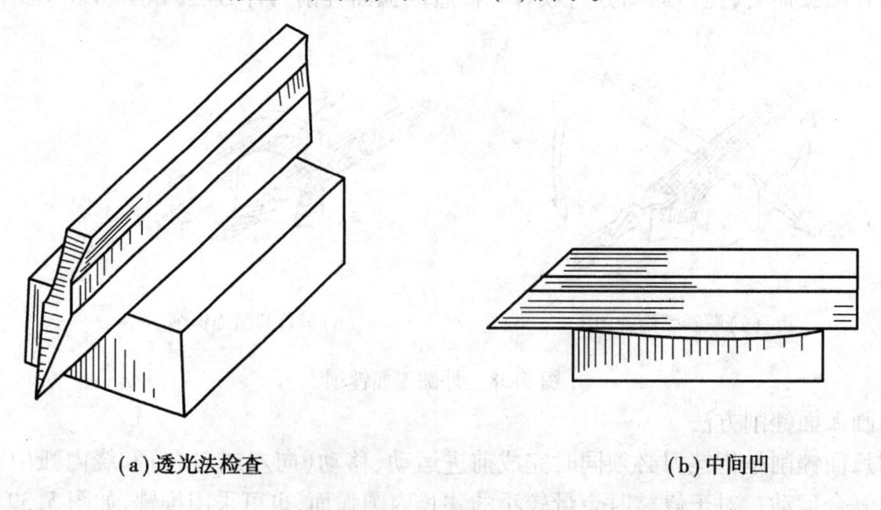

(a)透光法检查　　(b)中间凹

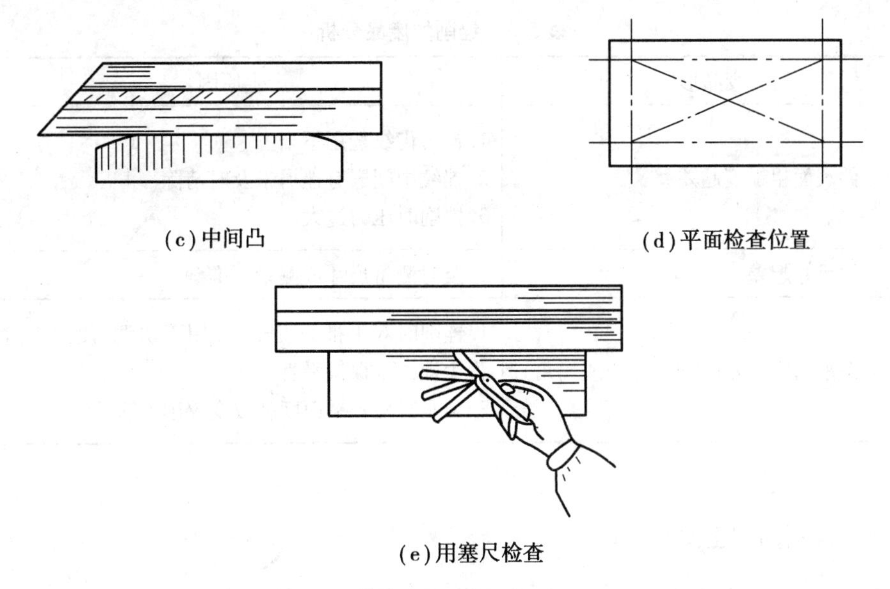
(c)中间凸　(d)平面检查位置

(e)用塞尺检查

图5.40　平面检查

(2)**角尺检查**

先将角尺尺座的测量面紧贴工件基准面,然后从被测表面上方轻轻向下移动,使角尺尺瞄的测量面与工件的被测表面接触,如图5.41(a)所示。眼光平视观察其透光情况,以此来判断工件被测面与基准面是否垂直。检查时,角尺不可斜放,如图5.41(b)所示;否则,检查结果不准确。

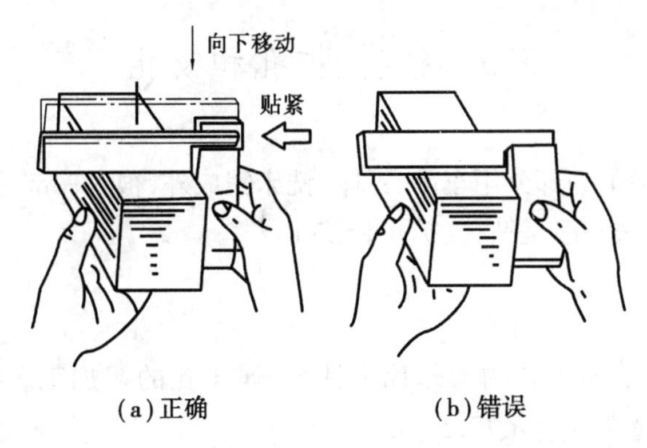

(a)正确　(b)错误

图5.41　用90°角尺检查工件垂直度

若在同一平面上不同位置进行检查时,角尺不可在工件表面上前后移动,以免磨损,影响角尺本身精度。

5.4.4　锉削的废品分析

锉削时常出的废品形式及原因见表5.3。

表 5.3　锉削的废品分析

废品形式	产生原因
工件表面粗糙度超差	1. 锉刀齿纹选用不当 2. 锉纹中间嵌有锉屑未及时清除 3. 锉削时压力过大
工件尺寸超差	未及时测量尺寸或测量不准确
工件平面度超差(中凸、塌边或塌角)	1. 锉削时双手推力、压力应用不协调,使锉削过程中锉刀未保持平直 2. 未及时检查平面度就改变锉削方法

5.4.5　锉削的安全文明生产

①锉柄不允许露在钳桌外面,以免掉落地上砸伤脚或损坏锉刀。

②没有装手柄的锉刀、锉柄已裂开或没有锉柄箍的锉刀不可使用。

③锉削时锉柄不能撞击到工件,以免锉柄脱落造成事故。

④不允许用嘴吹锉屑,避免锉屑飞入眼中,也不能用手擦摸锉削表面。

⑤不允许将锉刀当撬棒或手锤使用。

5.5　钻孔、扩孔和铰孔

各种零件上的孔,除了一部分用车床、镗床、铣床完成外,很大一部分由钳工利用各种钻床完成。钳工加工孔的方法一般是钻孔、扩孔和铰孔。

5.5.1　钻孔

用钻头在实体材料上加工孔的操作称为钻孔,属于孔的粗加工。钻孔的尺寸公差等级IT12—IT11 级,表面粗糙度可达 $R_a12.5\ \mu m$。

(1)钻床

主要用钻头在工件上加工孔的机床,称为钻床。钳工常用的钻床有台式、立式和摇臂钻床。

1)台式钻床(简称台钻)

台钻由底座、工作台、立柱、主轴架、主轴及进给手柄等组成,如图 5.42 所示。工作时,主轴旋转是切削运动,主轴轴向移动为进给运动,进给运动为手动。台钻是一种放在工作台上使用的钻床,质量轻,移动方便,转速高,适合加工小型工件上直径小于 13 mm 的孔。

2)立式钻床

立式钻床的组成如图 5.43 所示。结构上比台钻多了主轴变速箱和进给箱,因此主轴的转速和走刀量变化范围较大,而且可自动进刀。此外,立钻刚性好,功率大,允许采用较大的切削

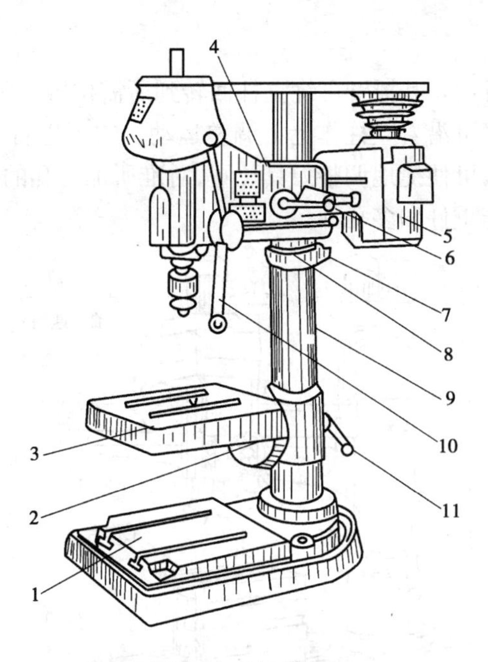

图5.42 台式钻床

1—底座面;2—锁紧螺钉;3—工作台;4—头架;5—电动机;6—手柄;
7—螺钉;8—保险环;9—立柱;10—进给手柄;11—锁紧手柄

用量,生产率较高,加工精度也较高,适用于不同的刀具进行钻孔、扩孔、锪孔及铰孔等加工。

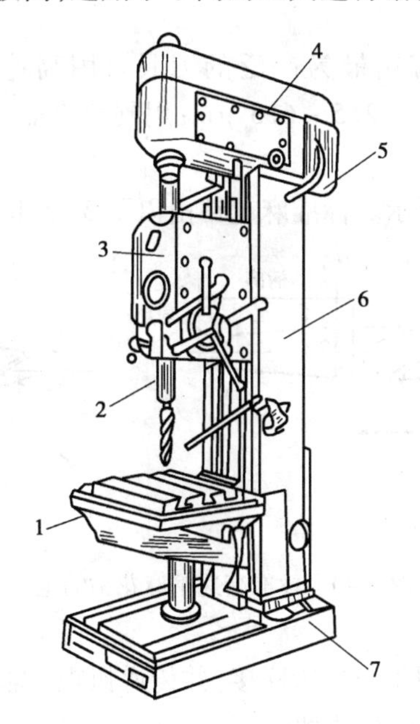

图5.43 立式钻床

1—工作台;2—主轴;3—进给变速箱;4—主轴变速箱;
5—电动机;6—床身;7—底座

由于立钻的主轴对于工作台的位置是固定的,对大型或多孔工件的加工十分不便。因此,立钻适用于单件、中小批量生产中加工单孔工件。

3)摇臂钻床

摇臂钻床如图5.44所示。其摇臂可绕立柱回转到所需位置后重新锁定,主轴箱带着主轴可在摇臂上水平移动,摇臂可沿着立柱作上下调整运动。它可以自动,也可以手动。加工时,利用其结构上的这些特点,可便捷地调整刀具位置,对准所加工孔的中心,而不要求移动工件。因此,它适用于加工大型笨重件和多孔件。

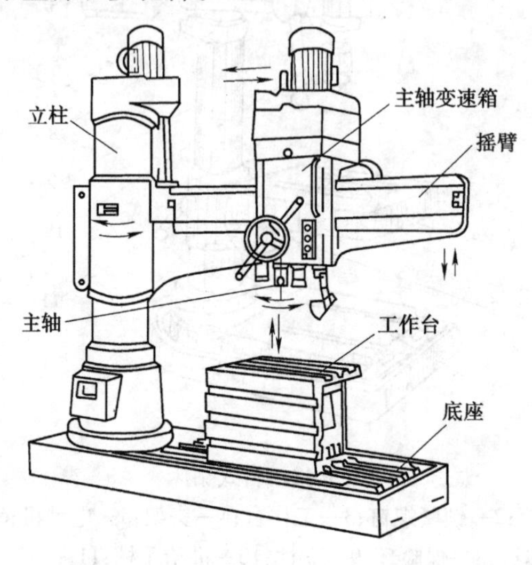

图5.44　摇臂钻床

(2)**麻花钻**

麻花钻是孔加工刀具中应用最为广泛的刀具。用高速钢麻花钻加工的孔精度可达IT13—IT11,表面粗糙度 R_a 可达 12.5 ~6.3 μm;用硬质合金钻头加工时则分别可达IT11—IT10和 R_a12.5 ~3.2 μm。

麻花钻的结构如图5.45所示。标准麻花钻由以下3个部分组成:

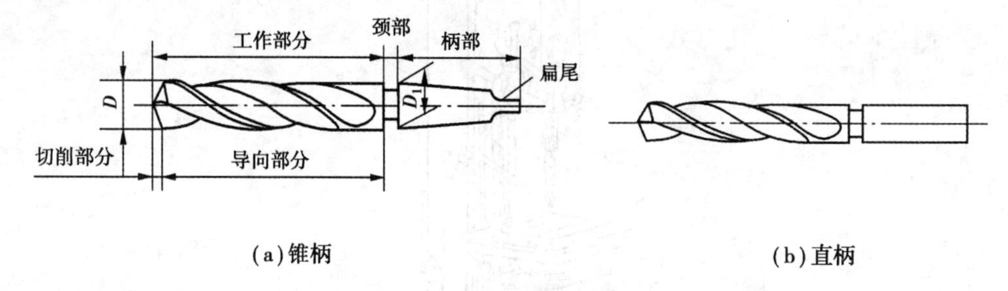

(a)锥柄　　(b)直柄

图5.45　标准高速钢麻花钻的组成

1)柄部

柄部是钻头的夹持部分,用于与机床联接,并传递扭矩和轴向力,按麻花钻直径的大小,可分为直柄(小直径)和锥柄(大直径)两种。

2)颈部

颈部是工作部分和尾部间的过渡部分,供磨削时砂轮退刀和打印标记用。小直径的直柄钻头没有颈部。

3)工作部分

工作部分是钻头的主要部分。前端为切削部分,承担主要的切削工作;后端为导向部分,起引导钻头的作用,也是切削部分的后备部分。

钻头的工作部分有两条对称的螺旋槽,是容屑和排屑的通道,两个刃瓣由钻芯联接。导向部分磨有两条棱边,为了减少与加工孔壁的摩擦,棱边直径磨有(0.03~0.12)/100 的倒锥,从而形成副偏角。

(3)**钻头的装夹**

1)直柄麻花钻的拆装

直柄钻头可用钻夹头装夹,如图 5.46 所示。钻夹头用紧固扳手拧紧,钻夹头再与钻床主轴配合,由主轴带动钻头旋转。这种方法的优点是方法简便,缺点是夹紧力小,容易跳动。

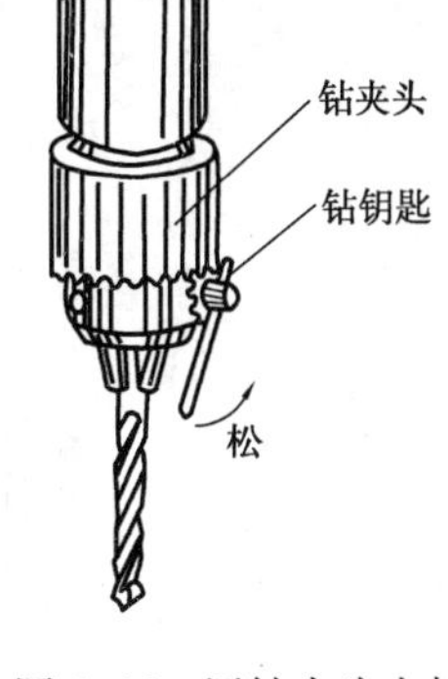

图 5.46 用钻夹头夹持

2)锥柄麻花钻的拆装

锥柄钻头可直接或通过钻套将钻头和钻床主轴锥孔配合,如图 5.47所示。锥柄末端的扁尾用以增加传递力量,避免刀柄打滑,并便于卸下钻头。这种方式配合牢靠,同轴度高。

(4)**钻孔操作**

1)工件的装夹

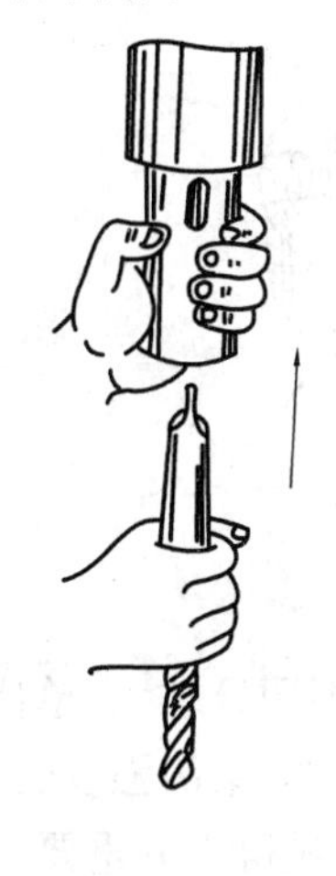

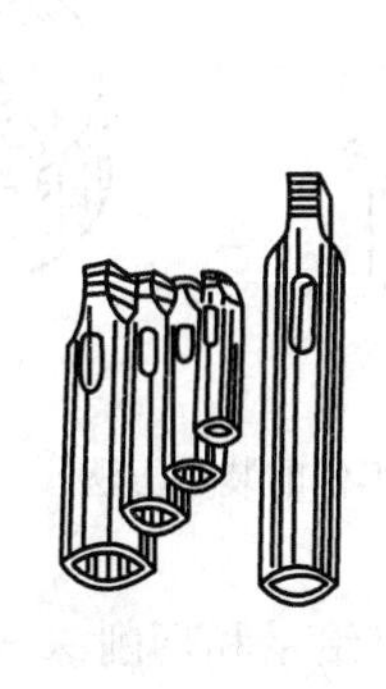

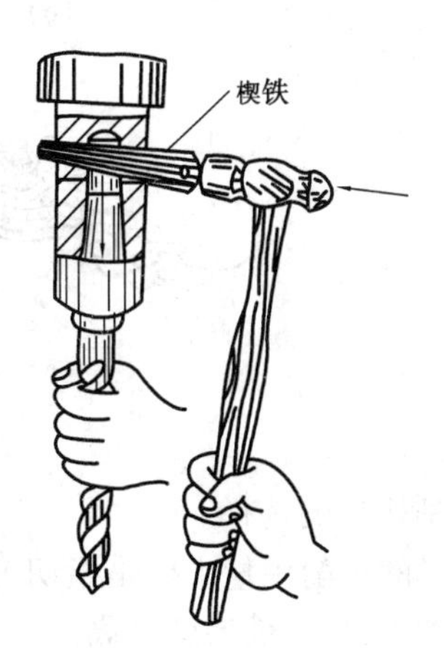

图 5.47 锥柄钻头的拆装及锥套用法

工件在钻孔时,为保证钻孔的质量和安全,应根据工件的不同形状和切削力的大小,采用不同的装夹方法。

①外形平整的工件可用平口钳装夹,如图 5.48(a)所示。

②对于圆柱形工件,可用 V 形铁进行装夹,如图 5.48(b)所示。但钻头轴心线必须在 V 形铁的对称平面上,避免出现钻孔不对称的现象。

③较大工件且钻孔直径在 12 mm 以上时,可用压板夹持的方法进行钻孔,如图 5.48(c)所示。

④对于加工基准在侧面的工件,可用角铁进行装夹,如图 5.48(d)所示。由于此时的轴向钻削力作用在角铁安装平面以外,因此,角铁必须固定在钻床工作台上。

⑤在薄板或小型工件上钻小孔,可将工件放在定位块上,用手虎钳夹持,如图 5.48(e)所示。

⑥在圆柱形工件端面钻孔,可用三爪自定心卡盘进行装夹,如图 5.48(f)所示。

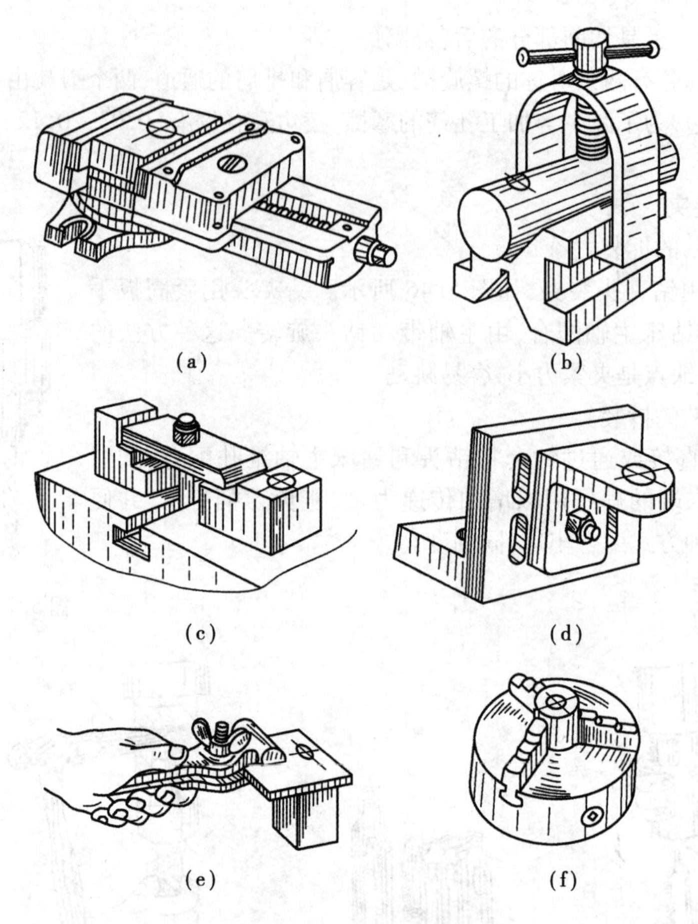

图5.48　工件的装夹方法

2）切削用量的选择

钻孔时的切削用量主要是指切削速度、进给量和切削深度。切削用量越大，单位时间切除的金属就越多，生产效率就越高。但是，由于切削用量要受到钻床功率、钻头强度、工件材料及加工精度等因素的限制而不能任意提高，因此，合理选择切削用量就显得十分重要。

在长期实践中，人们已积累了大量有关钻孔切削用量选择的经验，并制成表格，一般情况下，可查表选取，必要时，可作适当的修正或由试验确定。

3）操作方法

①起钻

钻孔前，应在工件钻孔中心位置用样冲冲出样冲眼，以利找正。

钻孔时，先使钻头对准钻孔中心轻钻出一个浅坑，观察钻孔位置是否正确，如有误差，及时校正，使浅坑与中心同轴。

借正方法是：如位置偏差较小，可在起钻同时用力将工件向偏移的反方向推移，逐步借正；当位置偏差较大时，可在借正方向打上几个样冲眼或錾出几条槽（见图5.49）。以减少此处的钻削阻力，达到借正的目的。

②手进给操作

当起钻达到钻孔位置要求后，即可进行钻孔。

a. 进给时用力不可太大，以防钻头弯曲，使钻孔轴线歪斜。

b. 钻深孔或小直径孔时，进给力要小，并经常退钻排屑，防止切屑阻塞而折断钻头。

c. 孔即将钻通时，进给力必须减小，以免进给力过大，造成钻头折断，或使工件随钻头转动造成事故。

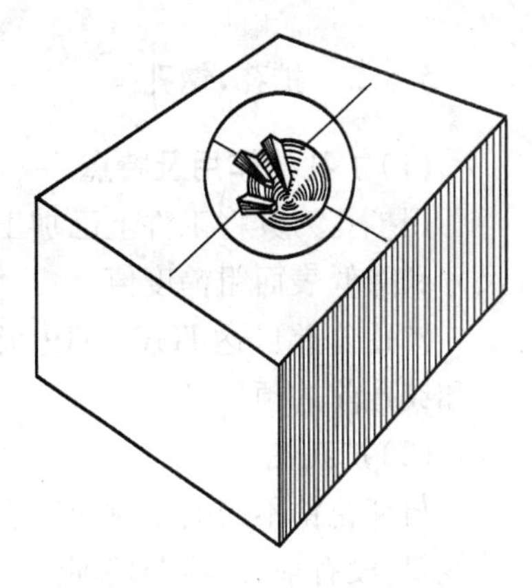

图 5.49 用錾槽来纠正钻偏的孔

③钻孔时的切削液

钻孔时，应加注足够的切削液，以达到钻头散热、减少摩擦、消除积屑瘤、降低切削阻力、提高钻头寿命、改善孔的表面质量的目的。

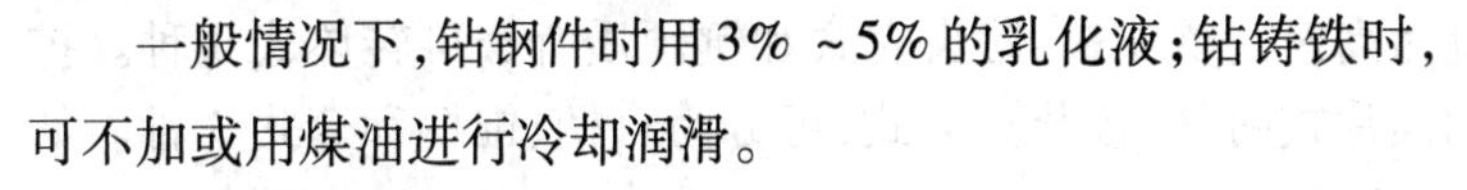

一般情况下，钻钢件时用3% ~5% 的乳化液；钻铸铁时，可不加或用煤油进行冷却润滑。

(5)钻孔时常见缺陷分析

锉削时常出的废品形式及原因见表 5.4。

表 5.4 钻孔中常见缺陷分析

出现的问题	产生的原因
孔径超差	1. 钻头两切削刃长度不等，高低不一致 2. 钻床主轴径向偏摆过大或钻头装夹不好使钻头摆动
孔壁表面粗糙	1. 进给量太大 2. 钻头两切削刃不锋利 、后角太大 3. 切屑阻塞在螺旋槽内，擦伤孔壁 4. 切削液供应量不足或选用不当
孔位超差	1. 工件划线不正确 2. 钻头横刃太长定心不准 3. 起钻过偏而没有校正
孔的轴线歪斜	1. 钻孔平面与钻床主轴不垂直 2. 工件装夹不牢，产生歪斜
孔不圆	1. 钻头两切削刃不对称 2. 钻头后角过大
钻头寿命低或折断	1. 钻头磨损还继续使用 2. 切削用量选择过大 3. 切削液供给不足 4. 工件未夹紧，钻孔时产生松动 5. 孔将钻通时没有减小进给力 6. 钻孔时没有及时退屑，使切屑堵塞在钻头螺旋槽内

5.5.2　扩孔、锪孔

(1)扩孔的作用及特点

用扩孔刀具将工件上已加工孔径扩大的操作称为扩孔。扩孔钻在钻孔后使用,扩大孔的尺寸和降低表面粗糙度值。

扩孔公差可达 IT10—IT9 级,表面粗糙度可达 R_a6.3 μm。因此,扩孔常作为孔的半精加工和铰孔前的预加工。

(2)扩孔钻

与麻花钻不同的是,扩孔钻一般有 3 ~ 4 条切削刃,因此刀体强度高,刚性好,导向性好,不易偏斜;没有横刃,轴向切削力小,扩孔能得到较高的尺寸精度和较小的表面粗糙度。

扩孔钻常见的结构形式可分为高速钢整体式、镶齿套式和镶硬质合金可转体式 3 种。扩孔钻按刀体结构可分为整体式和镶片式两种;按装夹方式,可分为直柄、锥柄和套式 3 种。如图5.50所示为锥柄整体式扩孔钻的结构。

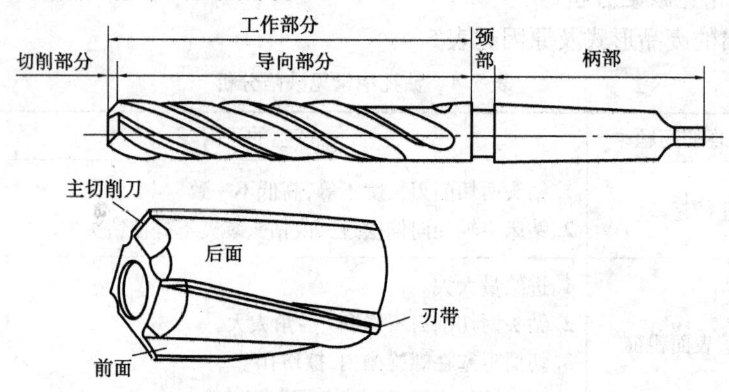

图 5.50　锥柄整体式扩孔钻的结构

(3)锪钻

锪钻用于在已有孔上加工各种沉孔或孔口端面。几种常用的锪钻的外形及应用如图5.51所示。图 5.51(a)是用于在孔的端面上加工圆柱形沉头孔,图 5.51(b)是锪锥形沉头孔,图 5.51(c)是锪凸台表面。

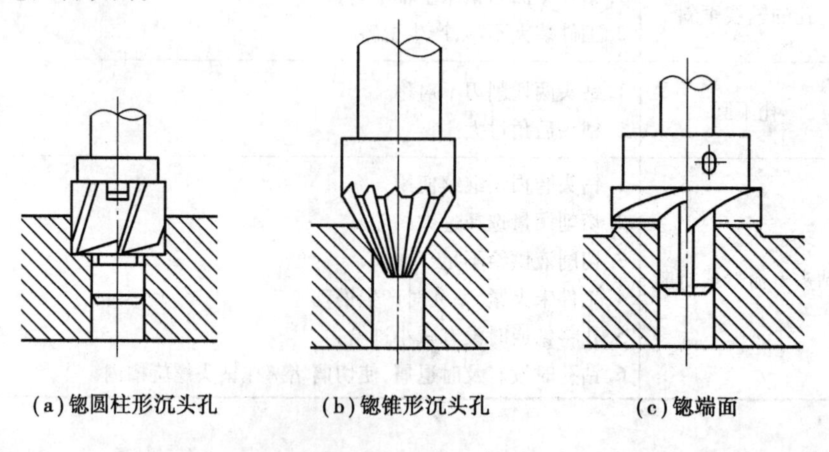

(a)锪圆柱形沉头孔　(b)锪锥形沉头孔　(c)锪端面

图 5.51　锪钻及应用

5.5.3 铰孔

用铰刀从被加工孔的孔壁上切除微量金属,使孔的精度和表面质量得到提高的加工方法。铰孔是应用较普遍的对中小直径孔进行精加工的方法之一,它是在扩孔或半精加工孔的基础上进行的。根据铰刀的结构不同,铰孔可加工圆柱孔、圆锥孔;可用手铰操作,也可在机床上进行。

铰孔属于对孔的精加工,一般铰孔的尺寸公差可达到 IT9—IT7 级,表面粗糙度可达 R_a 3.2 ~0.8 μm。

(1)铰刀的种类

铰刀按刀体结构分,可分为整体式铰刀、焊接式铰刀、镶齿式铰刀及装配可调铰刀;按外形,可分为圆柱铰刀和圆锥铰刀;按使用场合分,可分为手用铰刀和机用铰刀;按刀齿形式分,可分为直齿铰刀和螺旋齿铰刀;按柄部形状分,可分为直柄铰刀和锥柄铰刀。

(2)铰刀的结构

铰刀由柄部、颈部和工作部分组成,如图 5.52 所示。

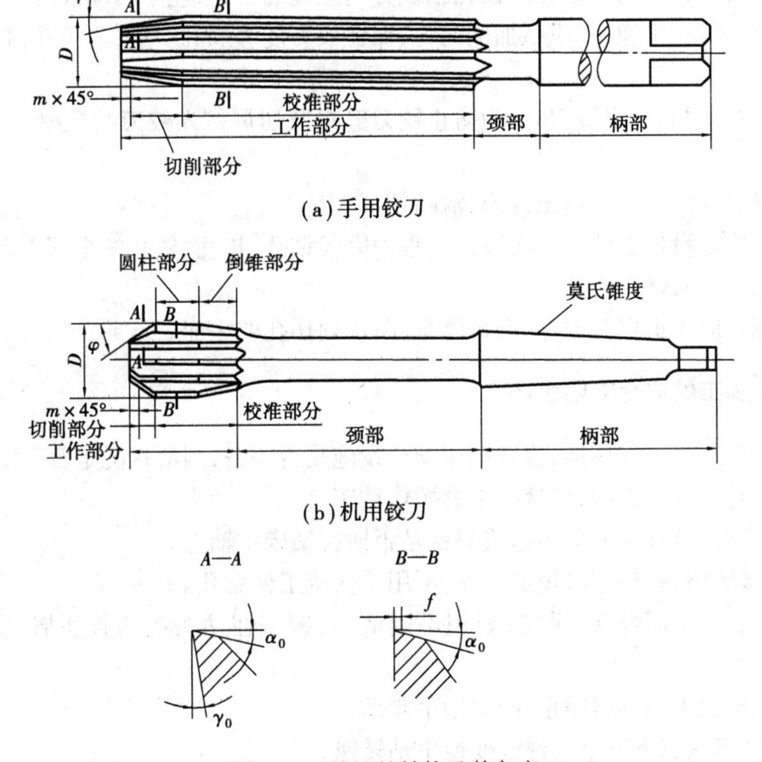

图 5.52 铰刀的结构及其角度

1)柄部

柄部是用来装夹、传递扭矩和进给力的部分。它有直柄和锥柄两种。

2)颈部

颈部是磨制铰刀时供砂轮退刀用的,同时也是刻制商标和规格的地方。

3)工作部分

工作部分又分为切削部分和校准部分。

①切削部分:在切削部分磨有切削锥角。

切削锥角决定铰刀切削部分的长度,对切削时进给力的大小、铰削质量和铰刀寿命也有较大的影响。

②校准部分:校准部分主要用来导向和校准铰孔的尺寸,也是铰刀磨损后的备磨部分。

③铰刀齿数一般为6~16齿,可使铰刀切削平稳、导向性好。

(3)铰孔方法

铰孔的方法分为手动铰孔和机动铰孔两种。

1)铰刀的选用

铰孔时,首先要使铰刀的直径规格与所铰孔相符合,其次还要确定铰刀的公差等级。标准铰刀的公差等级分为h7,h8,h9这3个级别。若铰削精度要求较高的孔,必须对新铰刀进行研磨,然后再进行铰孔。

2)铰削操作方法

①在手铰起铰时,应用右手在沿铰孔轴线方向上施加压力,左手转动铰刀。

两手用力要均匀、平稳,不应施加侧向力,保证铰刀能够顺利引进,避免孔口成喇叭形或孔径扩大。

②在铰孔过程中和退出铰刀时,为防止铰刀磨损及切屑挤入铰刀与孔壁之间,划伤孔壁,铰刀不能反转。

③铰削不通孔时,应经常退出铰刀,清除切屑。

④机铰时,应尽量使工件在一次装夹过程中完成钻孔、扩孔、铰孔的全部工序,以保证铰刀中心与孔的中心的一致性。

铰孔完毕后,应先退出铰刀,然后再停车,防止划伤孔壁表面。

5.5.4 孔加工的安全文明生产

①加工前,清理好工作场地,检查钻床安全设施是否齐备,润滑状况是否正常。

②扎紧衣袖,戴好工作帽,严禁戴手套操作钻床。

③开动钻床前,检查钻夹头钥匙或斜铁是否插在钻床主轴上。

④工件装夹牢固,孔径超过规定尺寸,不用手扶持工件钻孔。

⑤清除切屑时,不用嘴吹、手拉,要用毛刷清扫,缠绕在钻头上的长切屑,应停车用铁钩去除。

⑥停车时,应让主轴自然停止,严禁用手制动。

⑦严禁在开车状态下测量工件或变换主轴转速。

⑧清洁钻床或加注润滑油时,应切断电源。

5.6 攻螺纹和套螺纹

螺纹被广泛应用于各种机械设备、仪器仪表中,作为联接、紧固、传动、调整的一种结构。

5.6.1 攻螺纹

用丝锥(螺丝攻)在孔中切削出内螺纹,称为攻螺纹。

(1)**攻螺纹工具**

1)丝锥

①丝锥的种类

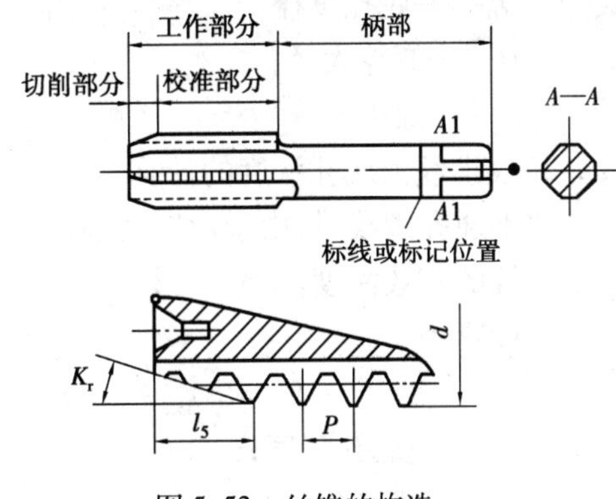

图5.53 丝锥的构造

丝锥是一种加工小孔内螺纹的成形刀具。它常用高速钢、碳素工具钢或合金工具钢制成。因其制造简单,使用方便,所以应用很广泛。

丝锥的种类较多,按使用方法不同,可分为手用丝锥和机用丝锥两大类。手用丝锥是手工攻螺纹时用的一种丝锥,它常用于单件小批量生产及各种修配工作中。机用丝锥是通过攻螺纹夹头,装夹在机床上使用的一种丝锥。

②丝锥的构造

丝锥的主要构造如图5.53所示。它由工作部分和柄部构成。其中,工作部分包括切削部分和校准部分。丝锥的柄部做有方榫,可便于夹持。

③丝锥的成组分配

为减少切削阻力,延长丝锥的使用寿命,一般将整个切削工作分配给几只丝锥来完成。通常M6—M24的丝锥每组有两只;M6以下和M24以上的丝锥每组有3只;细牙普通螺纹丝锥每组有两只。

2)铰杠

铰杠是手工攻螺纹时用来夹持丝锥的工具。它分为固定式和活络式两种,如图5.54(a)和图5.54(b)所示。活络式铰杠可调节夹持丝锥方榫。

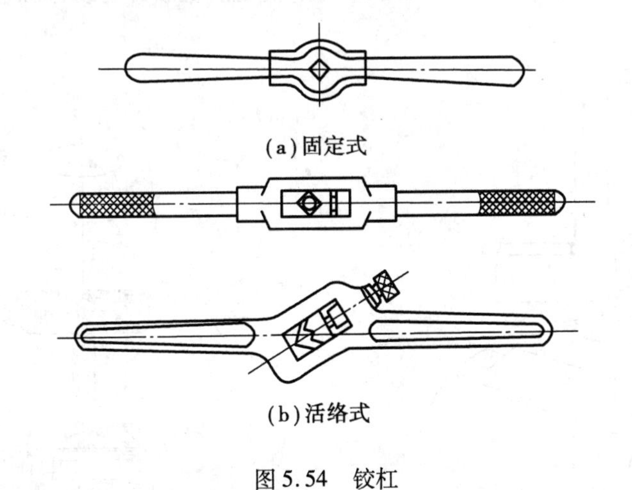

图5.54 铰杠

(2)**攻螺纹前底孔的直径与深度**

1)攻螺纹前底孔直径的计算

对于普通螺纹来说,底孔直径可根据下列经验公式计算得出:

脆性材料

$$D_0 = D - (1.05 \sim 1.1)P$$

韧性材料

$$D_0 = D - P$$

式中　D_0——底孔直径；

D——螺纹大径；

P——螺距。

2）攻螺纹前底孔深度的计算

攻不通孔螺纹时，由于丝锥切削部分有锥角，前端不能切出完整的牙型，因此，钻孔深度应大于螺纹的有效深度。

可计算为

$$H_{钻} = h_{有效} + 0.7D$$

式中　$H_{钻}$——底孔深度；

$h_{有效}$——螺纹有效深度。

（3）手动攻螺纹方法

1）手动攻螺纹方法

①安装工件。一般情况下，应将工件需要攻丝的一面置于水平或垂直的位置，这样在攻丝时，就容易判断和保证丝锥垂直于工件的方向，使丝锥中心线与底孔中心线重合。

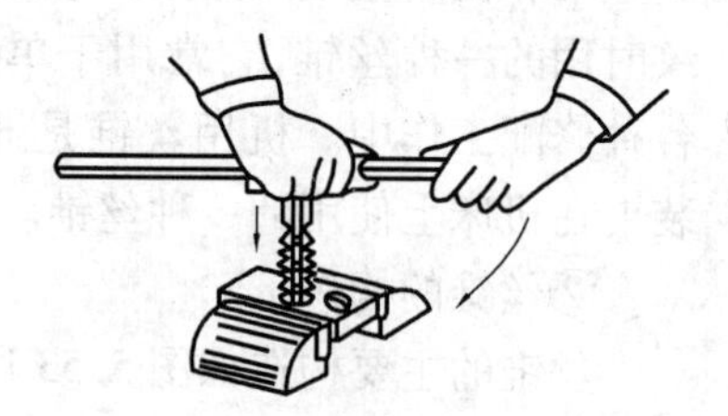

图 5.55　起攻方法

②用头攻起攻。起攻时，尽量把丝锥放正，然后用一只手压住丝锥的轴心方向（见图 5.55）；另一只手轻轻转动铰杠。当切入 1 ~ 2 圈后，从正面和侧面观察丝锥是否和工件平面垂直，必要时可用 90°角尺进行校正（见图 5.56）。

③当螺纹的切削部分全部进入工件时，就不必再施加较大的压力了，而是两手平稳旋转铰杠将螺孔攻出，并要经常倒转 1/4 圈（见图 5.57），使切屑切断并容易排除，避免因切屑堵塞而咬住丝锥。

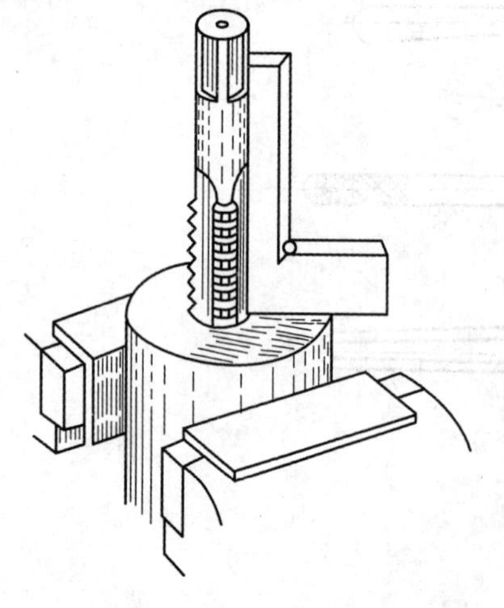

图 5.56　检查攻螺纹垂直度

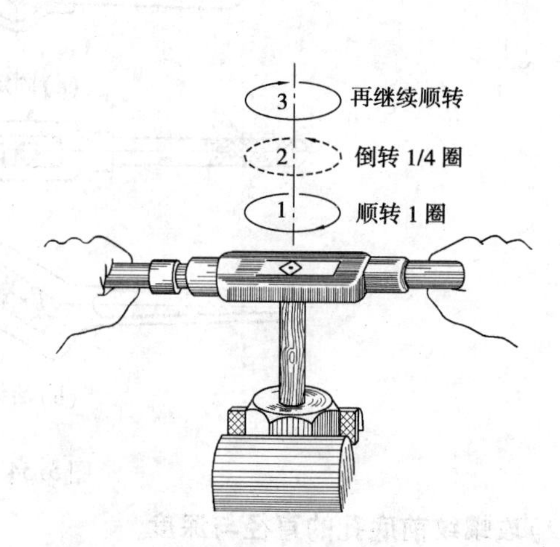

图 5.57　攻丝倒转

④攻坚韧材料时，要注意加切削液，以减小切削阻力，提高螺孔的表面粗糙度值，并延长丝

锥的使用寿命。攻钢制件时,加机油;螺纹质量要求高时,可用工业植物油;攻铸铁和铝制件的,可用煤油。

⑤头攻攻完后,换用二攻。先将二攻用手旋入,然后装上铰杠进行攻丝,防止因没有套上原螺纹而乱扣。

2)攻螺纹时常见缺陷分析

攻螺纹时常见缺陷分析见表5.5。

表5.5　攻螺纹时常见缺陷分析

缺陷形式	产生原因
丝锥崩刃、折断	1.底孔直径小或深度不够 2.攻螺纹时没有经常倒转断屑,使切屑堵塞 3.用力过猛或两手用力不均
螺孔歪斜	丝锥与底孔端面不垂直
螺纹烂牙	1.底孔直径小 2.丝锥崩刃仍在使用 3.攻螺纹时没有经常倒转断屑 4.工件材料太软、切削液选用不当
螺纹表面粗糙度超差	1.丝锥崩刃仍在使用 2.攻螺纹时没有经常倒转断屑 3.工件材料太软、切削液选用不当

5.6.2　套螺纹

用板牙在圆杆上加工出外螺纹的操作方法,称为套螺纹。

(1)**板牙**

板牙是加工外螺纹的工具。它由合金工具钢制作而成,并经淬火处理。圆板牙结构如图5.58所示。它由切削部分、校准部分和排屑孔组成。它就像一个圆螺母,不过上面钻有几个屑孔并形成切削刃。板牙两端的锥角部分是切削部分。当中一段是校准部分,也是套螺纹时的导向部分。板牙一端的切削部分在另一端磨损后可调头使用。板牙的外圆有1条深槽和4个锥坑,锥坑用于定位和紧固板牙。

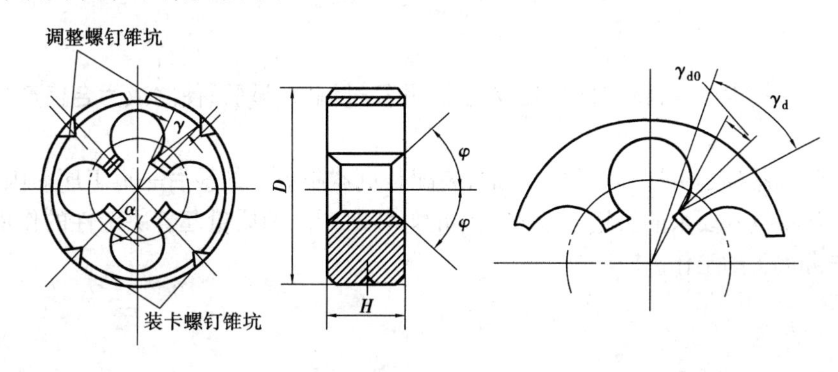

图5.58　板牙

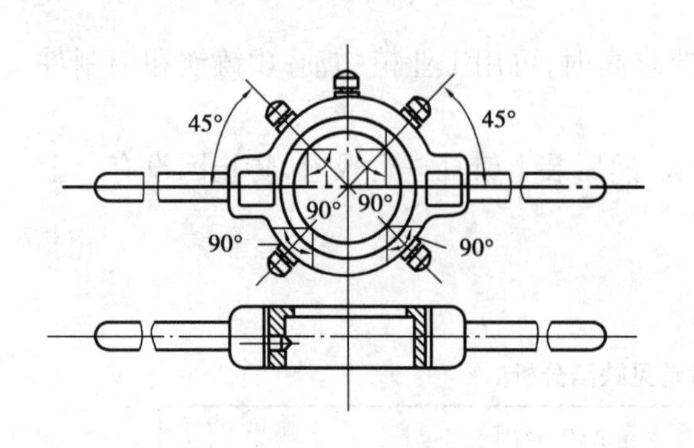

图 5.59　板牙架

(2)板牙架

板牙架是装夹板牙用的工具。其结构如图 5.59 所示。板牙放入后,用螺钉紧固。

(3)套螺纹前圆杆直径的确定

圆杆直径尺寸可计算为

圆杆直径 d = 螺纹大径 $D-0.13P$

式中　P——螺距。

(4)套螺纹方法

①为使板牙容易切入工件,在起套前,应将圆杆端部做成 15°～20°的倒角,如图 5.60(a)所示。

②起套方法与攻螺纹的起攻方法一样,用一手手掌按住铰杠中部,沿圆杆轴线方向加压用力,另一手配合做顺时针旋转,动作要慢,压力要大,同时保证板牙端面与圆杆轴线垂直。在板牙切入圆杆 2 圈之前及时校正,如图 5.60(b)所示。

③板牙切入 4 圈后不能再对板牙施加进给力,让板牙自然引进。套削过程中,要不断倒转断屑。

④在钢件上套螺纹时,应加切削液,以降低螺纹表面粗糙度和延长板牙寿命。一般选用机油润滑。

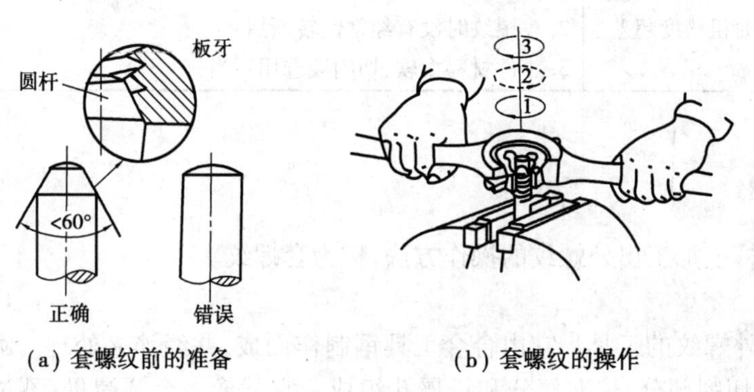

(a) 套螺纹前的准备　　(b) 套螺纹的操作

图 5.60　套螺纹

5.7　装　配

按照规定的技术要求,将零件组装成机器,并经过调整、试验,使之成为合格产品的工艺过程称为装配。

任何一台机器都是由许多零件组成的,装配是机器制造中的最后一道工序。因此,它是保证机器达到各项技术要求的关键。装配工作的好坏对产品的质量起着决定性的作用。装配是钳工一项非常重要的工作。

5.7.1 装配概述

(1)装配类型与装配过程

1)装配类型

装配类型一般可分为组件装配、部件装配和总装配。

组件装配是将两个以上的零件联接组合成为组件的过程。例如,曲轴、齿轮等零件组成的一根传动轴系的装配。

部件装配是将组件、零件联接组合成独立机构(部件)的过程。例如,车床主轴箱、进给箱等的装配。

总装配是将部件、组件和零件联接组合成为整台机器的过程。

2)装配过程

机器的装配过程一般由3个阶段组成:一是装配前的准备阶段;二是装配阶段(部件装配和总装配);三是调整、检验和试车阶段。

装配过程一般是先下后上,先内后外,先难后易,先装配保证机器精度的部分,后装配一般部分。

(2)零部件联接类型

组成机器的零、部件的联接形式很多,基本上可归纳为两类:固定联接和活动联接。每一类的联接中,按照零件结合后能否拆卸又分为可拆联接和不可拆联接,见表5.6。

表5.6 机器零、部件联接形式

固定联接		活动联接	
可拆	不可拆	可拆	不可拆
螺纹、键、销等	铆接、焊接、压合、胶结等	轴与轴承、丝杠与螺母、柱塞与套筒等	活动联接的铆合头

(3)装配方法

1)完全互换法

装配时,在各类零件中任意取出要装配的零件,不需任何修配就可以装配,并能完全符合质量要求。装配精度由零件的制造精度保证。

2)选配法(不完全互换法)

按选配法装配的零件,在设计时其制造公差可适当放大。装配前,按照严格的尺寸范围将零件分成若干组,然后将对应的各组配合件装配在一起,以达到所要求的装配精度。

3)修配法

当装配精度要求较高,采用完全互换不够经济时,常用修正某个配合零件的方法来达到规定的装配精度。如车床两顶尖不等高,装配时可刮尾架底座来达到精度要求等。

4)调整法

调整法比修配法方便,也能达到很高的装配精度,在大批生产或单件生产中都可采用此法。但由于增设了调整用的零件,使部件结构显得复杂,而且刚性降低。

5.7.2　典型联接件装配方法

装配的形式很多,下面着重介绍螺纹联接和滚动轴承两种常见的典型联接件的装配方法。

(1)螺纹联接

螺纹联接常用零件有普通螺栓、双头螺栓、普通螺钉及紧定螺钉等,如图5.61所示。

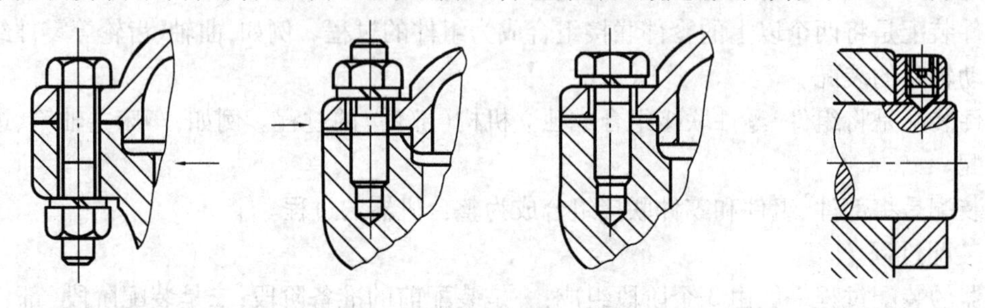

图5.61　常见的螺纹联接类型

螺纹联接是现代机械制造中用得最广泛的一种联接形式。它具有紧固可靠、装拆简便、调整和更换方便、宜于多次拆装等优点。

对于一般的螺纹联接可用各种扳手拧紧,如图5.62所示。而对于有规定预紧力要求的螺纹联接,为了保证规定的预紧力,常用测力扳手或其他限力扳手以控制扭矩。

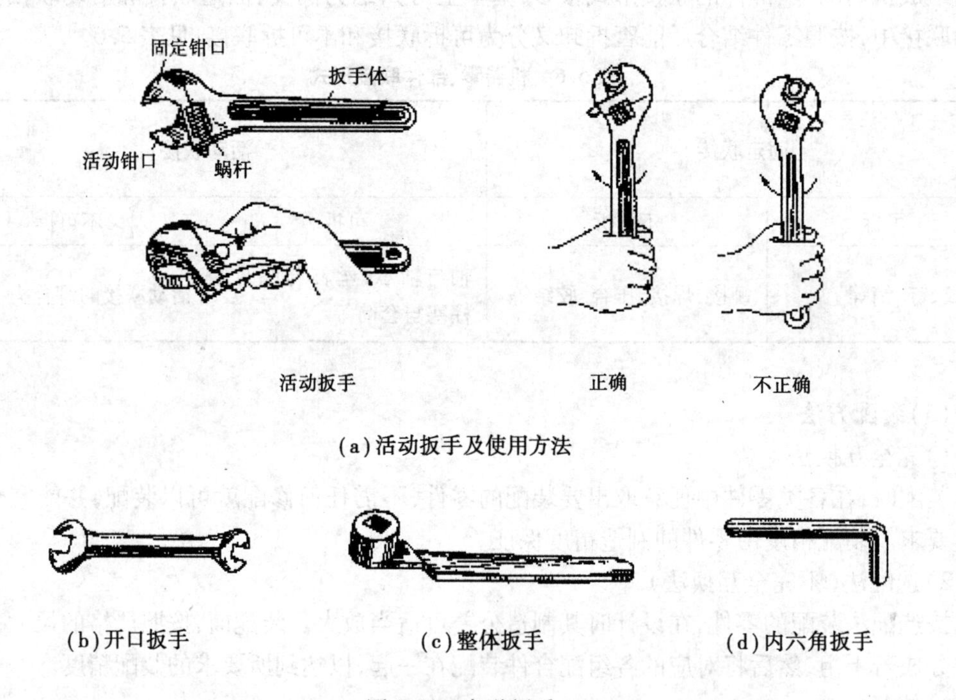

(a)活动扳手及使用方法

(b)开口扳手　(c)整体扳手　(d)内六角扳手

图5.62　各种扳手

在紧固成组螺钉、螺母时,为使固紧件的配合面上受力均匀,应按一定的顺序来拧紧。如图5.63所示为两种拧紧顺序的实例。按图中数字顺序拧紧,可避免被联接件的偏斜、翘曲和受力不均。而且每个螺钉或螺母不能一次就完全拧紧,应按顺序分2~3次才全部拧紧。

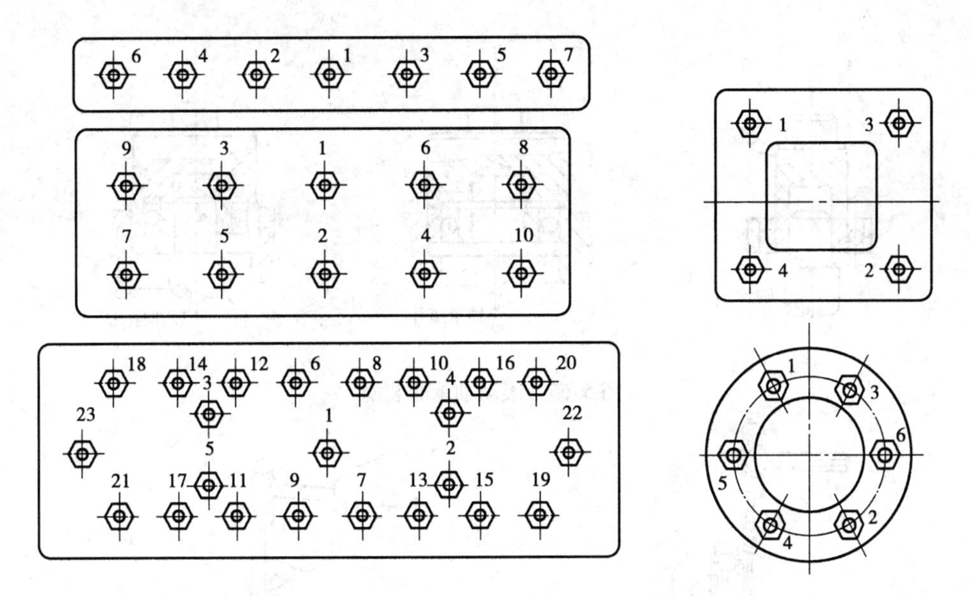

图5.63　拧紧成组螺母的顺序

零件与螺母的贴合面应平整光洁,否则螺纹容易松动。为提高贴合面质量,可加垫圈。在交变载荷和振动条件下工作的螺纹联接,有逐渐自动松开的可能,为防止螺纹联接的松动,可用弹簧垫圈、开口销、止退垫圈及串联钢丝等防松装置,如图5.64所示。

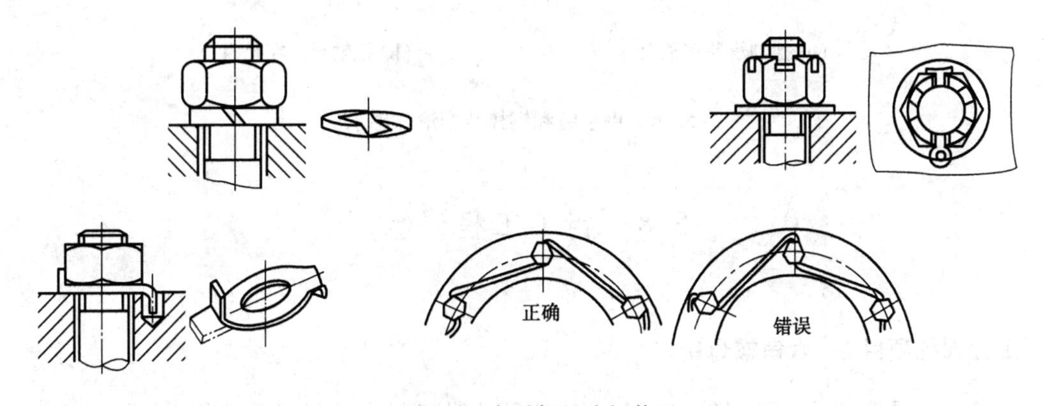

图5.64　各种螺母防松装置

(2)**滚动轴承的装配**

滚动轴承的配合多数为较小的过盈配合,常用手锤或压力机采用压入法装配,为了使轴承圈受力均匀,采用垫套加压。轴承压到轴颈十时应施力于内圈端面,如图5.65(a)所示;轴承压到座孔中时,要施力于外环端面上,如图5.65(b)所示;若同时压到轴颈和座孔中时,垫套应能同时对轴承内外端面施力,如图5.65(c)所示。

上述3种情况都需要通过对套筒施力才能达到装配要求。这种方法使装配件受力均匀,不会歪斜,工效高。

如果没有专用套筒,也可采用手锤和铜棒沿着零件四周对称、均匀地敲入,到达装配要求,如图5.66所示。

当轴承的装配是较大的过盈配合时,应采用加热装配,即将轴承吊在80~90 ℃的热油中加热,使轴承膨胀,然后趁热装入。

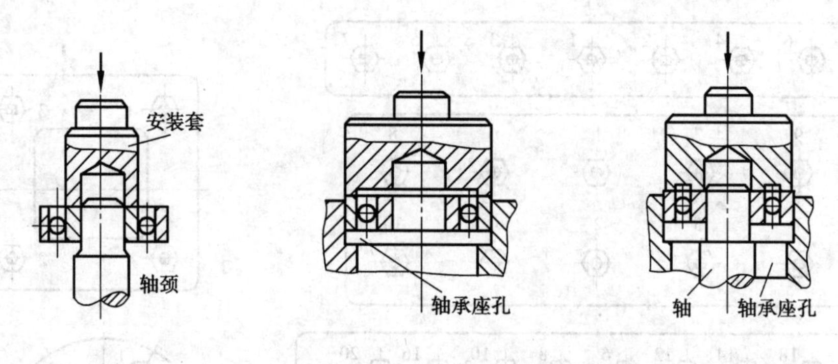

图 5.65　滚动轴承的装配

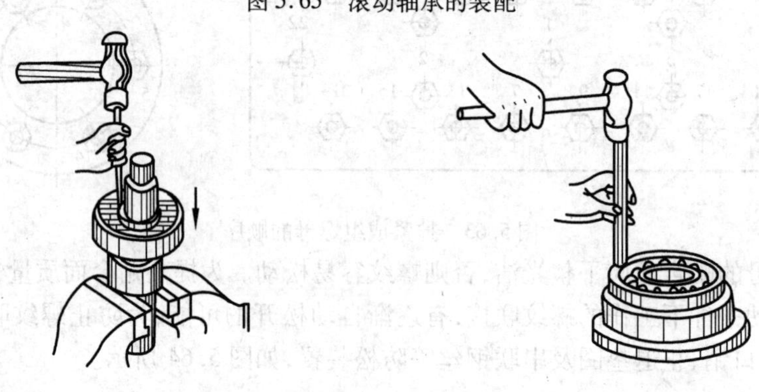

(a)把轴承装在轴上　　(b)把轴承装在孔内

图 5.66　用手锤和铜棒装配滚珠轴承

5.8　钳工工程训练

工程训练项目 1　六角螺母制作

六角螺母是最常见的紧固件之一。六角螺母的钳工制作过程涉及锉削、钻孔、攻丝等工序，比较适合非机械专业的短期金工实习教学。

六角螺母图样如图 5.67 所示。

制作六角螺母的参考步骤见表 5.7。

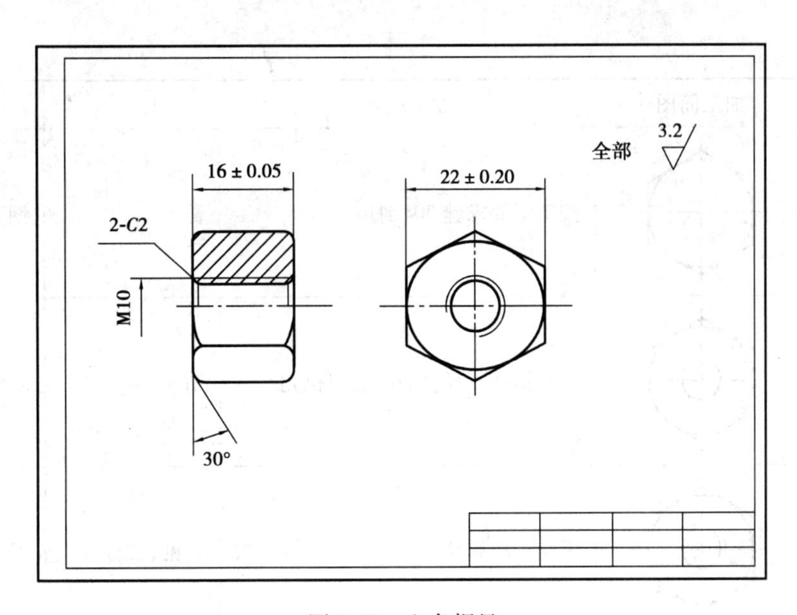

图5.67 六角螺母

表5.7 制作六角螺母的参考步骤

操作序号	加工简图	加工内容	工 具	量 具
1. 备料	φ30 18	材料:45钢、φ30棒料、长度18		钢直尺
2. 锉削		锉两平面至图纸尺寸	锉刀	游标卡尺
3. 划线		按尺寸划线,定中心,划出六角形边线和钻孔孔径线,打样冲眼	划针、划规、样板、样冲、手锤	钢直尺
4. 锉削		先锉平一面,再锉其余各面。在锉某一面时,一方面参照所划的线,同时用角度尺检查相连两平面的交角,并用90°角尺检查侧面与端面的垂直度。锉削时,还需用游标卡尺测量六面的尺寸、平行度和对称度。用90°角尺检验各面的平面度	锉刀	钢直尺、游标卡尺、90°角尺、角度尺

续表

操作序号	加工简图	加工内容	工　具	量　具
5. 锉削		按图纸要求锉 30°倒角	锉刀	钢直尺、角度尺
6. 钻孔		计算钻孔直径，钻孔，孔口倒角	钻头	游标卡尺
7. 攻螺纹		用丝锥攻螺纹	丝锥、铰杠	螺纹塞规

工程训练项目 2　手锤制作

手锤的钳工制作过程涉及锯削、锉削、钻削和攻丝等工序。手锤制作时间较长，要求较高，适合机械专业的金工实习教学。手锤图样如图 5.68 所示。其中，图 5.68(b)是与锤头相配的手柄，经过车床加工外圆后，螺纹可通过板牙套出螺纹。

手锤锤头也可使用铣床加工。铣床加工，效率高，尺寸精度容易控制，操作者劳动强度小，经济效益好。但由于加工过程主要依靠机床完成，其对于掌握钳工操作技能是不利的。

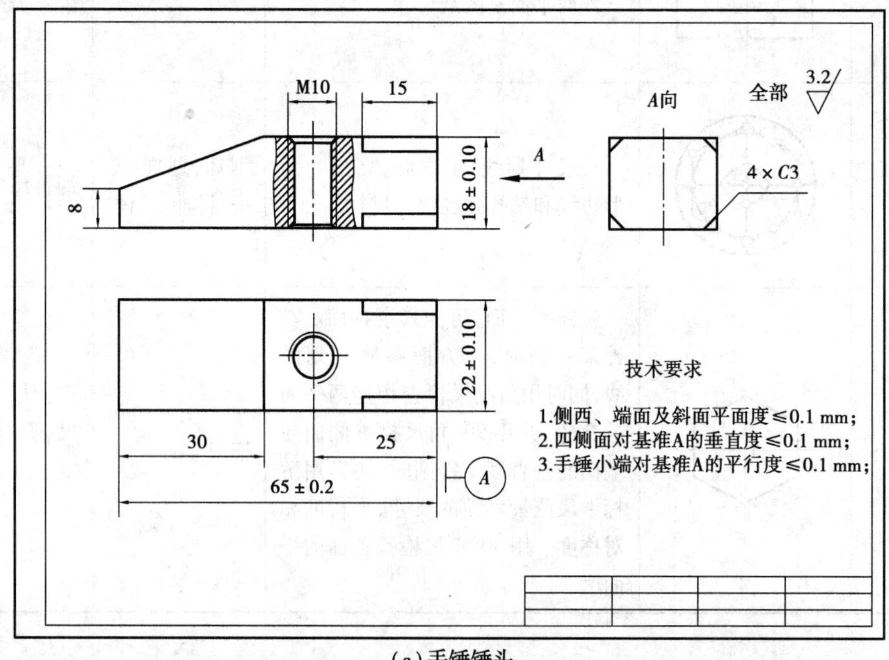

(a) 手锤锤头

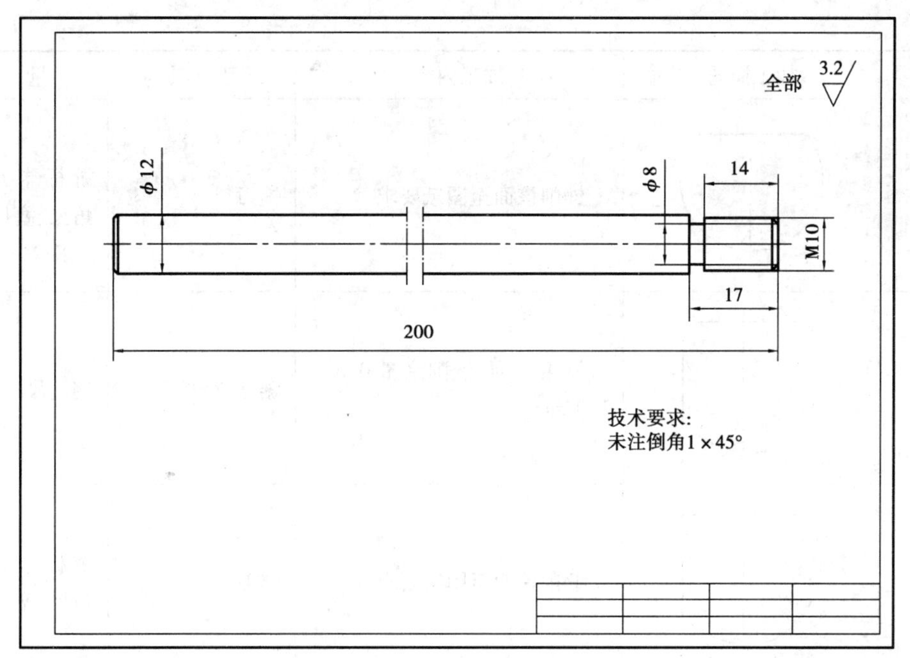

(b)简易锤柄

图5.68 手锤图样

制作手锤锤头的参考步骤见表5.8。

表5.8 制作手锤锤头的参考步骤

操作序号	加工简图	加工内容	工 具	量 具
1. 备料	φ30 67	材料:45钢、φ30棒料、长度67 mm		钢直尺
2. 锉削		锉两端面至图纸尺寸,保证与外圆垂直度和两面之间的平行度	锉刀	游标卡尺、90°角尺
3. 划线		在圆柱端面上,以圆心为中心画出24 mm×20 mm的加工界线,并打样冲眼	划针、样冲、手锤	钢直尺或高度游标卡尺、90°角尺
4. 锯削		锯某一面,锉削余量0.5~1.0 mm	锯弓、锯条	钢直尺

续表

操作序号	加工简图	加工内容	工　具	量　具
5. 锉削	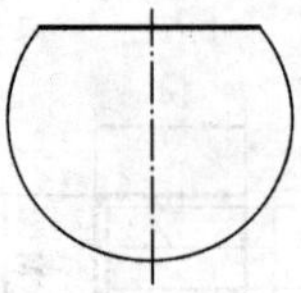	锉削该面至图纸要求	锉刀	游标卡尺、90°角尺、塞尺
6. 锯削	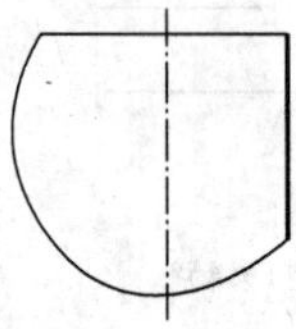	锯第二面，锉削余量 0.5 ~ 1.0 mm	锯弓、锯条	钢直尺
7. 锉削	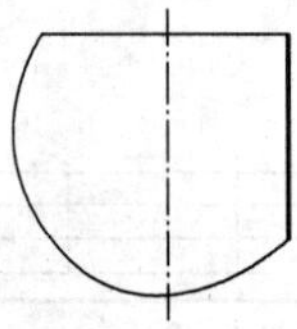	锉削该面至图纸要求	锉刀	游标卡尺、90°角尺、塞尺
8. 锯削	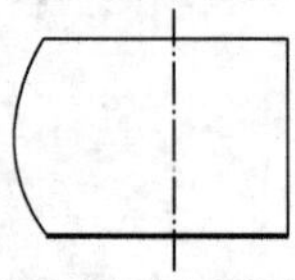	锯第三面，锉削余量 0.5 ~ 1.0mm	锯弓、锯条	钢直尺
9. 锉削	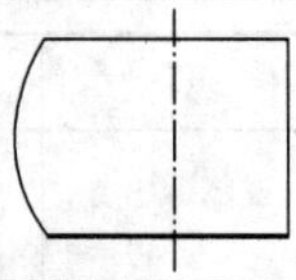	锉削该面至图纸要求	锉刀	游标卡尺、90°角尺、塞尺
10. 锯削	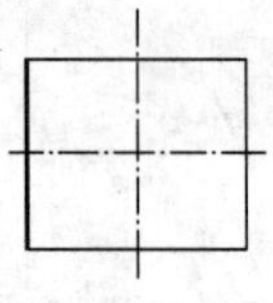	锯第四面，锉削余量 0.5 ~ 1.0 mm	锯弓、锯条	钢直尺
11. 锉削	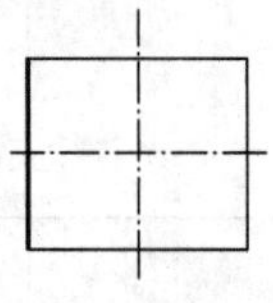	锉削该面至图纸要求	锉刀	游标卡尺、90°角尺、塞尺
12. 划线	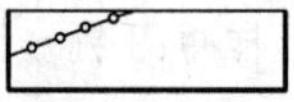	按图尺寸放 1.0 mm 余量划斜面锯削加工界线，打样冲眼	划针、样冲、手锤	钢直尺
13. 锯削	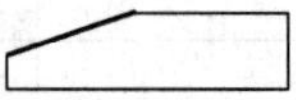	锯斜面，锉削余量要大于 0.5 ~ 1 mm	锯弓、锯条	钢直尺
14. 锉削	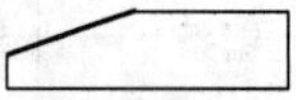	锉斜面至图纸尺寸	锉刀	游标卡尺、90°角尺

续表

操作序号	加工简图	加工内容	工 具	量 具
15. 锉削		锉四棱尺寸 4×3C 寸	锉刀	游标卡尺
16. 划线		按图划螺纹孔中心和钻孔孔径线,打样冲眼	划规、样冲、手锤	高度游标卡尺
17. 钻孔		计算钻孔直径,钻孔,孔口倒角	钻头	游标卡尺
18. 攻螺纹		用丝锥攻螺纹	丝锥、铰杠	螺纹塞规
19. 锤柄套螺纹		用板牙套螺纹	板牙、板牙架	螺纹环规

工程训练项目 3　直角卡板配合件制作

直角卡板配作是对钳工技能较高要求的训练项目。配作要求加工精度高,测量准确;配合处要反复修锉,训练操作者耐心、仔细的工作态度,适于机械专业技能型学生的金工实习教学。

直角卡板配合件图样如图 5.69 所示。

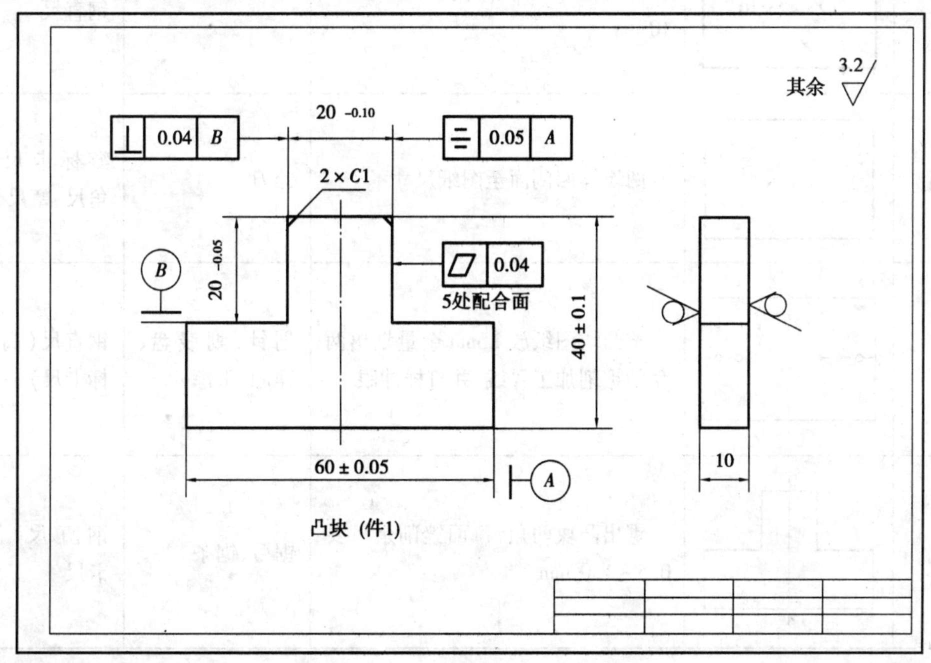

(a)凸块

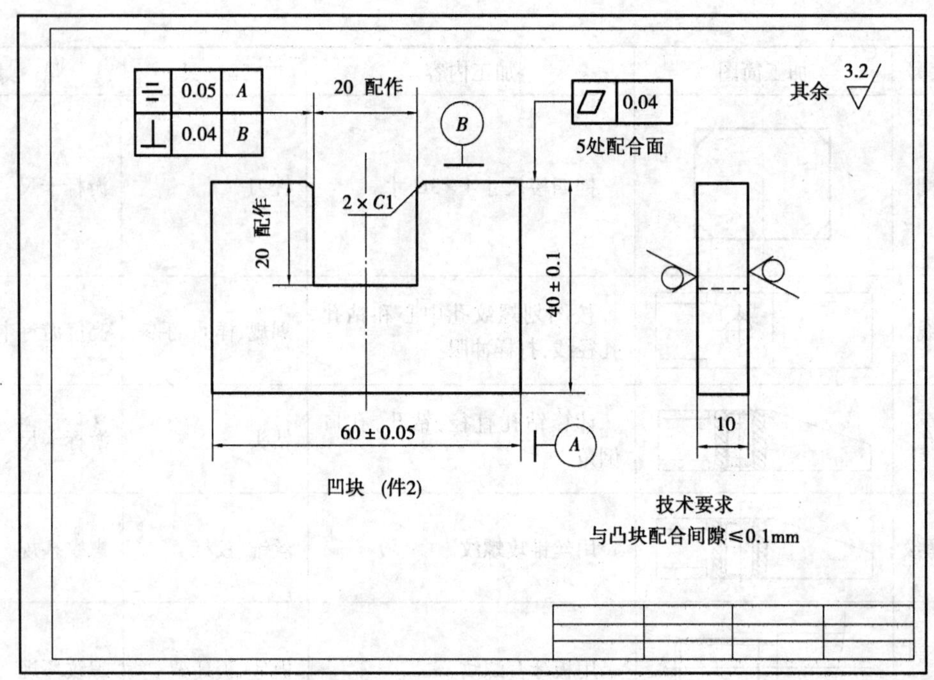

(b)凹块

图5.69　直角卡板配合件

制作直角卡板配合件的步骤见表5.9。

表5.9　制作直角卡板配合件的步骤

操作序号	加工简图	加工内容	工　具	量　具
1. 备料	62×42×10	下料：Q235、钢板 62 × 42 × 10 mm		钢直尺
2. 锉削		两块锉四侧面至图纸尺寸	锉刀	游标卡尺、90°角尺、塞尺
3. 划线		按凸块图纸放1 mm余量划出两角的锯削加工界线，并打样冲眼	划针、划线盘、样冲、手锤	钢直尺（高度游标卡尺）
4. 锯削		锯出凸块两角，每面锉削余量要0.5～1.0 mm	锯弓、锯条	钢直尺、游标卡尺

续表

操作序号	加工简图	加工内容	工 具	量 具
5. 锉削		锉两角至图纸尺寸。先测量大端60±0.05实际尺寸。计算为保证对称度时凸端每侧与大端同侧的尺寸范围，并按此锉削凸端两侧。再锉削两直角底面，并保证尺寸和垂直度。锉2×$C1$倒角	锉刀	游标卡尺、90°角尺、深度游标卡尺 、塞尺
6. 划线		按凹块图纸尺寸放1 mm余量划出凹端侧面的锯削加工界线，划出凹端底部$\phi3$排孔位置线，要求孔与孔之间相连通、孔边距凹端侧面和底部最终尺寸最薄处留1 mm余量。打样冲眼	划针、样冲、手锤	钢直尺、游标卡尺、高度游标卡尺
7. 钻孔		钻凹块凹端底部$\phi3$排孔	钻头	游标卡尺
8. 锯削		锯出凹块凹端的加工界线，锉削余量要0.5~1.0 mm	锯弓、锯条、	钢直尺、游标卡尺
9. 锉削		锉凹端至图纸尺寸。先测量凸块实际尺寸。计算满足间隙要求时凹端的尺寸范围。测量凹块大端60±0.05实际尺寸。计算为保证对称度时，凹端每侧与同侧大端的尺寸范围，并按此锉削凹端两侧。再锉削凹端底面，并保证尺寸和垂直度。锉削2×$C1$角	锉刀	游标卡尺、90°角尺、刀口直尺、塞尺

工程训练项目4　燕尾卡板配合件制作

燕尾卡板配合件制作是对钳工要求很高的训练项目。燕尾卡板配作不仅涉及平面，还涉及角度的测量和加工。因此，操作者需要掌握三角函数的相关知识。由于配合尺寸复杂，因此，对测量和加工精度要求很高。配合处要反复修锉，要求操作者有耐心、仔细的工作态度。项目适于机械专业技能型学生的金工实习教学。

燕尾卡板配合件图样如图5.70所示。

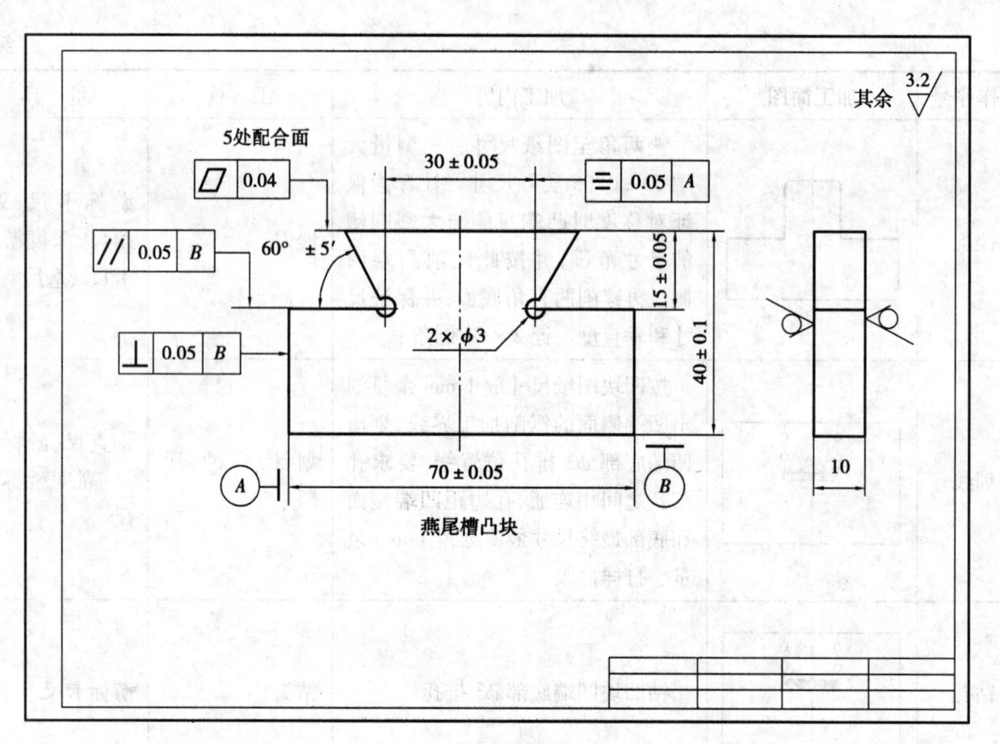

(a)燕尾槽凸块

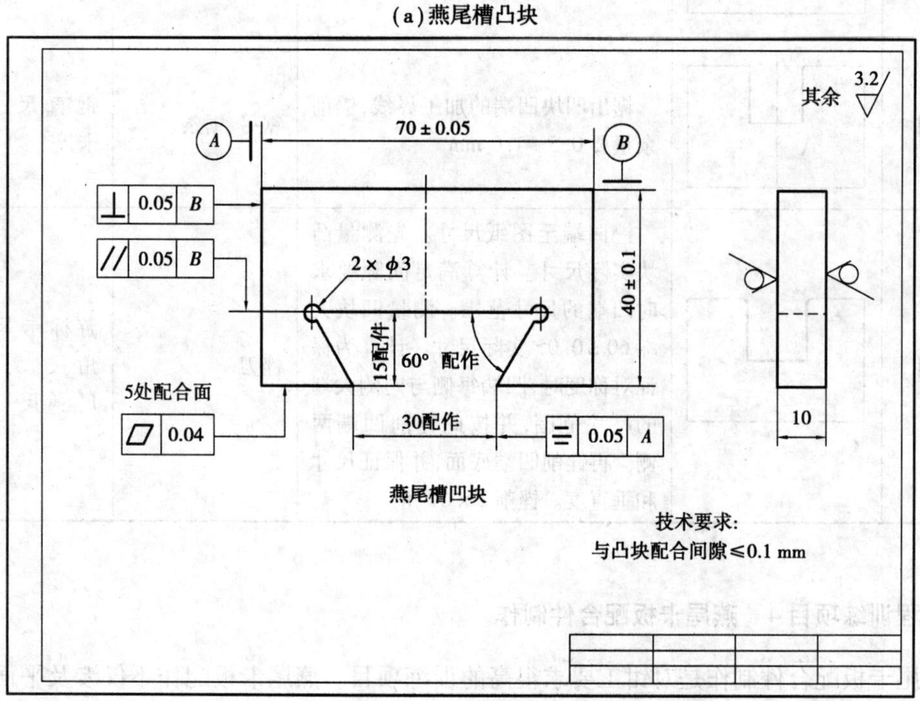

(b)燕尾槽凹块

图 5.70 燕尾卡板配合件

制作燕尾卡板配合件的步骤见表 5.10。

表5.10 制作燕尾卡板配合件的步骤

操作序号	加工简图	加工内容	工 具	量 具
1. 备料	72×42×10	下料：Q235、钢板 72 × 42 × 10 mm		钢直尺
2. 锉削		两块锉四侧面至图纸尺寸	锉刀	游标卡尺、刀口直尺、塞尺
3. 划线		按凸块图纸尺寸放1.2～1.5 mm余量画出两角的锯削加工界线，按凸块图纸尺寸画出清根孔位置，并打样冲眼	划线盘、划针、样冲、手锤	钢直尺（高度游标卡尺）
4. 钻孔		钻2×ϕ3孔	钻头	游标卡尺
5. 锯削		锯出凸块燕尾左侧一角，每面锉削余量0.8～1.2 mm	锯弓、锯条	钢直尺、游标卡尺
6. 锉削		锉凸块左侧燕尾至图纸尺寸。先锉底面至尺寸。测量大端70±0.05实际尺寸。借助精密量棒计算为保证对称度时燕尾左侧与对侧端面的尺寸范围，并按此锉削	锉刀	游标卡尺、万能角度尺、90°角尺、精密量棒、塞尺
7. 锯削		锯出凸块燕尾右侧一角，每面锉削余量0.8～1.2 mm	锯弓、锯条	钢直尺、游标卡尺
8. 锉削		锉凸块右侧燕尾至图纸尺寸。先锉底面至尺寸。借助精密量棒计算为保证对称度时燕尾右侧与燕尾左侧的尺寸范围，并按此锉削	锉刀	游标卡尺、万能角度尺、90°角尺、精密量棒、塞尺
9. 划线		按凹块图纸尺寸放1.5 mm余量划出燕尾槽的锯削加工界线和底部排孔位置，按凹块图纸尺寸划出清根孔位置，并打样冲眼	划针、样冲、手锤	钢直尺、高度游标卡尺
10. 钻孔		钻凹块燕尾槽底部排孔和清根孔	钻头	游标卡尺

续表

操作序号	加工简图	加工内容	工　具	量　具
11. 锯削		按凹块图纸锯出燕尾槽的加工界线,锉削余量 0.8 ~1.2 mm	锯弓、锯条	钢直尺、游标卡尺
12. 锉削		锉燕尾槽至图纸尺寸。锉削前,先测量凸块实际尺寸,然后计算满足间隙要求时燕尾槽的尺寸范围。锉削底面至尺寸。测量凹块 70 ± 0.05 实际尺寸。借助精密量棒计算为保证对称度时,燕尾槽每侧与同侧外端的尺寸范围,并按此锉削	锉刀	游标卡尺、万能角度尺、90° 角尺、刀口直尺、精密量棒、塞尺

各种传统加工方法对比

(1) **车削**

1) 应用范围

用来加工各种回转表面,如内外圆柱面、内外圆锥面、端面、内、外螺纹、钻扩铰内孔、攻丝、套丝及滚花等。

使用普通车床车削,加工对象广,主轴转速和进给量的调整范围大,加工范围大。这种车床主要由工人手工操作,生产效率低,适用于单件、小批生产和修配车间。

2) 常用经济精度和表面粗糙度

经济精度一般为 IT11—IT7,表面粗糙度为 R_a12.5 ~1.6 μm。

(2) **铣削**

1) 应用范围

用来加工平面、沟槽、分齿零件、螺旋形表面及各种曲面。还可对回转体表面及内孔进行加工,以及进行切断看工作等。

由于铣刀为多刃刀具,因此铣削的生产效率较高,适用于批量生产。

2) 常用经济精度和表面粗糙度

经济精度一般为 IT11—IT8,表面粗糙度为 R_a12.5 ~1.6 μm。

(3) **刨削**

1) 应用范围

用于加工平面、加工沟槽(如直槽、T 形槽、燕尾槽)和母线为直线的成形面。

由于刨削是单程加工,因此生产效率低,适用于单件、小批生产。

2) 常用经济精度和表面粗糙度

经济精度一般为 IT11—IT8,表面粗糙度为 R_a12.5 ~1.6 μm。

(4)**磨削**

1)应用范围

根据磨床种类的不同,可用于内外圆柱面、内外圆锥面、平面、工具表面、刀具表面、曲轴、凸轮轴、花键轴、轧辊、活塞环及轴承零件的加工。磨削不仅适用于一般的金属材料,还能能用于淬硬零件的加工。

根据磨床种类的不同,磨削适用于不同批量的生产类型。

2)常用经济精度和表面粗糙度

经济精度一般为IT7—IT6,某些磨削可达更高。表面粗糙度一般为R_a0.8~0.2 μm,某些磨削可达更低。

(5)**钳工工艺**

钳工工作劳动强度大,生产效率低、对工人技术要求高。主要适用于划线、刮削、单件小批生产和一些机械方法不能解决的表面加工和位置调整。

第6章 车削加工

6.1 车削加工概述

6.1.1 车削加工的用途

车削加工是在车床上利用工件的旋转和刀具的移动来改变毛坯的形状和大小，将其加工成符合设计要求的零件的一种切削加工方法。车削是机械制造中使用最广泛的切削加工方法，在生产中占有十分重要的地位，一般占金属切削量的50%。车削主要用于各种回转表面的加工，如内外圆柱面、内外圆锥面、端面、沟槽、螺纹及回转成形面等，所用刀具主要是车刀。车削的典型加工范围如图6.1所示。

6.1.2 车削加工的成形运动与车削用量

(1)车削运动

在车削加工中，工件表面的形状、尺寸及相互位置关系是通过刀具相对于工件的运动形成的。按照在车削过程中所起的作用，车削运动可分为以下3类：

1)主运动

主运动是指直接切除工件上的切削层，以形成工件新表面的基本运动。主运动通常是切削运动中速度最高、消耗功率最多的运动，且主运动只有一个。

工件的旋转运动是车削加工的主运动。

2)进给运动

进给运动是指不断地把切削层投入切削的运动。它的速度较低。进给运动可以是连续性的，也可以是间歇性的。进给运动有时仅有一个，但也可能有几个。

刀具相对于工件的移动是切削加工的进给运动。

3)定位和调整运动

定位和调整运动是指使工件或刀具进入正确加工位置的运动，如调整切削深度等。

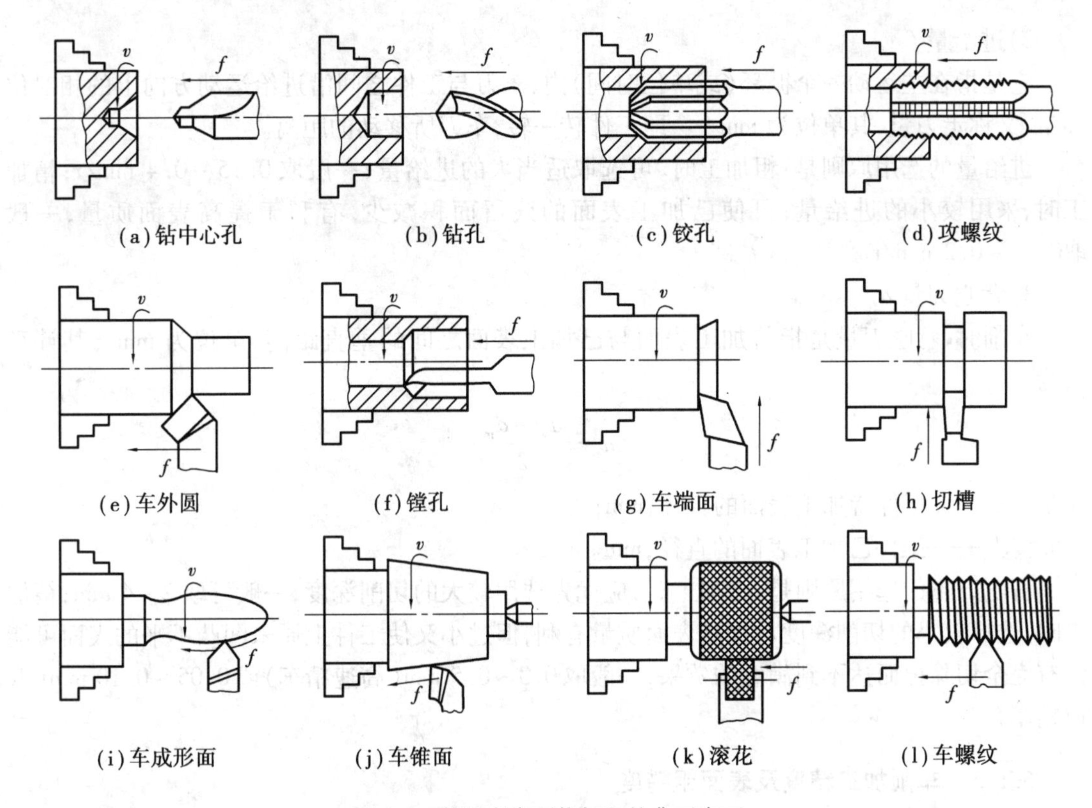

图6.1　普通车床所能加工的典型表面

(2)**车削用量**

切削用量是表示主运动和进给运动最基本的物理量,是切削加工前调整机床运动的依据,并对加工质量、生产率及加工成本都有很大影响。

切削用量包括切削速度 v_c、进给量 f(或进给速度 v_f)和背吃刀量(或切削深度)a_p。

1)切削速度 v_c

它是指在单位时间内,工件与刀具沿主运动方向的最大线速度。

车削时的切削速度可计算为

$$v_c = \frac{\pi dn}{1\,000}$$

式中　v_c——切削速度,m/s 或 m/min;

d——工件待加工表面的最大直径,mm;

n——工件每分钟的转数,r/min。

由计算式可知,切削速度与工件直径和转数的乘积成正比,故不能仅凭转数高就误认为是切削速度高。一般应根据 v_c 与 d 并求出 n,然后再调整转速手柄的位置。

切削速度的选用原则是:粗车时,为提高生产率,在保证取大的切削深度和进给量的情况下,一般选用中等或中等偏低的切削速度,如取50~70 m/min(切钢),或40~60 m/min(切铸铁);精车时,为避免刀刃上出现积屑瘤而破坏已加工表面质量,切削速度取较高(100 m/min以上)或较低(6 m/min以下),但采用低速切削生产率低,只有在精车小直径的工件时采用,一般用硬质合金车刀高速精车时,切削速度为100~200 m/min(切钢)或60~100 m/min(切铸铁)。由于初学者对车床的操作不熟练,不宜采用高速切削。

2）进给量 f

它是指在主运动一个循环（或单位时间）内，车刀与工件之间沿进给运动方向上的相对位移量，又称走刀量，其单位为 mm/r。即工件转一转，车刀所移动的距离。

进给量的选用原则是：粗加工时，可选取适当大的进给量，一般取0.15～0.4 mm/r；精加工时，采用较小的进给量，可使已加工表面的残留面积减少，有利于提高表面质量，一般取0.05～0.2 mm/r。

3）背吃刀量 a_p

车削时，背吃刀量是指待加工表面与已加工表面之间的垂直距离，单位为 mm。其计算式为

$$a_p = \frac{d_w - d_m}{2}$$

式中　d_w——工件待加工表面的直径，mm；

d_m——工件已加工表面的直径，mm。

背吃刀量的选用原则是：粗加工时，应优先选用较大的切削深度，一般可取2～4 mm；精加工时，选择较小的切削深度对提高表面质量有利，但过小又使工件上原来凹凸不平的表面可能没有完全切除掉而达不到满意的效果，一般取0.3～0.5 mm（高速精车）或0.05～0.10 mm（低速精车）。

6.1.3　车削加工精度及表面粗糙度

车削加工的尺寸精度较宽，一般可达 IT12—IT7，精细车时可达 IT6—IT5。表面粗糙度 R_a（轮廓算术平均高度）数值的范围一般是6.3～0.8 μm，见表6.1。

表6.1　常用车削精度与相应表面粗糙度

加工类别	加工精度	相应表面粗糙度值 R_a/μm	表面特征
粗车	IT12	50～25	可见明显刀痕
	IT11	12.5	可见刀痕
半精车	IT10	6.3	可见加工痕迹
	IT9	3.2	微见加工痕迹
精车	IT8	1.6	不见加工痕迹
	IT7	0.8	可辨加工痕迹方向
精细车	IT6	0.4	微辨加工痕迹方向
	IT5	0.2	不辨加工痕迹方向

6.1.4　车削的工艺特点

（1）易于保证工件各加工面的位置精度

车削加工时，工件绕固定轴线回转，易于保证加工面间的同轴度要求；工件端面与轴线的垂直度要求、各端面之间的平行度要求则主要由车床本身的精度保证。

(2)**切削过程平稳**

在多数情况下车削过程是连续进行的,而且车削的主运动是工件的旋转运动,避免了惯性力和冲击的影响,所以车削允许较大的切削用量,有利于生产效率的提高。

(3)**加工的材料范围广**

钢铁、铸铁、有色金属和某些非金属均可切削。某些有色金属和某些低碳不锈钢零件,因材料本身的硬度低,塑性、韧性较好,不宜采用磨削加工,可在精车之后进行精细车,以代替磨削。

(4)**刀具简单**

车刀是所有切削加工中使用的刀具中最简单的一种。其制造、刃磨和安装极为方便,并可根据工件切削加工的具体要求随时选用、刃磨出合理的车刀角度。

(5)**应用广泛**

车削不但可加工轴类和盘套类零件的外圆,而且能加工螺纹、沟槽、端面和内孔等。

6.2　车床、车刀及其附件

6.2.1　车床

在各类金属切削机床中,车床是应用非常广泛的一类,约占机床总数的50%。车床既可用车刀对工件进行车削加工,也可用钻头、铰刀、丝锥及滚花刀进行钻孔、铰孔、车螺纹及滚花等操作。按照工艺特点、布局形式和结构特性的不同,车床可分为卧式车床、立式车床、落地车床、转塔车床以及仿形车床等多种类型。其中,大部分为卧式车床。下面以CE6140卧式车床为例进行介绍(见图6.2)。

(1)**床头箱**

床头箱又称主轴箱,内装主轴和变速机构。变速是通过改变设在床头箱外面的手柄位置,可使主轴获得24种不同的转速(12~1 400 r/min)。主轴是空心结构,能通过长棒料,棒料能通过主轴孔的最大直径是52 mm。主轴的右端有外螺纹,用以联接卡盘、拨盘等附件。主轴右端的内表面是莫氏6号的锥孔,可插入锥套和顶尖。床头箱的另一重要作用是将运动传给进给箱。Ⅰ轴上的双向多片摩擦离合器使主轴得到正、反转,主轴运动的操纵机构与主轴制动机构连锁。床头箱内还设有改变丝杠转向的变向机构,以适应车削左、右螺纹的需要。

(2)**进给箱**

进给箱又称走刀箱,是进给运动的变速机构。它固定在床头箱下部的床身前侧面。变换进给箱外面的手柄位置,可将床头箱内主轴传递下来的运动,转为进给箱输出的光杠或丝杠获得不同的转速,以改变进给量的大小或车削不同螺距的螺纹。其纵向进给量为0.08~1.69 mm/r;横向进给量为0.027~0.60 mm/r;可车削42种公制螺纹(螺距为1~192 mm)和20种英制螺纹(每英寸2~24牙)。

(3)**溜板箱**

溜板箱又称拖板箱,是进给运动的操纵机构。它使光杠或丝杠的旋转运动,通过齿轮和齿条或丝杠和开合螺母,推动车刀作进给运动。溜板箱上有3层滑板,当接通光杠时,可使床鞍

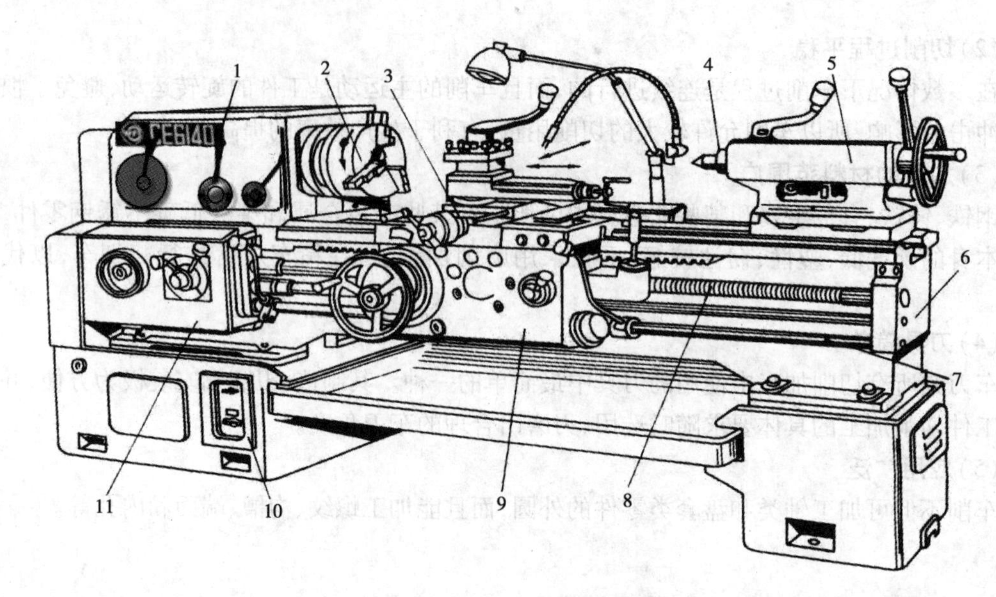

图 6.2 卧式车床的基本结构

1—主轴箱;2—夹盘;3—刀架;4—后顶尖;5—尾座;6—床身;
7—光杠;8—丝杠;9—溜板箱;10—床脚;11—进给箱

带动中滑板、小滑板及刀架沿床身导轨作纵向移动;中滑板可带动小滑板及刀架沿床鞍上的导轨作横向移动。故刀架可作纵向或横向直线进给运动。当接通丝杠并闭合开合螺母时,可车削螺纹。溜板箱内设有互锁机构,使光杠、丝杠两者不能同时使用。

(4)**刀架**

刀架用来装夹车刀,并可作纵向、横向及斜向运动。刀架是多层结构,由以下部分组成:

1)大滑板

它与溜板箱牢固相连,可沿床身导轨作纵向移动。

2)中滑板

它装置在大刀架顶面的横向导轨上,可作横向移动。

3)转盘

它固定在中刀架上,松开紧固螺母后,可转动转盘,使它和床身导轨成一个所需要的角度,而后再拧紧螺母,以加工圆锥面等。

4)小滑板

它装在转盘上面的燕尾槽内,可作短距离的进给移动。

5)方刀架

它固定在小刀架上,可同时装夹4把车刀。松开锁紧手柄,即可转动方刀架,把所需要的车刀更换到工作位置上。

(5)**尾座**

它用于安装后顶尖,以支持较长工件进行加工,或安装钻头、铰刀等刀具进行孔加工。偏移尾架可车出长工件的锥体。尾架的结构由下列部分组成:

1)套筒

其左端有锥孔,用以安装顶尖或锥柄刀具。套筒在尾架体内的轴向位置可用手轮调节,并可用锁紧手柄固定。将套筒退至极右位置时，即可卸出顶尖或刀具。

2)尾架体

它与底座相连，当松开固定螺钉，拧动螺杆可使尾架体在底板上作微量横向移动，以便使前后顶尖对准中心或偏移一定距离车削长锥面。

3)底板

它直接安装于床身导轨上，用以支承尾架体。

(6)光杠与丝杠

将进给箱的运动传至溜板箱。光杠用于一般车削，丝杠用于车螺纹。

(7)床身

它是车床的基础件，由灰铸铁铸成，用来联接各主要部件并保证各部件在运动时有正确的相对位置。在床身上有供溜板箱和尾架移动用的导轨。

(8)前床脚和后床脚

前床脚和后床脚是用来支承和联接车床各零部件的基础构件，床脚用地脚螺栓紧固在地基上。

6.2.2　车刀

(1)车刀的种类

在车削过程中，由于零件的形状、大小和加工要求不同，采用的车刀也不相同。车刀的种类很多，用途各异。现介绍5种常用车刀(见图6.3)。

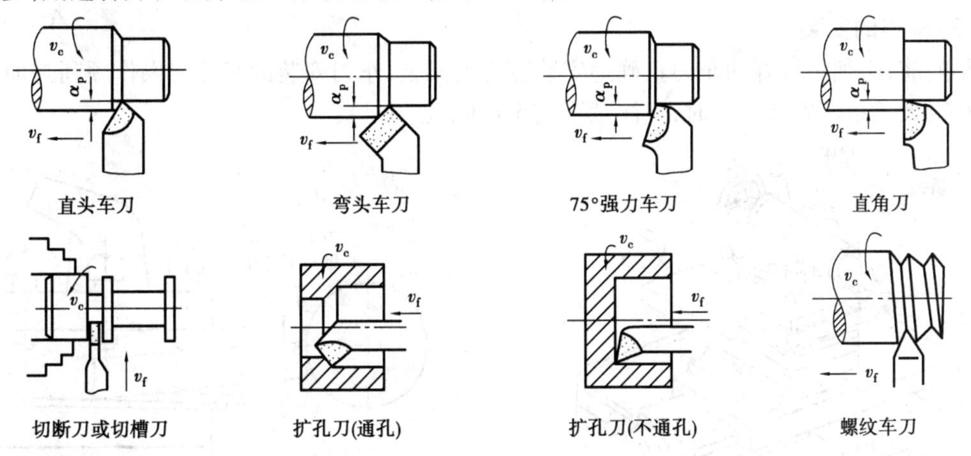

图6.3　常用车刀的种类和用途

1)外圆车刀

外圆车刀又称尖刀，主要用于车削外圆、平面和倒角。外圆车刀一般有以下3种形状：

①直头尖刀

主偏角与副偏角基本对称，一般在45°左右，前角可在5°～30°选用，后角一般为6°～12°。

②45°弯头车刀

主要用于车削不带台阶的光轴，它可车外圆、端面和倒角，使用比较方便，刀头和刀尖部分强度高。

③75°强力车刀

主偏角为75°,适用于粗车加工余量大、表面粗糙、有硬皮或形状不规则的零件,它能承受较大的冲击力,刀头强度高,耐用度高。

2)直角刀

直角刀的主偏角为90°,用来车削工件的端面和台阶,有时也用来车外圆,特别是用来车削细长工件的外圆,可避免把工件顶弯。直角刀分为左偏直角刀和右偏直角刀两种。常用的是右偏直角刀,它的刀刃向左。

3)切断刀和切槽刀

切断刀的刀头较长,其刀刃也狭长,这是为了减少工件材料消耗和切断时能切到中心的缘故。因此,切断刀的刀头长度必须大于工件的半径。

切槽刀与切断刀基本相似,只不过其形状应与槽间一致。

4)扩孔刀

扩孔刀又称镗孔刀,用来加工内孔。它可分为通孔刀和不通孔刀两种。通孔刀的主偏角小于90°,一般为45°~75°,副偏角20°~45°,扩孔刀的后角应比外圆车刀稍大,一般为10°~20°。不通孔刀的主偏角应大于90°,刀尖在刀杆的最前端,为了使内孔底面车平,刀尖与刀杆外端距离应小于内孔的半径。

5)螺纹车刀

螺纹按牙型有三角形、方形和梯形等。相应地使用三角形螺纹车刀、方形螺纹车刀和梯形螺纹车刀等。螺纹的种类很多,其中以三角形螺纹应用最广。采用三角形螺纹车刀车削公制螺纹时,其刀尖角必须为60°,前角取0°。

(2)车刀的安装

车削前,必须把选好的车刀正确地安装在方刀架上,车刀安装的好坏对操作顺利与加工质量都有很大关系。安装车刀时,应注意下列5点(见图6.4):

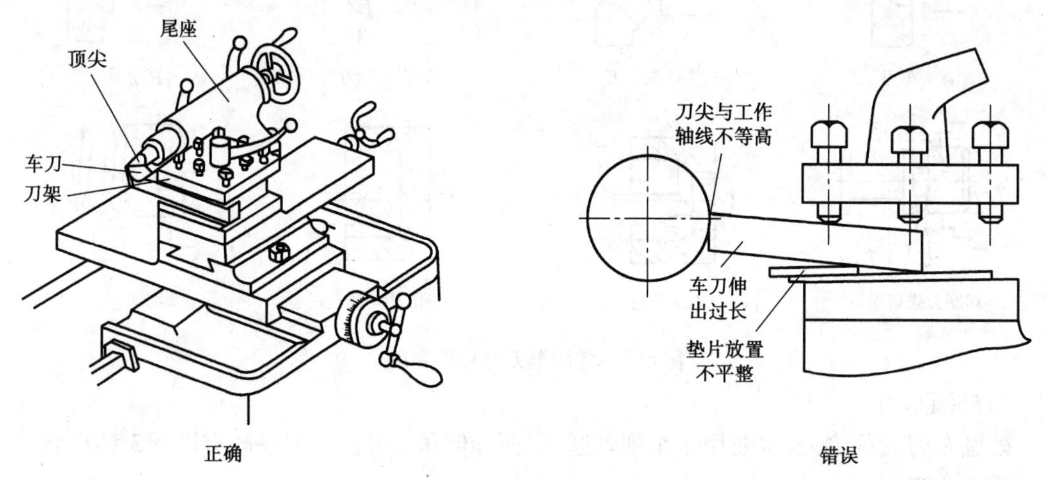

图6.4 车刀的安装

①车刀刀尖应与工件轴线等高

如果车刀装得太高,则车刀的主后面会与工件产生强烈的摩擦;如果装得太低,切削就不顺利,甚至工件会被抬起来,使工件从卡盘上掉下来,或把车刀折断。为了使车刀对准工件轴线,可按床尾架顶尖的高低进行调整。

②车刀不能伸出太长

因刀伸得太长，切削起来容易发生振动，使车出来的工件表面粗糙，甚至会把车刀折断。但也不宜伸出太短，太短会使车削不方便，容易发生刀架与卡盘碰撞。一般伸出长度不超过刀杆高度的1.5倍。

③每把车刀安装在刀架上时，不可能刚好对准工件轴线，一般会低，因此可用一些厚薄不同的垫片来调整车刀的高低。垫片必须平整，其宽度应与刀杆一样，长度应与刀杆被夹持部分一样，同时应尽可能用少数垫片来代替多数薄垫片的使用，将刀的高低位置调整合适，垫片用得过多会造成车刀在车削时接触刚度变差而影响加工质量。

④车刀刀杆应与车床主轴轴线垂直。

⑤车刀位置装正后，应交替拧紧刀架螺钉。

(3) **车刀的刃磨**

未经过使用的新刀或用钝后的车刀，必须进行刃磨，以形成或恢复正确、合理的切削部分形状和刀具角度。车刀刃磨可分为机械刃磨和手工刃磨两种。机械刃磨在工具磨床上进行，刃磨效率高；手工刃磨一般在砂轮机上进行，对设备要求低，操作灵活方便，一般工厂仍普遍采用。车刀刃磨质量的好坏直接影响到车削加工的质量。刃磨高速钢车刀时，应选用粒度为46号到60号的软或中软的氧化铝砂轮（一般为白色）。刃磨硬质合金车刀时，应选用粒度为46号到60号的软或中软的碳化硅砂轮（一般为浅绿色），两者不能搞错。

1）磨刀步骤（见图6.5）

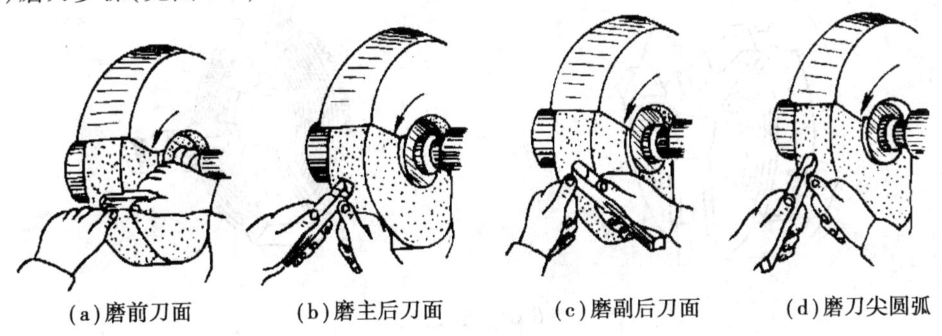

(a)磨前刀面　(b)磨主后刀面　(c)磨副后刀面　(d)磨刀尖圆弧

图6.5　刃磨外圆车刀的一般步骤

①磨前刀面：把前角和刃倾角磨正确。

②磨主后刀面：把主偏角和主后角磨正确。

③磨副后刀面：把副偏角和副后角磨正确。

④磨刀尖圆弧：圆弧半径为0.5~2 mm。

⑤研磨刀刃：车刀在砂轮上磨好以后，再用油石加些机油研磨车刀的前面及后面，使刀刃锐利和光洁。这样可延长车刀的使用寿命。车刀用钝程度不大时，也可用油石在刀架上修磨。硬质合金车刀可用碳化硅油石修磨。

2）磨刀注意事项

①磨刀时，人应站在砂轮的侧前方，双手握稳车刀，用力要均匀。

②刃磨时，将车刀左右移动着磨，否则会使砂轮产生凹槽。

③磨硬质合金车刀时，不可把刀头放入水中，以免刀片突然受冷收缩而碎裂。磨高速钢车刀时，要经常冷却，以免失去硬度。

6.2.3　工件的装夹及所用附件

车削时,必须把工件装夹在车床夹具上,经过校正、夹紧,使它在整个切削加工过程中始终保持正确的相对位置,这是车削加工准备工作中的一个重要环节。

工件安装的速度和好坏直接影响生产效率和加工质量的高低。车削加工中,应根据工件的形状、大小和加工数量选择合适的工件安装方法。其基本安装要求如下:

①工件位置要准确,保证工件的回转中心与车床主轴轴线重合。

②保证工件装夹稳固,不会因切削力的作用松动或脱落。

③保证工件的加工质量和必要的生产效率。

在车床上常用三爪自定心卡盘、四爪卡盘、顶尖、心轴、中心架、跟刀架、花盘及弯板等附件来装夹工件。

(1)三爪卡盘装夹工件

三爪卡盘是车床最常用的附件(见图6.6)。三爪卡盘上的三爪是同时动作的,可以达到自动定心兼夹紧的目的。其装夹工作方便,但定心精度不高(爪遭磨损所致),工件上同轴度要求较高的表面,应尽可能在一次装夹中车出。此外,三爪卡盘的夹紧力较小,故三爪卡盘仅适于夹持圆柱形、六角形等中小工件。当安装直径较大的工件时,可使用“反爪”。

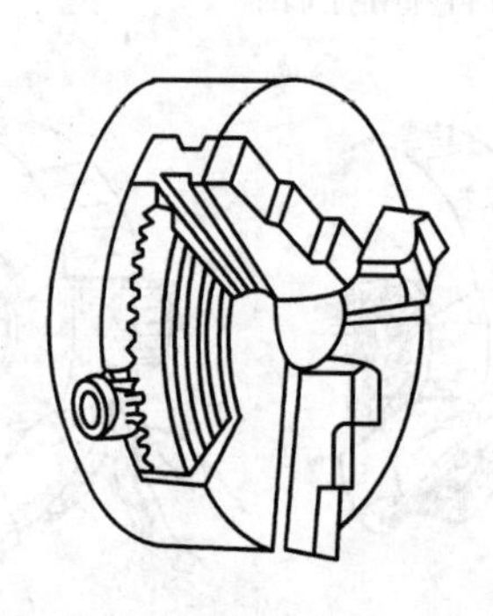

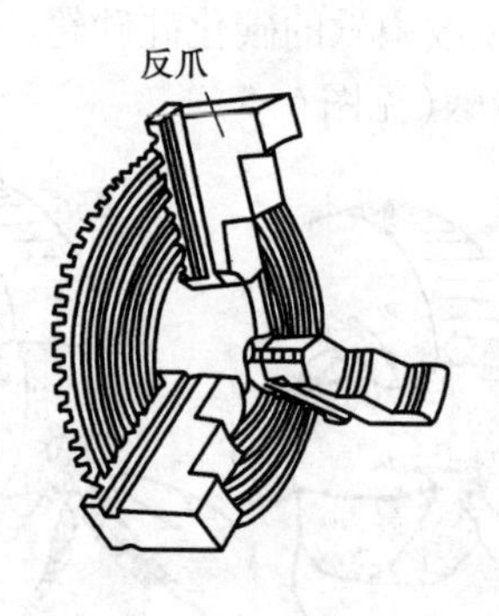

图6.6　三爪卡盘

用三爪卡盘装夹工件时,夹持长度一般不小于10 mm。如果工件直径小于或等于30 mm,其悬伸长度应不大于直径的5倍;如果工件直径大于30 mm,其悬伸长度应不大于直径的3倍。

用三爪卡盘安装工件时可按下列步骤进行:

①首先把工件在卡爪间放正,然后轻轻夹紧。

②开动机床,使主轴低速旋转,检查工件有无偏摆,若有偏摆,应停车用小锤轻敲校正,然后紧固工件。注意必须及时取下扳手,以免开车时飞出,击伤人或损坏机床。

③移动车刀至车削行程的左端,用手旋转卡盘,检查刀架等是否与卡盘或工件碰撞。

(2)四爪单动卡盘装夹工件

四爪卡盘也是车床上常用的附件(见图6.7)。四爪卡盘上的4个卡爪分别通过转动螺杆实现单动,其安装精度比三爪卡盘高,夹紧力也比三爪卡盘大。因此,可用来夹持矩形、椭圆或不规则形状的工件。

在用四爪单动卡盘安装工件时,一般按预先在工件上的划线进行找正。其安装划线找正

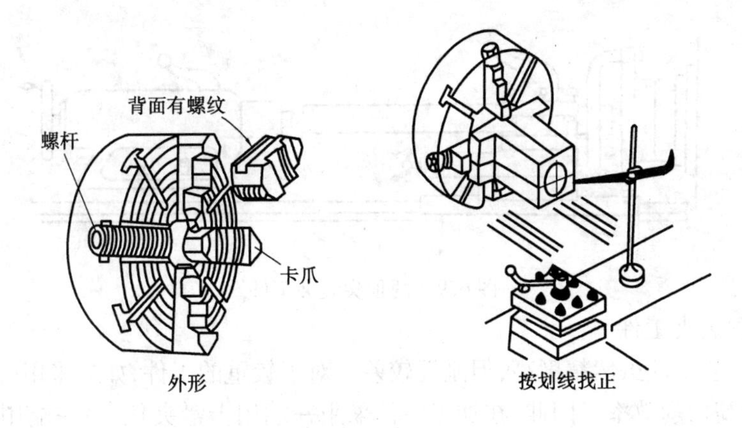

图6.7　四爪卡盘装夹工件的方法

的方法如下：

①使百分表或划针靠近工件划出加工界线。

②校正端面。慢慢转动卡盘，在离百分表的测头或划针针尖最近的工件端面上用小锤轻轻敲击，至各处与针尖距离相等。如果是精确校正，此时还需用百分表的测头轻轻触碰工件，然后慢慢转动卡盘，采用轻轻敲击的方法，使百分表的测值读数在允许的误差范围内。

③校正中心。步骤同上，转动卡盘，将离百分表测头或划针针尖最远处的一个卡爪松开，拧紧其对面的一个卡爪，反复调整多次，直至校正为止。

(3)顶尖安装工件

常用的顶尖有死顶尖(普通顶尖)和活顶尖两种，如图6.8所示。用顶尖安装工件时，必须先在工件的端面用中心钻在车床或专用机床上钻出中心孔。中心孔的轴线应与工件毛坯的轴线相重合。中心孔的圆锥孔部分应平直光滑，因为中心孔的锥面是和顶尖的锥面相配合的。

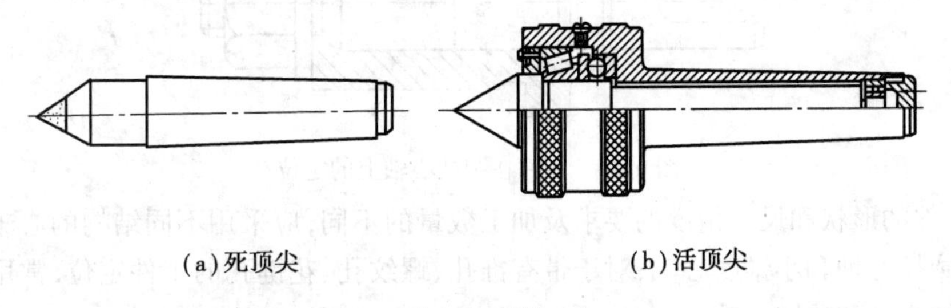

图6.8　顶尖

死顶尖刚性好，定心准确，但与工件中心孔之间因产生滑动摩擦而发热过多，容易将中心孔或顶尖"烧坏"。因此，死顶尖只适用于低速、加工精度要求较高的工件。活顶尖将顶尖与工件中心孔之间的滑动摩擦改成顶尖内部轴承的滚动摩擦，能在很高的转速下正常工作。但活顶尖存在一定的装配积累误差，以及当滚动轴承磨损后，会使顶尖产生径向摆动，从而降低加工精度，所以活顶尖一般用于轴的粗加工或半精加工。

1)两顶尖装夹工件

对于较长的或必须经过多次装夹才能加工好的工件(如长轴、长丝杠等的车削)，或工序较多、在车削后还要铣削或磨削的工件，为了保证每次装夹时的安装精度(如同轴度要求)，常采用两顶尖的装夹方法，如图6.9所示。工件支承在前后两顶尖间，由卡箍、拨盘带动旋转。两顶尖安装工件方便，不需校正，安装精度高。

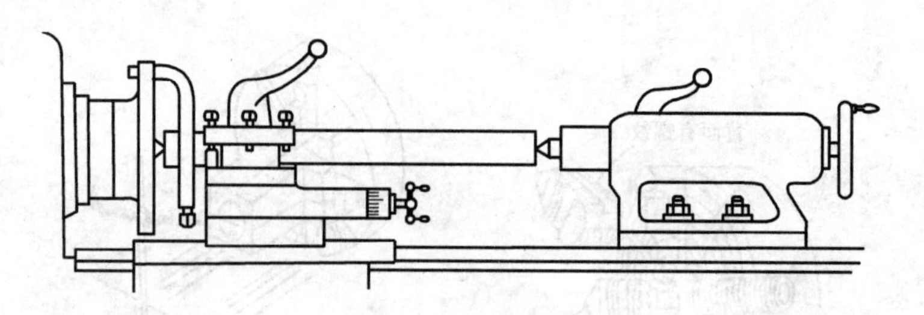

图 6.9　两顶尖装夹工件

2)一夹一顶装夹工件

用两顶尖安装工件虽然精度高,但刚性较差。对于较重的工件,如果采用两顶尖安装会很不稳固,难以提高切削效率。因此,在加工中常采用一端用卡盘夹住,另一端用顶尖顶住的装夹方法。为防止工件由于切削力的作用而产生位移,一般会在卡盘内装一支撑,或利用工件的台阶做限位。这种装夹方法比较安全,能承受较大的轴向切削力,刚性好,轴向定位比较正确,因此车轴类零件时常采用这种方法。但是,装夹时要注意,卡爪夹紧处长度不宜太长,否则会产生过定位,憋弯工件。

(4)**心轴安装工件**

盘套类零件其外圆、内孔往往有同轴度要求,与端面有垂直度要求,保证这些形位公差的最优加工方法就是在一次装夹中全部加工完成,但这在实际生产中往往难以做到。此时,一般先加工出内孔,以内孔为定位基准,将零件安装在心轴上(见图 6.10),再把心轴安装在前后顶尖之间来加工外圆和端面,这样一般也能保证外圆轴线和内孔轴线的同轴度要求。

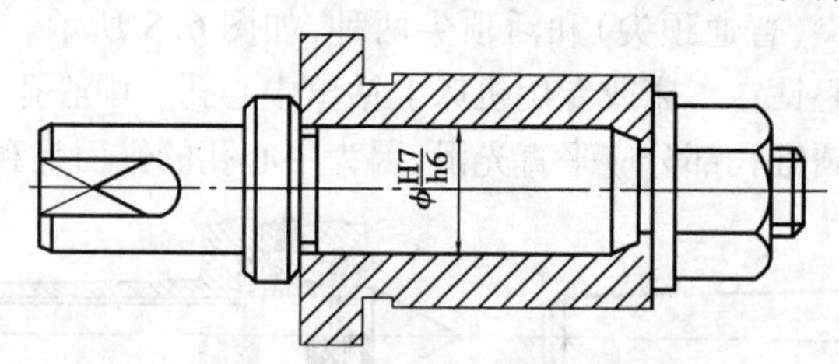

图 6.10　零件在圆柱心轴上的定位

根据工件的形状和尺寸精度的要求及加工数量的不同,应采用不同结构的心轴。圆柱孔定位,常用圆柱心轴和小锥度心轴;对于带有锥孔、螺纹孔、花键孔的工件定位,常用相应的锥体心轴、螺纹心轴和花键心轴。

(5)**跟刀架和中心架**

当车削长度为直径 20 倍以上的细长轴或端面带有深孔的细长工件时,由于工件本身的刚性很差,当受切削力的作用时,往往容易产生弯曲变形和振动,容易把工件车成两头细中间粗的腰鼓形。为防止上述现象发生,需要附加辅助支承,即中心架或跟刀架。

中心架主要用于加工有台阶或需要调头车削的细长轴,以及端面和内孔(钻中孔)。中心架是固定在床身导轨上的,车削前调整其 3 个爪与工件轻轻接触,并加上润滑油。

对不适宜调头车削的细长轴,不能用中心架支承,而要用跟刀架支承进行车削,以增加工件的刚性,如图 6.11 所示。跟刀架固定在床鞍上,一般有两个支承爪,它可跟随车刀移动,抵消径向切削力,提高车削细长轴的形状精度和减小表面粗糙度。

如图 6.12(a)所示为两爪跟刀架,此时车刀给工件的切削抗力使工件贴在跟刀架的两个

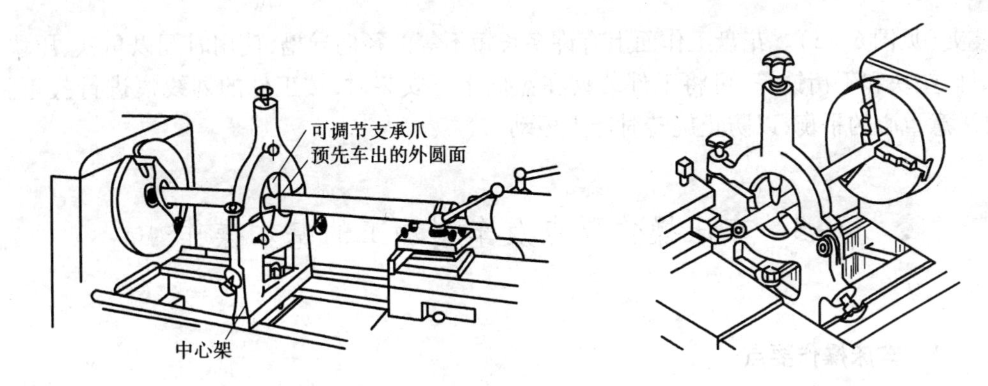

图6.11　用中心架车削外圆、内孔及端面

支承爪上,但由于工件本身的重力以及偶然的弯曲,车削时工件会瞬时离开和接触支承爪,因而产生振动。比较理想的中心架是三爪中心架,如图6.12(b)所示。此时,由三爪和车刀抵住工件,使之上下、左右都不能移动,车削时工件就比较稳定,不易产生振动。

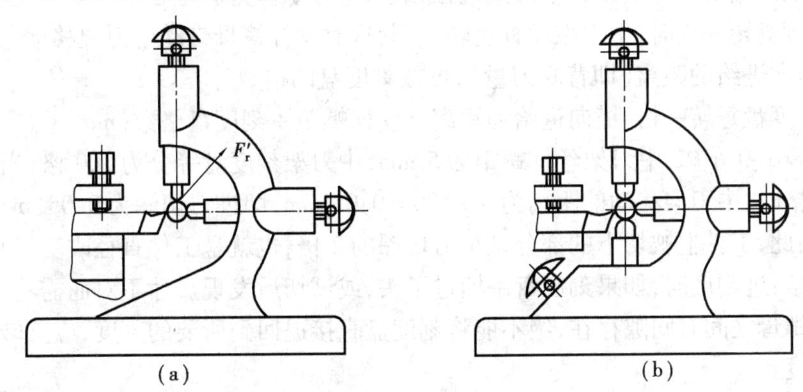

图6.12　跟刀架支承车削细长轴

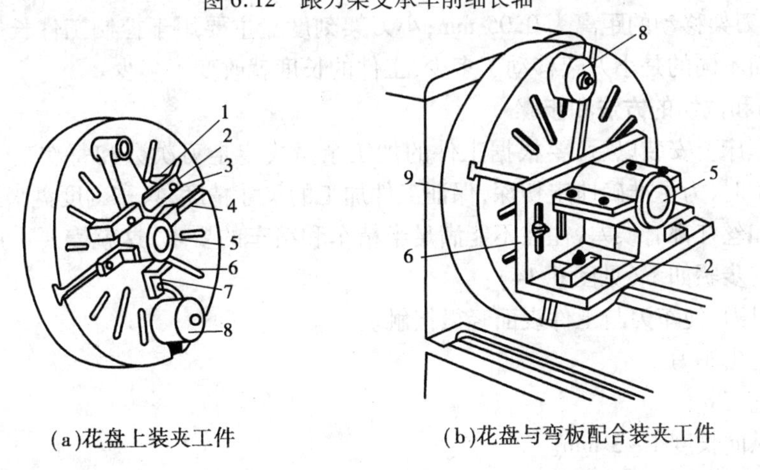

(a)花盘上装夹工件　　(b)花盘与弯板配合装夹工件

图6.13　花盘装夹工件

1—垫铁；2—压板；3—压板螺钉；4—T形槽;5—工件；6—弯板；7—可调螺钉；8—配重铁；9—花盘

(6)花盘和弯板

在车削形状不规则或形状复杂的工件时,三爪、四爪卡盘或顶尖都无法装夹,必须用花盘

进行装夹(见图6.13)。花盘工作面上有许多长短不等的径向导槽,使用时配以角铁、压块、螺栓、螺母、垫块和平衡铁等,可将工件装夹在盘面上。安装时,按工件的划线痕进行找正。同时,要注意重心的平衡,以防止旋转时产生振动。

6.3 车床操作要点及车削加工的基本操作

6.3.1 车床操作要点

(1)刻度盘及刻度盘手柄的使用

车削时,为了准确和迅速地控制背吃刀量,必须熟练地使用中刀架(横刀架)和小刀架上的刻度盘。

中刀架上的刻度盘是紧固在中刀架丝杠轴上,丝杠螺母是固定在中刀架上,当中刀架上的手柄带着刻度盘转一周时,中刀架丝杠也转一周,这时丝杠螺母带动中刀架移动一个螺距。因此,中刀架横向进给的距离(即背吃刀量),可按刻度盘的格数计算。

因此,刻度盘每转一格,横向进给的距离 = 丝杠螺距 ÷ 刻度盘格数(mm)。

例如,CE6140 车床,中刀架丝杠螺距为 5 mm,中刀架刻度盘等分为 100 格,当手柄带动刻度盘每转一格时,中刀架移动的距离为 5 ÷ 100 = 0.05 mm,即进刀切深为 0.05 mm。由于工件是旋转的,因此,工件上被切下的部分是车刀切深的 2 倍,也就是工件直径改变了 0.1 mm。

必须注意:进刻度时,如果刻度盘手柄过了头,或试切后发现尺寸不对而需将车刀退回时,由于丝杠与螺母之间有间隙存在,绝不能将刻度盘直接退回到所要的刻度,应反转约一周后再转至所需刻度。

小刀架刻度盘的使用与中刀架刻度盘相同,应注意两个问题:CE6140 车床刻度盘每转一格,则带动小刀架移动的距离为 0.05 mm;小刀架刻度盘主要用于控制工件长度方向的尺寸,与加工圆柱面不同的是小刀架移动了多少,工件的长度就改变了多少。

(2)对刀和试切的方法和步骤

工件在车床上安装以后,要根据工件的加工余量决定走刀次数和每次走刀的背吃刀量。半精车和精车时,为了准确地定切深,保证工件加工的尺寸精度,只靠刻度盘来进刀是不行的。因为刻度盘和丝杠都有误差,往往不能满足半精车和精车的要求,这就需要采用试切的方法。试切的方法与步骤如下(见图6.14):

①开车对刀,使车刀与工件表面轻微接触。

②向右退出车刀。

③横向进刀 a_{p1}。

④切削纵向长度 1 ~ 3 mm。

⑤退出车刀,进行度量。

⑥如果尺寸不到,再进刀 a_{p2}。

以上是试切的一个循环,如果尺寸合格,就以该背吃刀量切削整个表面;如果尺寸还大,则进刀仍按以上的循环进行试切;如果尺寸车小了,必须按照上述步骤加以纠正(纠正时,注意正确使用刻度盘)。

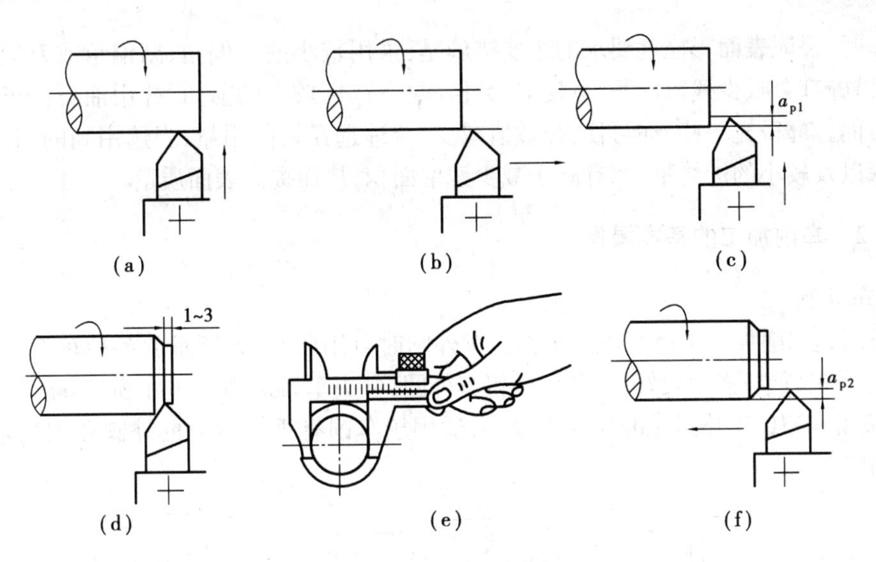

图6.14 试切的步骤

(3)**粗车和精车**

在车床上加工一个零件,往往要经过许多车削步骤才能完成。为了提高生产效率,保证加工质量,生产中把车削加工分为粗车和精车。如果零件精度要求高还需要磨削时,车削又可分为粗车和半精车。

1)粗车

粗车的目的是尽快地从工件上切去大部分加工余量,使工件接近最后的形状和尺寸。粗车要给精车留有合适的加工余量,而精度和表面粗糙度等技术要求都较低。实践证明,加大切深不仅使生产率提高,而且对车刀的耐用度影响也不大。因此,粗车时要优先选用较大的切深,其次根据可能适当加大进给量,最后选用中等偏低的切削速度。在CE6140车床上,使用硬质合金车刀进行粗车的切削用量推荐为:背吃刀量 $a_p=2\sim4$ mm;进给量 $f=0.15\sim0.4$ mm;切削速度 $v_c=0.8\sim1.2$ m/s(加工钢件)或 $0.7\sim1$ m/s(加工铸铁件)。粗车应留下 $0.5\sim1$ mm作为精车余量。

2)精车

精车是把工件上经过粗车、半精车后留有的少量加工余量车去,使工件达到图纸要求。精车的目的是保证零件的尺寸精度和表面粗糙度等技术要求。一般精车的尺寸精度可达IT8—IT7,表面粗糙度数值 R_a 达 $3.2\sim0.8$ μm。精车的车削用量见表6.2。其尺寸精度主要是依靠准确地度量、准确地进刻度并加以试切来保证的。因此,操作时要细心认真。

表6.2 精车切削用量

<table>
<tr><th colspan="2">参数
材质</th><th>a_p/mm</th><th>f/(mm·r^{-1})</th><th>v_c/(mm·min^{-1})</th></tr>
<tr><td colspan="2">车削铸铁件</td><td>0.1~0.15</td><td rowspan="3">0.05~0.2</td><td>60~70</td></tr>
<tr><td rowspan="2">车削钢件</td><td>高速</td><td>0.3~0.50</td><td>100~120</td></tr>
<tr><td>低速</td><td>0.05~0.10</td><td>3~5</td></tr>
</table>

精车时,保证表面粗糙度要求的主要措施是:采用较小的主偏角、副偏角或刀尖磨有小圆弧,这些措施都会减少残留面积,可使 R_a 数值减少;选用较大的前角,并用油石把车刀的前刀面和后刀面打磨得光一些,亦可使 R_a 数值减少;合理选择切削用量,当选用高的切削速度、较小的切深以及较小的进给量,都有利于减少残留面积,从而提高表面质量。

6.3.2　车削加工的基本操作

(1)车外圆

车外圆是车削加工中最基本的操作。车外圆时可用图 6.15 所示的各种车刀。直头车刀(尖刀)的形状简单、强度较好,主要用于粗车外圆;弯头车刀适用于车外圆、车端面和倒角;主偏角为 90°的偏刀,车外圆时的径向力很小,适用于车削有垂直台阶的外圆和细长轴,一般适用于精加工。

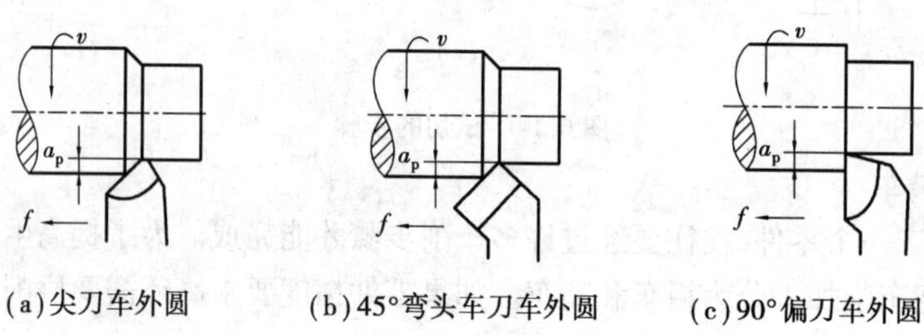

(a)尖刀车外圆　(b)45°弯头车刀车外圆　(c)90°偏刀车外圆

图 6.15　车削外圆

(2)车端面

端面往往是零件长度方向的测量基准,在车外圆、车圆锥面以及在工作端面上钻中心孔或钻孔之前,均应先车端面。车端面时应采用端面车刀,如图 6.16 所示。

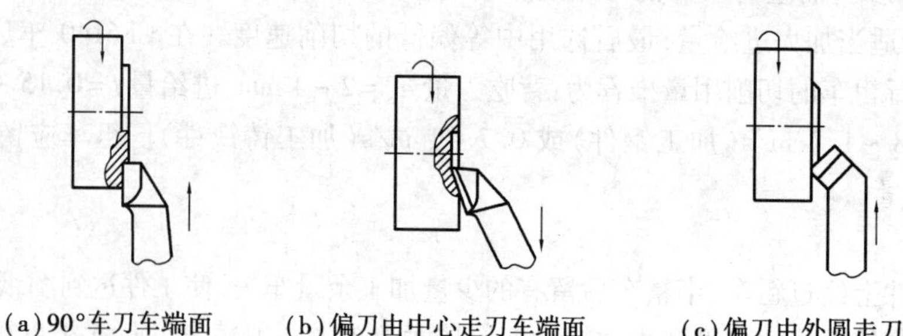
(a)90°车刀车端面　(b)偏刀由中心走刀车端面　(c)偏刀由外圆走刀车端面

图 6.16　车削外圆

90°外圆车刀车端面[图 6.16(a)]是用原车刀的副切削刃变成主切削刃进行切削,切削起来不顺利,因此当切近中心时应放慢进给速度;右偏刀车端面[图 6.16(b)]它是由中心向外进给,这时是用主切削刃切削,切削顺利,表面粗糙度小;45°弯头刀车端面[图 6.16(c)]是利用主切削刃进行切削,工件表面粗糙度小,适用于车削较大的平面。

车端面时应注意以下 4 点:

①车刀的刀尖应对准工件中心,以免车出的端面中心留有凸台。

②偏刀车端面,当背吃刀量较大时,容易扎刀。背吃刀量 a_p 的选择是:粗车时,a_p = 0.2 ~ 1 mm;精车时,a_p = 0.5 ~ 0.2 mm。

③端面的直径从外到中心是变化的,切削速度也在改变,在计算切削速度时必须按端面的

最大直径计算。

④车直径较大的端面时,若出现凹心或凸肚,应检查车刀和方刀架及大拖板是否锁紧。

(3)**车台阶**

车削台阶的方法与车削外圆基本相同,但在车削时应兼顾外圆直径和台阶长度两个方向的尺寸要求,还必须保证台阶平面与工件轴线的垂直度要求。

车高度在5 mm以下的台阶时,可用主偏角为90°的偏刀在车外圆的同时车出;车高度在5 mm以上的台阶时,应分层切削。台阶的车削如图6.17所示。

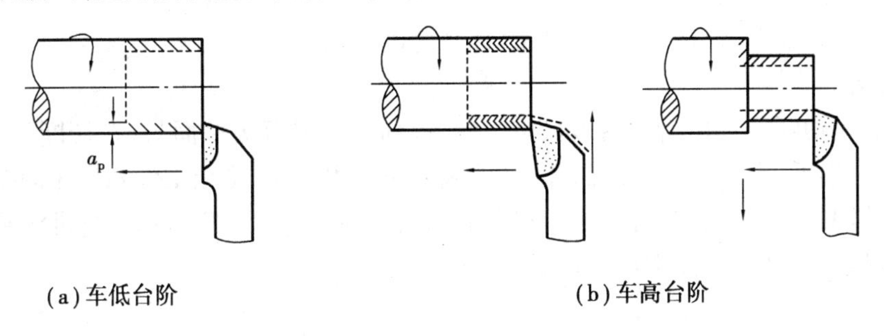

(a)车低台阶　　(b)车高台阶

图6.17　台阶的车削

台阶长度尺寸的控制方法如下:

①台阶长度尺寸要求较低时,可直接用大拖板刻度盘控制。

②台阶长度可用钢直尺或样板确定位置,如图6.18所示。车削时,先用刀尖车出比台阶长度略短的刻痕作为加工界限,台阶的准确长度可用游标卡尺或深度游标卡尺测量。

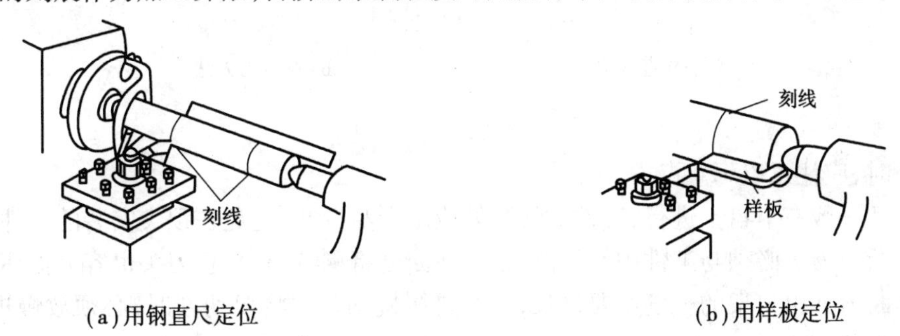

(a)用钢直尺定位　　(b)用样板定位

图6.18　台阶尺寸的控制方法

③台阶长度尺寸要求较高且长度较短时,可用小滑板刻度盘控制其长度。

(4)**切槽**

在工件表面上车沟槽的方法,称为切槽。槽的形状有外槽、内槽和端面槽,如图6.19所示。

①车削精度不高的和宽度较窄的矩形沟槽,可用刀宽等于槽宽的切槽刀,采用直进法一次车出;精度要求较高的,一般分两次车成。

②车削较宽的沟槽,可用多次直进法切削,并在槽的两侧留一定的精车余量,然后根据槽深、槽宽精车至尺寸。

③车削较小的圆弧形槽,一般用成形车刀车削;较大的圆弧槽,可用双手联动车削,用样板检查修整。

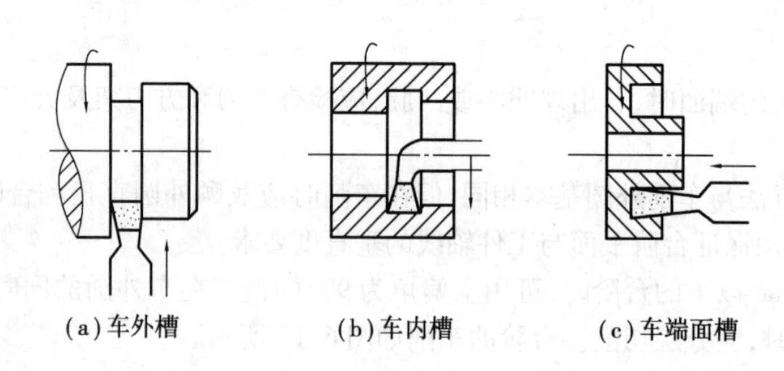

图 6.19　常见切槽的方法

(5)**切断**

切断要用切断刀。切断刀的形状与切槽刀相似,但因刀头窄而长,在切断过程中,散热条件差,刀具刚性低,很容易折断。因此,必须减低切削用量,以防止工件和机床的振动以及刀具的损伤。常用的切断方法有直进法和左右借刀法两种,如图 6.20 所示。直进法常用于切断铸铁等脆性材料;左右借刀法常用于切断钢等塑性材料。

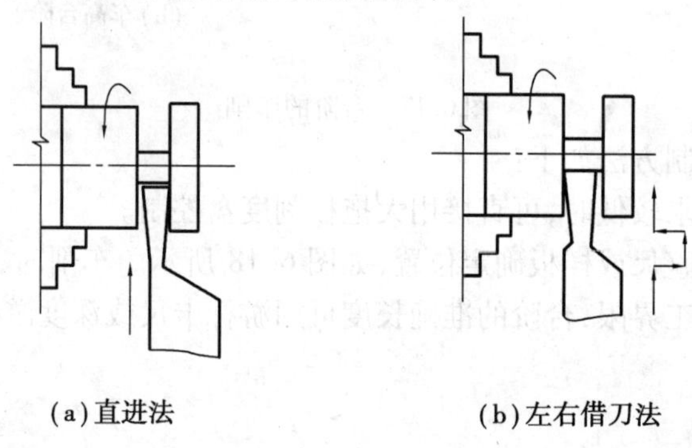

图 6.20　切断方法

车断时,应注意以下 4 点:

①切断一般在卡盘上进行,工件的切断处应距卡盘近些,避免在顶尖安装的工件上切断。

②切断刀刀尖必须与工件中心等高,否则切断处将剩有凸台,且刀头也容易损坏。

③切断刀伸出刀架的长度不要过长,进给要缓慢均匀。将要切断时,必须放慢进给速度,以免刀头折断。

④切断钢件时,需要加切削液进行冷却润滑;切铸铁时,一般不加切削液,但必要时可用煤油进行冷却润滑。

(6)**车成型面**

表面轴向剖面呈现曲线形特征的零件,称为成型面。下面介绍 3 种加工成型面的方法。

1)样板刀车成型面

如图 6.21 所示为车圆弧的样板刀。用样板刀车成型面,其加工精度主要靠刀具保证。但要注意,由于切削时接触面较大,切削抗力也大,易出现振动和工件移位。为此,转速要低些,切削力要小些,工件必须夹紧。

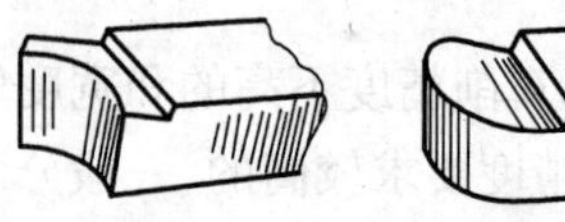
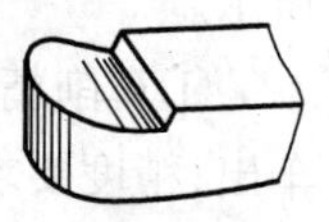

图 6.21　车圆弧的样板刀

2)用靠模车成型面

如图 6.22 所示,用靠模加工手柄的成型面 2。此时,刀架的横向滑板已经与丝杠脱开,其前端的拉杆3上装有滚柱5。当大拖板纵向走刀时,滚柱5即在靠模4的曲线槽内移动,从而使车刀刀尖也随着作曲线移动,同时用小刀架控制切深,即可车出手柄的成型面。用这种方法加工成型面,操作简单,生产率较高,因此多用于成批生产。当靠模4的槽为直槽时,将靠模4扳转一定角度,即可用于车削锥度。

3)双手控制法车成型面

单件加工成型面时,可采用双手控制法车削成型面,即双手同时摇动小滑板手柄和中滑板手柄,并通过双手的协调动作,使刀尖走过的轨迹与所要求的成型面曲线相仿。

(7)滚花

各种工具和机器零件的手握部分,为了便于握持和增加美观,常常在表面上滚出各种不同的花纹,如百分尺的套管、铰杠扳手以及螺纹量规等。这些花纹一般是在车床上用滚花刀滚压形成的,如图6.23所示。

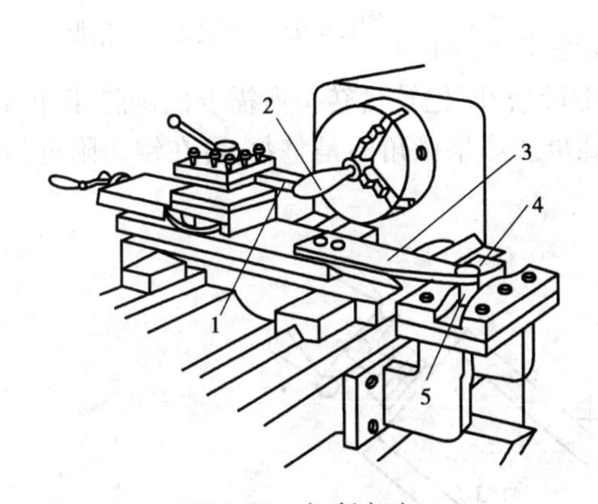

图6.22　切断方法

1—车刀;2—成型面;3—拉杆;4—靠模;5—滚柱

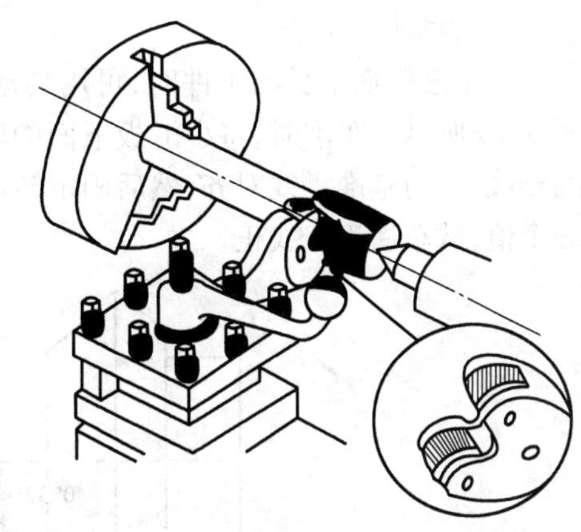

图6.23　滚花

滚花的花纹有直纹和网纹两种。滚花刀也分直纹滚花刀和网纹滚花刀(见图6.24)。滚花是用滚花刀来挤压工件,使其表面产生塑性变形而形成花纹。滚花的径向挤压力很大,因此加工时,工件的转速要低些,而且需要充分供给冷却润滑液,以免破坏滚花刀和防止细屑滞塞在滚花刀内而产生乱纹。

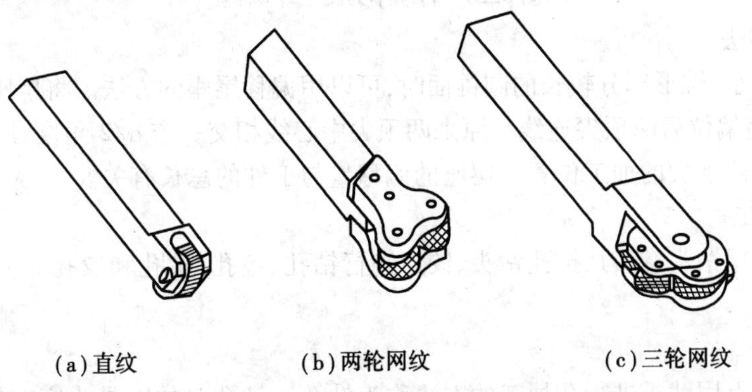

(a)直纹　(b)两轮网纹　(c)三轮网纹

图6.24　滚花刀

(8)**车圆锥面**

将工件车削成圆锥表面的方法,称为车圆锥。常用车削锥面的方法有宽刀法、转动小刀架法、靠模法及尾座偏移法等。这里主要介绍宽刀法、转动小刀架法和尾座偏移法。

1)宽刀法

车削较短的圆锥时,可用宽刃刀直接车出,如图 6.25 所示。其工作原理实质上属于成形法,所以要求切削刃必须平直,切削刃与主轴轴线的夹角应等于工件圆锥半角$\alpha/2$。同时要求车床有较好的刚性,否则易引起振动。当工件的圆锥斜面长度大于切削刃长度时,可用多次接刀方法加工,但接刀处必须平整。

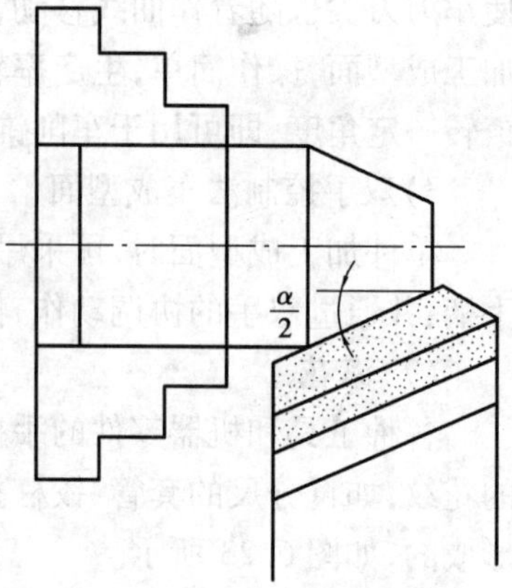

图 6.25　用宽刃刀切削圆锥

2)转动小刀架法

当车削锥面不长的工件时,可用转动小刀架法车削,如图 6.26 所示。车削时,将小滑板下面的转盘上螺母松开,把转盘转至所需要的圆锥半角 $\alpha/2$ 的刻线上,与基准零线对齐,然后固定转盘上的螺母。如果锥角不是整数,可在锥角附近估计一个值,试车后逐步找正。

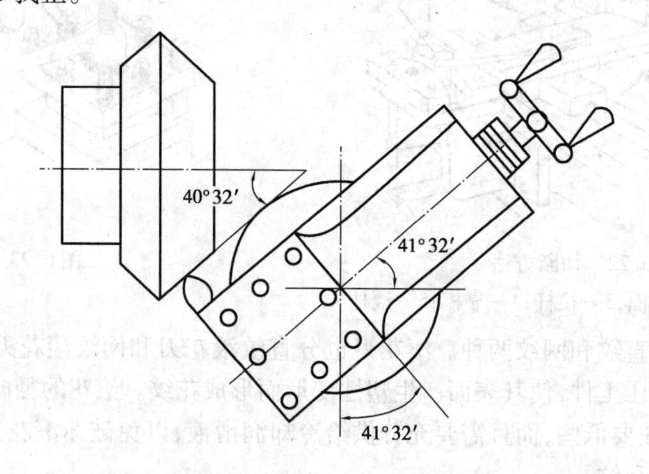

图 6.26　转动小刀架法车圆锥

3)尾座偏移法

当车削锥度小、锥形部分较长的圆锥面时,可以用偏移尾座的方法。将尾座上滑板横向偏移一个距离 S,使偏位后两顶尖连线与原来两顶尖中心线相交一个 $\alpha/2$ 角度,尾座的偏向取决于工件大小头在两顶尖的加工位置。尾座的偏移量与工件的总长有关。

(9)**孔的加工**

在车床上可用钻头、镗刀、扩孔钻头、铰刀进行钻孔、镗孔、扩孔和铰孔。下面介绍钻孔和镗孔的方法。

1)钻孔

在实体材料上用钻头进行孔加工的方法称为钻孔。钻孔时的刀具为麻花钻,钻孔的公差等级为 IT10 以下,表面粗糙度为 $R_a12.5\ \mu m$,多用于粗加工孔。在车床上钻孔如图 6.27 所示,工件装夹在卡盘上,钻头安装在尾架套筒锥孔内。钻孔前先车平端面并车出一个中心坑或先用中心钻钻中心孔作为引导。钻孔时,转动尾架手轮使钻头缓慢进给,注意经常退出钻头排屑。钻孔进给不能过猛,以免折断钻头。钻削时,切削速度不应过大,以免钻头剧烈磨损;钻钢料时,应加切削液。

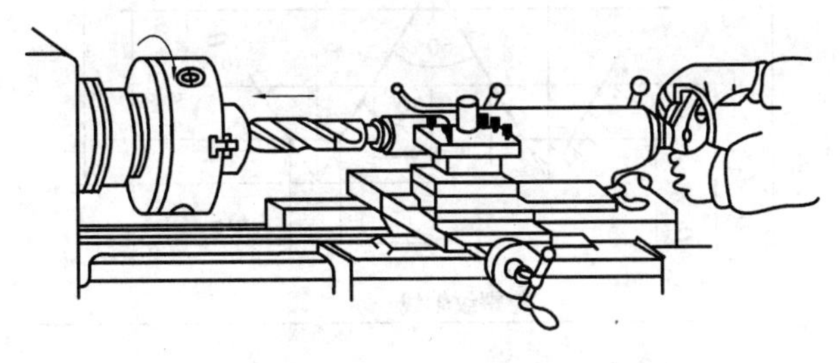

图6.27　在车床上钻孔

2)镗孔

镗孔由镗刀伸进孔内进行切削,如图6.28所示。镗刀的特点是刀杆细而长,刀头小。镗孔能较好地保证同轴度,常作为孔的粗加工、半精加工和精加工方法。镗孔分为镗通孔和不通孔。镗通孔基本上与车外圆相同,只是进刀和退刀方向相反。粗镗和精镗内孔时也要进行试切和试测,其方法与车外圆相同。

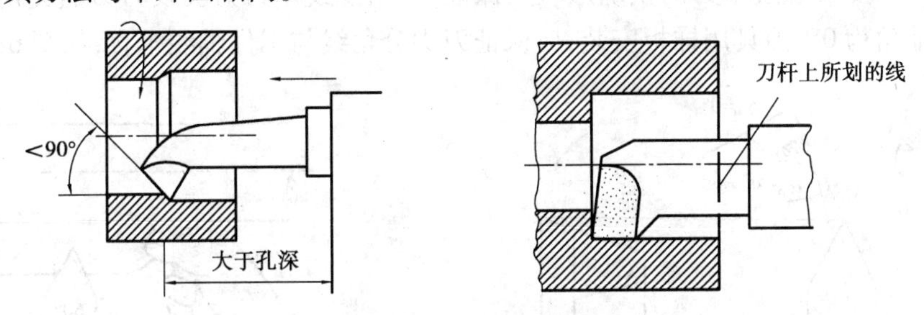

图6.28　在车床上镗孔

(10)**车螺纹**

将工件表面车削成螺纹的方法,称为车螺纹。螺纹按牙型分有三角螺纹、梯形螺纹、方牙(矩形)螺纹等。按标准分有公制螺纹、英制螺纹两种。公制三角螺纹的牙型角为60°,用螺距或导程来表示其主要规格;英制三角螺纹的牙型角为55°,用每英寸牙数作为主要规格。各种螺纹都有左、右、单线、多线之分。其中,以公制三角螺纹应用最广,称为普通螺纹。

1)普通三角螺纹的基本牙型

普通三角螺纹的基本牙型,如图6.29所示。其中,大径、中径、螺距、牙型角是最基本的要素,也是螺纹车削时必须控制的部分。

①大径 D,d

大径是螺纹的最主要尺寸之一。外螺纹的大径为螺纹外径,用符号 d 表示;内螺纹的大径为螺纹的底径,用 D 表示。

②中径 D_2、d_2

中径是螺纹中一假想的圆柱面直径,该处圆柱面上螺纹牙厚与螺纹槽宽相等,是主要的测量尺寸。只有内外螺纹的中径一致时,两者才能很好的配合。

③螺距 P

螺距是相邻两牙在轴线方向上对应点的距离,由车床传动部分控制。

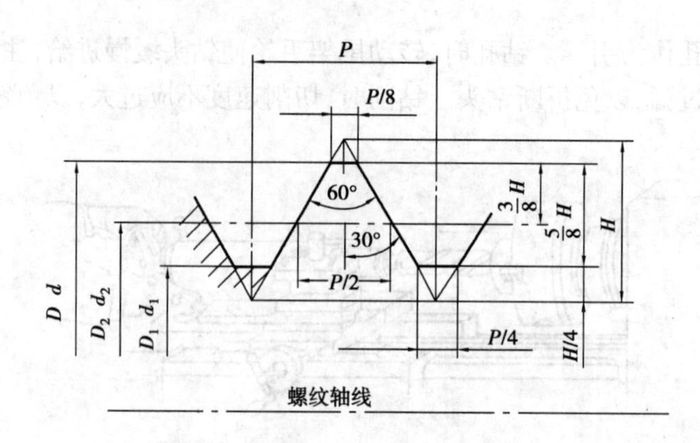

图 6.29　普通三角螺纹的基本牙型

④牙型角 α

螺纹轴向剖面上相邻两牙侧之间的夹角。

2）车削普通螺纹的准备工作

①螺纹车刀及其安装

螺纹牙型角要靠螺纹车刀的正确形状来保证，三角螺纹车刀刀尖及刀刃的夹角为 60°，精车时车刀的前角为 0°，刀具用样板安装，应保证刀尖分角线与工件轴线垂直，如图 6.30 所示。

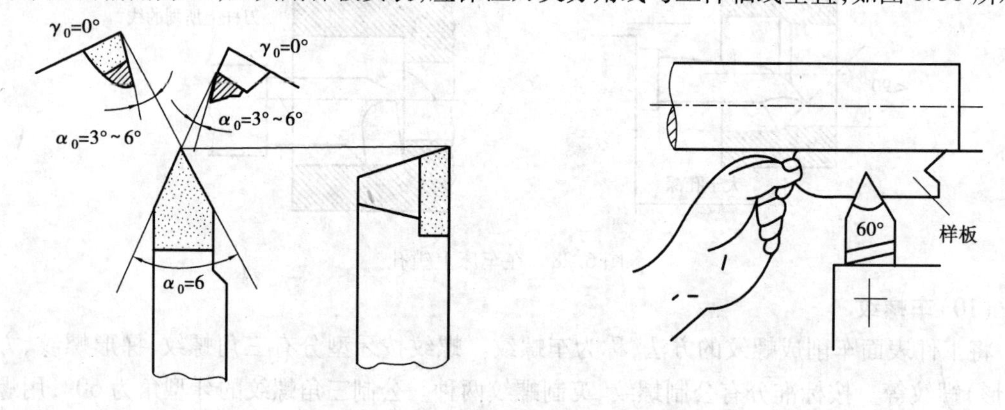

图 6.30　螺纹车刀几何角度及样板对刀

②车床运动调整和工件的安装

车刀安装好后，必须对车床进行调整，首先要根据螺距大小确定手柄位置，脱开光杠进给机构，改由丝杠进给，调整好转速。最好用低速，以便有退刀时间。车削过程中，工件必须装夹牢固，以防工件因未夹牢而导致牙型或螺距的不正确。为了得到正确的螺距，应保证工件转一转时，刀具准确地纵向移动一个螺距，即

$$n_1 P_1(\text{丝杠}) = n_1 P_2(\text{工件})$$

通常在具体操作时可按车床进给箱表牌上的数值按欲加工工件螺距值，调整相应的进给调速手柄即可满足公式的要求。

3）车普通螺纹的方法与步骤

①确定车螺纹切削深度的起始位置，将中滑板刻度调到零位，开车，使刀尖轻微接触工件表面，然后迅速将中滑板刻度调至零位，以便于进刀记数。

②试切第一条螺旋线并检查螺距。将床鞍摇至离工件端面 8 ~ 10 牙处，横向进刀

0.05 mm左右。开车,合上开合螺母,在工件表面车出一条螺旋线,至螺纹终止线处退出车刀,开反车把车刀退到工件右端;停车,用钢尺检查螺距是否正确,如图6.31(a)所示。

③用刻度盘调整背吃刀量,开车切削,如图6.31(b)所示。螺纹的总背吃刀量 a_p 与螺距的关系按经验公式 $a_p \approx 0.65P$ 确定,每次的背吃刀量为0.1左右。

④车刀将至终点时,应做好退刀停车准备,先快速退出车刀,然后开反车退出刀架,如图6.31(c)所示。

⑤再次横向进刀,继续切削直至车出正确的牙型,如图6.31(d)所示。

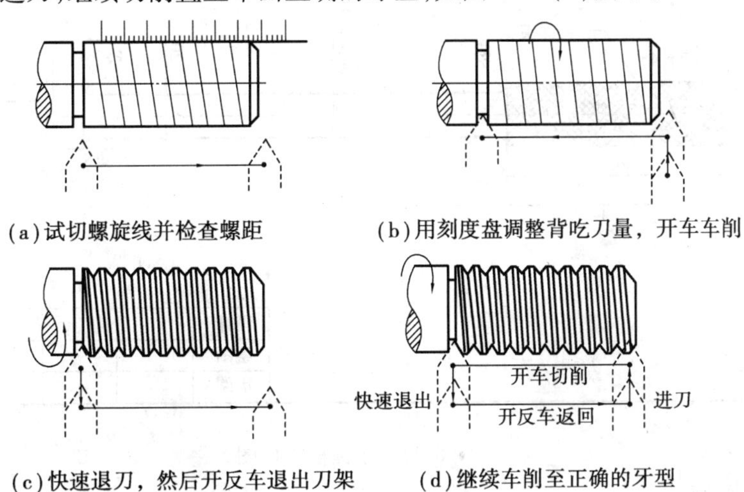

(a)试切螺旋线并检查螺距　(b)用刻度盘调整背吃刀量，开车车削

(c)快速退刀，然后开反车退出刀架　(d)继续车削至正确的牙型

图6.31　车削螺纹的方法与步骤

4)螺纹车削注意事项

①车削螺纹前要检查组装交换齿轮的间隙是否适当。把主轴变速手柄放在空挡位置,用手旋转主轴,检查是否有过重或空转量过大的现象。

②车螺纹时,开合螺母必须正确合上;如感到未合好,应立即提起,重新进行。

③车削无退刀槽的螺纹时,要特别注意螺纹的收尾在1/3圈左右,每次退刀要均匀一致,否则会撞到刀尖。

④车削螺纹时,应始终保持刀刃锋利。如中途换刀或磨刀后,必须重新对刀以防乱扣,并重新调整中滑板的刻度。

⑤粗车螺纹时,要留适当的精车余量。

6.4　车削工程训练

工程训练项目5　车小锤柄零件

车削如图6.32所示的小锤柄零件。通过小锤柄车削训练,熟悉工件的装夹方法,能安全、正确地使用车床;掌握车端面、外圆、切槽、滚花等基本操作方法。

(1)实训器材

CE6140车床,钢直尺、游标卡尺,45°右偏刀、90°直角刀、网纹滚花刀、2 mm切槽刀。

(2)**准备工作**

①润滑车床,准备工、夹、量、刀具。

②准备毛坯材料($\phi22\times253$ mm 钢棒料)。

③读懂零件图,如图 6.32 所示;对零件进行工艺分析。

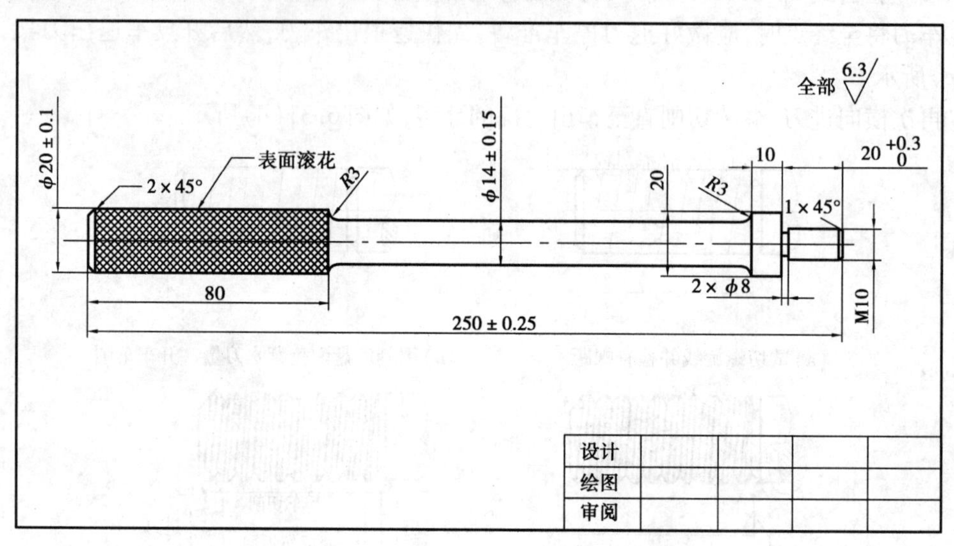

图 6.32　小锤柄零件图

(3)**实训操作**

实训操作过程见表 6.3。

表6.3 小锤柄零件的机械加工步骤示例表

机械加工工艺过程卡	零件名称	小锤柄	材料		45	
	坯料种类	圆钢	生产类型		单件	
步骤	示意图	加工内容	设备	夹具	刀具	量具
步骤1：下料	253±2；$\phi22$	下料 $\phi22\times$253mm	J3GD-400型材切割机	平口钳	400mm锯片	300mm钢直尺
步骤2：车一端面，打中心孔	250.5^{+2}_{0}；6.3；GB/T 4559.5-A2.5/5.3	车端面见平，保证表面粗糙度达到 R_a6.3 μm，加工精度要求达到IT12级；打中心孔	CE6140	三爪卡盘	YT15硬质合金45°车刀；中心钻	300mm钢直尺
步骤3：车另一端面，打中心孔、车 $\phi20$ 外圆、倒角	250±0.25；$\phi20^{-0.1}_{-0.2}$；6.3；GB/T 4559.5-A2.5/5.3；2×45°	车另一端面，保证总长250 mm，表面粗糙度达到 R_a6.3 μm，加工精度要求达到IT12级；打另一中心孔；一夹一顶，车一端外圆至 $\phi20$mm，并划30mm线；调头，一夹一顶，车另一端外圆至 $\phi20$mm，并划80mm线；倒角 $C2$	CE6140	三爪卡盘、活顶尖	YT15硬质合金45°车刀；中心钻	300mm钢直尺、游标卡尺

续表

步　骤	示意图	加工内容	设　备	夹　具	刀　具	量　具
步骤 4：车 $\phi14$ 外圆、修 $R3$ 圆角	6.3; 80; R3; $14^{+0.15}_{-0.15}$; R3; 30	一夹一顶，粗车外圆至 $\phi14.5$ mm；一夹一顶，精车外圆至图纸尺寸要求；修两边 $R3$ 圆角	CE6140	三爪卡盘、活顶尖	YT15 硬质合金 45°车刀；$R3$ 圆弧刀	300mm 钢直尺、游标卡尺
步骤 5：车 $\phi10$ 外圆、倒角	6.3; $20^{+0.3}_{0}$; 1×45°; $9.8^{+0.05}_{0}$	粗车外圆至 $\phi10.2$mm；精车外圆至图纸尺寸要求；倒角 $C1$	CE6140	三爪卡盘	YT15 硬质合金 90°，45°车刀	300mm 钢直尺、游标卡尺
步骤 6：车槽	6.3; 2×ϕ8	车 2 × $\phi8$ 退刀槽	CE6140	三爪卡盘	2mm 切槽刀	游标卡尺
步骤 7：滚花	表面滚花	$\phi20$ × 80mm 外圆网纹滚花	CE6140	三爪卡盘	网纹滚花刀	游标卡尺

步骤 8：套螺纹	M10	检查圆杆直径（$d=D-0.13P$）；套 M10 螺纹	板牙架	平口钳	M10 板牙	游标卡尺
步骤 9：去毛刺、清洗		去除零件毛刺、氧化皮；清洗锤柄，并加润滑油防锈		平口钳	锉刀、纱布	游标卡尺
步骤 10：终检	全部 6.3 $\phi 20 \pm 0.1$ 2×45° 表面滚花 R3 $\phi 14 \pm 0.15$ 20 R3 10 $20^{+0.3}_{0}$ 1×45° 80 250±0.25 2×ϕ8 M10	检查零件是否符合要求				300mm 钢直尺、游标卡尺
评语：						
备注：						

工程训练项目6　车短轴零件

车削如图6.33所示的短轴零件。通过短轴车削训练，熟悉工件装夹方法，能安全、正确地使用车床；掌握车端面、外圆、切槽和切断的基本操作方法。

（1）**实训器材**

CE6140车床，钢直尺、游标卡尺，45°右偏刀、3 mm切槽刀。

（2）**准备工作**

①润滑车床，准备工、夹、量、刀具；

②准备毛坯材料（$\phi30\times65$ mm钢棒料）。

③读懂零件图，如图6.32所示；对零件进行工艺分析。

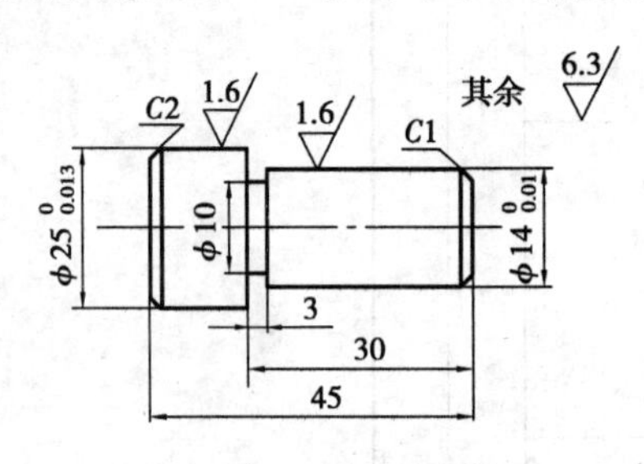

图6.33　短轴零件图

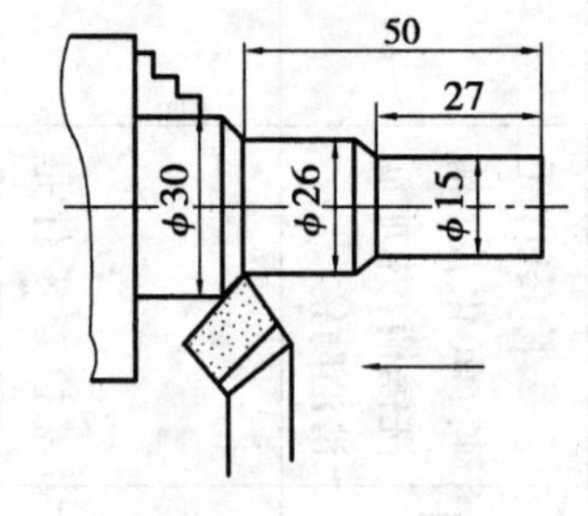

图6.34　粗车外圆

（3）**实训操作**

①粗车外圆：用三爪卡盘夹持坯料，伸出长度55 mm左右，用45°右偏刀车端面见平，粗车外圆至$\phi26\times50$ mm，粗车外圆至$\phi15\times27$ mm，如图6.34所示。

②精车外圆：精车第一段外圆至$\phi14^{\ 0}_{-0.01}$ mm，精车第二段外圆至$\phi25^{\ 0}_{-0.03}$ mm，并倒角$C1$，如图6.35所示。

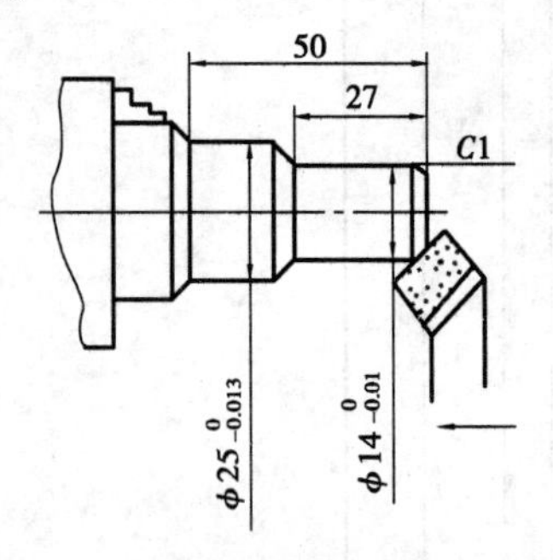

图6.35　精车外圆

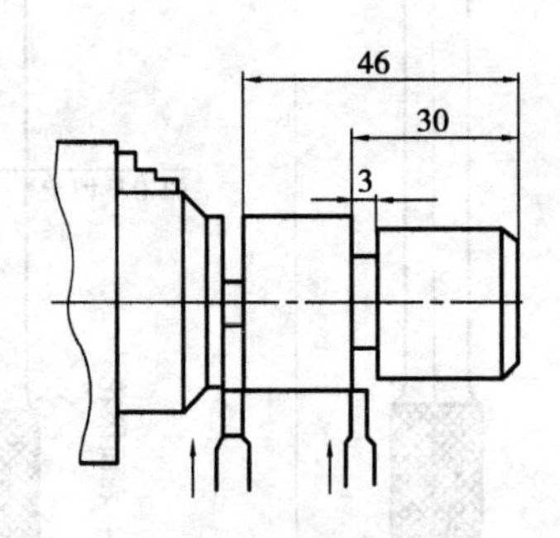

图6.36　切槽和切断

③切槽和切断：用切槽刀切槽至$\phi10$ mm、槽宽3 mm，槽边至第一段顶端总长30 mm，再用切槽刀切断工件，工件长度为46 mm，如图6.36所示。

④车端面和倒角：用三爪卡盘夹持$\phi25$ mm处车端面，保证工件长度为45 mm，并倒角$C2$。

⑤去毛刺。

⑥检查各尺寸合格后卸下工件。

工程训练项目7　车螺杆零件

车削如图6.37所示的螺杆零件。通过螺杆车削训练，做到安全、正确、熟练地操作车床；

熟练进行工件装夹，掌握车端面、车外圆、车槽、车成型面、车螺纹的基本操作方法；掌握螺纹环规的使用方法。

(1)**实训器材**

CE6140车床，钢直尺、游标卡尺、千分尺，45°右偏刀、90°右偏刀、切槽刀，角度样板、螺纹环规。

(2)**准备工作**

①润滑车床，准备工、夹、量、刀具等。

②准备毛坯材料(45钢 $\phi40 \times 145$ mm棒料)。

③读懂零件图，如图6.37所示；对零件进行工艺分析。

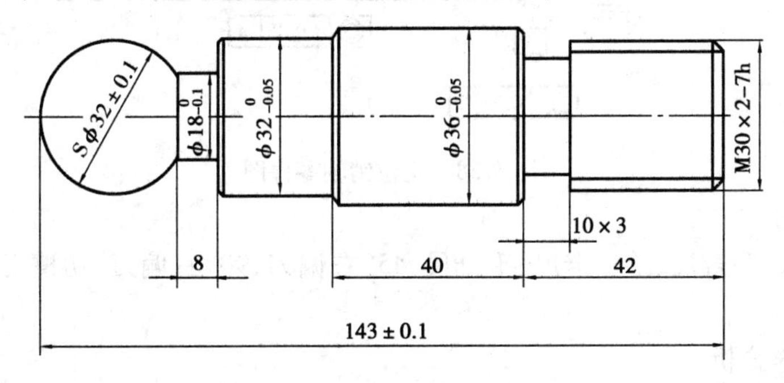

图6.37　螺杆零件图

技术要求

1. 未注公差按IT14加工；

2. 球部分不允许使用成形车刀及锉刀；

3. 圆球若用样板检验，间隙小于0.1 mm；

4. 未注倒角均为1×45°

材料：45钢 $\phi40 \times 145$ mm

(3)**实训操作**

①用三爪卡盘夹持毛坯外圆，伸出长度不少于60 mm，校正并夹紧。

②车端面。

③车外圆至 $\phi38$ mm，长44 mm。

④掉头装夹车外圆至 $\phi33$ mm，长61 mm。

⑤车槽 $\phi18$ mm，宽8 mm，并保证圆球长度。

⑥精车外圆、槽到零件图尺寸。

⑦用圆头车刀粗车、精车球面至 $S\phi32 \pm 0.01$ mm。

⑧清角，修整。

⑨掉头装夹，车外圆、车螺纹M30×2至尺寸。

⑩检查。

工程训练项目8　车定位销轴

车削如图6.38所示的定位销轴零件。通过定位销轴车削训练，做到安全、正确、熟练地操作车床；熟练进行工件装夹，掌握在车床上钻中心孔、车端面、车外圆、车槽、车椎体、滚花的基本操作方法。

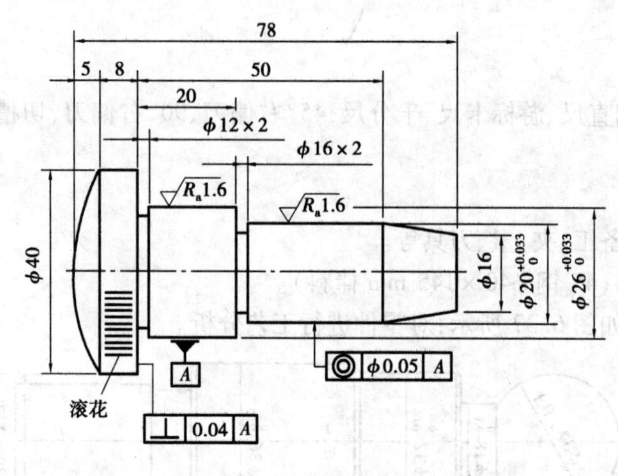

图 6.38　定位销轴零件图

(1)实训器材

CE6140 车床,钢直尺、游标卡尺、千分尺,45°右偏刀、90°右偏刀、切槽刀、滚花刀,万能角度尺。

(2)零件图样分析

①图 6.38 中,以尺寸 $\phi26^{+0.033}_{0}$ mm 轴心线为基准,$\phi20^{+0.033}_{0}$ mm 尺寸与基准的同轴度要求为 $\phi0.05$ mm。

②外径 $\phi40$ mm 的圆柱右端面与 $\phi26^{+0.033}_{0}$ mm 轴心线垂直度公差为 0.04。

③$\phi40$ mm 的圆柱表面带滚花,左端面带 $R=42.5$ mm 的圆弧,长度为 5 mm。

(3)零件工艺分析

①该轴结构简单,在单件小批量生产时,采用普通车床加工;若批量较大时,可采用专业较强的设备加工。

②由于该件长度较短,所以除单件下料外,可采用几件一组连下。在车床上加工时,车一端后,用切刀切下,加工完一批后,再加工另一端。

③由于该轴有同轴度和垂直度要求,且没有淬火,可将车削作为最终工序。因此,将加工工序分为粗车、精车。为保证 $\phi26^{+0.033}_{0}$ mm 和 $\phi20^{+0.033}_{0}$ mm 的同轴度公差,这两个尺寸在精车时一次装夹车出。

(4)实训操作过程

定位销轴机械加工工艺过程卡见表 6.4。

表6.4 定位销轴机械加工工艺过程卡

<table>
<tr><td colspan="2" rowspan="2">机械加工
工艺过程卡</td><td>零件名称</td><td>定位销轴</td><td>材 料</td><td>45钢</td></tr>
<tr><td>坯料种类</td><td>圆 钢</td><td>生产类型</td><td>单 件</td></tr>
<tr><td>工序号</td><td>工步号</td><td colspan="2">工序内容</td><td>设 备</td><td>刀 具</td></tr>
<tr><td>10</td><td></td><td colspan="2">下料 $\phi42\times82$mm</td><td>型材
切割机</td><td></td></tr>
<tr><td rowspan="13">20</td><td>1</td><td colspan="2">夹坯料的外圆,伸出长度大于40 mm,车外圆 $\phi40$ mm,长度大于30 mm</td><td rowspan="13">CE6140
普通车床</td><td>45°右偏刀</td></tr>
<tr><td>2</td><td colspan="2">调头夹 $\phi40$ mm的外圆,校正,平端面</td><td>90°右偏刀</td></tr>
<tr><td>3</td><td colspan="2">钻中心孔</td><td>中心钻</td></tr>
<tr><td>4</td><td colspan="2">夹 $\phi40$ mm外圆,装夹长度小于15 mm,用活动顶尖顶中心孔。粗车 $\phi26^{+0.033}_{0}$ mm外圆至 $\phi27$ mm,长度保证64.5 mm</td><td>90°右偏刀</td></tr>
<tr><td>5</td><td colspan="2">车 $\phi20^{+0.033}_{0}$ mm外圆至尺寸 $\phi21$ mm,长度保证45 mm</td><td>90°右偏刀</td></tr>
<tr><td>6</td><td colspan="2">车退刀槽 $\phi22\times2$ mm</td><td>切槽刀</td></tr>
<tr><td>7</td><td colspan="2">车退刀槽 $\phi16\times2$ mm,保证尺寸20 mm</td><td>切槽刀</td></tr>
<tr><td>8</td><td colspan="2">车椎体,保证尺寸50 mm</td><td>90°右偏刀</td></tr>
<tr><td>9</td><td colspan="2">精车 $\phi26^{+0.033}_{0}$ mm外圆尺寸至要求</td><td>90°右偏刀</td></tr>
<tr><td>10</td><td colspan="2">精车 $\phi20^{+0.033}_{0}$ mm外圆尺寸至要求</td><td>90°右偏刀</td></tr>
<tr><td>11</td><td colspan="2">调头,夹 $\phi20^{+0.033}_{0}$ mm外圆,注意在卡爪处垫铜片,保护已加工面。校正,平端面保证总长78 mm</td><td>90°右偏刀</td></tr>
<tr><td>12</td><td colspan="2">用手控制法车成型面至要求</td><td>45°右偏刀</td></tr>
<tr><td>13</td><td colspan="2">滚花</td><td>圆弧车刀</td></tr>
<tr><td>30</td><td></td><td colspan="2">检验</td><td></td><td>滚花刀</td></tr>
</table>

第 7 章

铣削加工

7.1 铣床结构(附件、夹具)

铣床有多种形式,并各有特点。按照结构和用途的不同,可分为卧式升降台铣床、立式升降台铣床、龙门铣床、仿形铣床、工具铣床及数控铣床等。其中,卧式升降台铣床和立式升降台铣床的通用性最强,应用也最广泛。这两类铣床的主要区别在于主轴轴心线相对于工作台水平和垂直安置。

7.1.1 铣床的型号

铣床的型号由表示该铣床所属的系列、结构特征、性能及主要技术规格等代号组成。

例如,图 7.1 所示的 X6132 铣床。

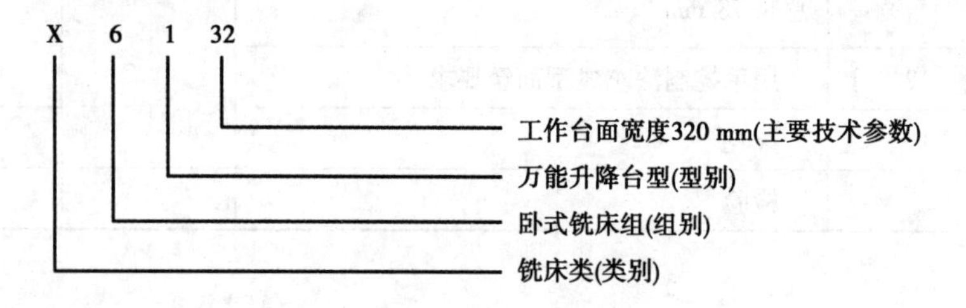

图 7.1 铣床型号示例

铣床种类虽然很多,但各类铣床的基本结构大致相同。现以 X6132 型万能升降台铣床为例(见图 7.2),介绍铣床各部分的名称、功用及操作方法。

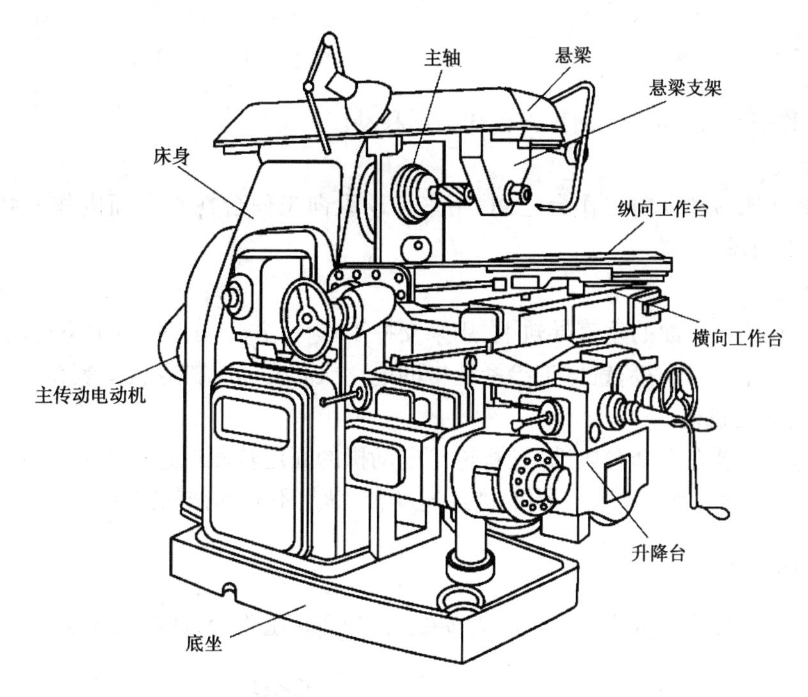

图7.2 X6132型万能升降台铣床

7.1.2 铣床的基本部件

(1)底座

底座是整部机床的支承部件,具有足够的强度和刚度。底座的内腔盛装切削液,供切削时冷却润滑。

(2)床身

床身是铣床的主体,铣床上大部分的部件都安装在床身上。床身的前壁有燕尾形的垂直导轨,升降台可沿导轨上下移动;床身的顶部有水平导轨,悬梁可在导轨上面水平移动;床身的内部装有主轴、主轴变速机构、润滑油泵等。

(3)悬梁与悬梁支架

悬梁的一端装有支架,支架上面有与主轴同轴线的支承孔,用来支承铣刀轴的外端,以增强铣刀轴的刚性。悬梁向外伸出的长度可根据刀轴的长度进行调节。

(4)主轴

主轴是一根空心轴,前端有锥度为7∶24的圆锥孔,铣刀轴一端就安装在锥孔中。主轴前端面有两键槽,通过键联接传递扭矩,主轴通过铣刀轴带动铣刀作同步旋转运动。

(5)主轴变速机构

由主传动电动机(7.5 kW,1 450 r/min)通过带传动、齿轮传动机构带动主轴旋转,操纵床身侧面的手柄和转盘,可使主轴获得18种不同的转速。

(6)纵向工作台

纵向工作台用来安装工件或夹具,并带动工件作纵向进给运动。工作台上面有3条T形槽,用来安放T形螺钉以固定夹具和工件。工作台前侧面有一条T形槽,用来固定自动挡铁,控制铣削长度。

(7)**床鞍**

床鞍(也称横拖板)带动纵向工作台作横向移动。

(8)**回转盘**

回转盘装在床鞍和纵向工作台之间,用来带动纵向工作台在水平面内作 ±45°的水平调整,以满足加工的需要。

(9)**升降台**

升降台装在床身正面的垂直导轨上,用来支撑工作台,并带动工作台上下移动。升降台中下部有丝杠与底座螺母联接;铣床进给系统中的电动机和变速机构等就安装在其内部。

(10)**进给变速机构**

进给变速机构装在升降台内部,它将进给电动机的固定转速通过其齿轮变速机构,变换成18 级不同的转速,使工作台获得不同的进给速度,以满足不同的铣削需要。

7.1.3　铣床附件

铣床的主要附件有分度头、平口钳、万能铣头、和回转工作台,如图 7.3 所示。

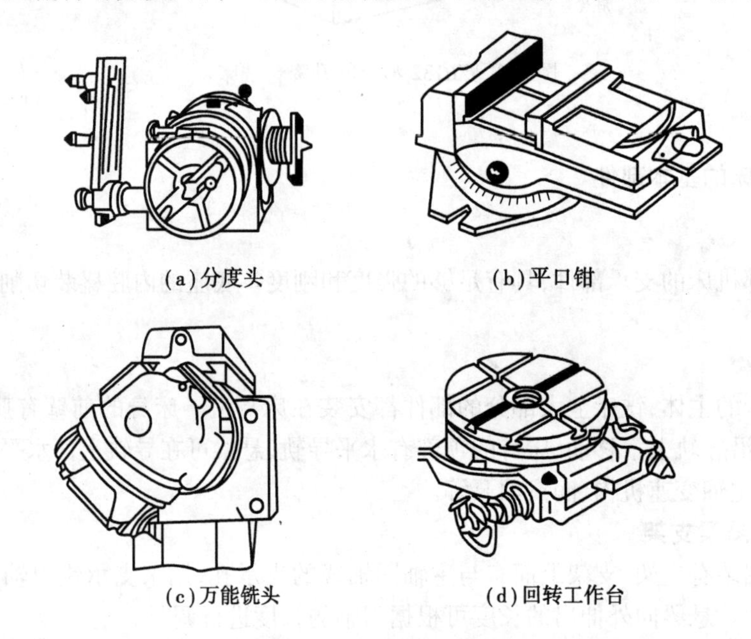

(a)分度头　(b)平口钳

(c)万能铣头　(d)回转工作台

图 7.3　铣床的主要附件

(1)**平口钳**

平口钳是一种通用夹具,经常用其安装小型工件。

(2)**万能铣头**

在卧式铣床上装上万能铣头,不仅能完成各种立铣的工作,而且还可根据铣削的需要,把铣头主轴扳成任意角度。

万能铣头的底座用螺栓固定在铣床的垂直导轨上。铣床主轴的运动通过铣头内的两对锥齿轮传到铣头主轴上。铣头的壳体可绕铣床主轴轴线偏转任意角度。铣头主轴的壳体还能在铣头壳体上偏转任意角度。因此,铣头主轴就能在空间偏转成所需要的任意角度。

(3)**回转工作台**

回转工作台又称为转盘、平分盘、圆形工作台等。它的内部有一套蜗轮蜗杆。摇动手轮，通过蜗杆轴，就能直接带动与转台相联接的蜗轮转动。转台周围有刻度，可用来观察和确定转台位置，拧紧固定螺钉，转台就固定不动。转台中央有一孔，利用它可方便地确定工件的回转中心。当底座上的槽和铣床工作台的T形槽对齐后，即可用螺栓把回转工作台固定在铣床工作台上。

铣圆弧槽时，工件安装在回转工作台上，铣刀旋转，用手均匀、缓慢地摇动回转工作台而使工件铣出圆弧槽。

(4)**分度头**

在铣削加工中，常会遇到铣六方、齿轮、花键及刻线等工作。这时，就需要利用分度头分度。因此，分度头是万能铣床上的重要附件。应用最广泛的分度头是万能分度头。

万能分度头的功用如下：

①能使工件实现绕自身的轴线周期地转动一定的角度(即进行分度)。

②利用分度头主轴上的卡盘夹持工件，使被加工工件的轴线，相对于铣床工作台在向上90°和向下10°的范围内倾斜成需要的角度，以加工各种位置的沟槽、平面等(如铣圆锥齿轮)。

③与工作台纵向进给运动配合，通过配换挂轮，能使工件连续转动，以加工螺旋沟槽、斜齿轮等。

7.2 铣削加工基本知识

7.2.1 铣削用量

铣削时的铣削用量由切削速度、进给量、背吃刀量(铣削深度)及侧吃刀量(铣削宽度)四要素组成。其铣削用量如图7.4所示。

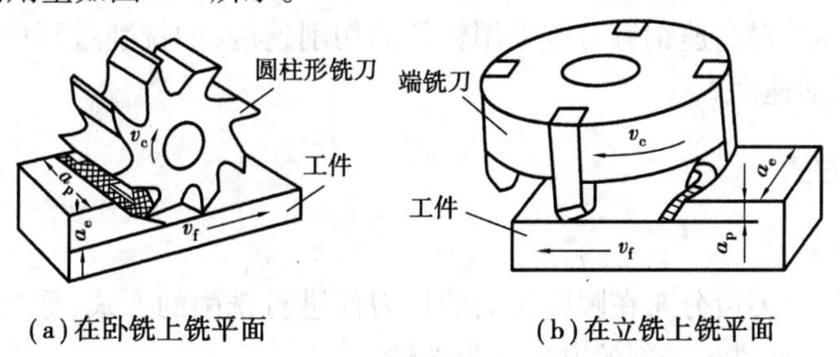

(a)在卧铣上铣平面　　(b)在立铣上铣平面

图7.4

(1)**切削速** v_c

切削速度 v_c 即铣刀最大直径处的线速度，可计算为

$$v_c = \frac{\pi d n}{1\ 000}$$

式中　v_c——切削速度，m/min；

d——铣刀直径，mm；

n——铣刀每分钟转数，r/min。

(2)**进给量f**

铣削时,工件在进给运动方向上相对刀具的移动量即为铣削时的进给量。由于铣刀为多刃刀具,计算时按单位时间不同,有以下3种度量方法:

①每齿进给量f_z(mm/z)。是指铣刀每转过一个刀齿时,工件对铣刀的进给量(即铣刀每转过一个刀齿,工件沿进给方向移动的距离),其单位为每齿mm/z。

②每转进给量f。是指铣刀每一转,工件对铣刀的进给量(即铣刀每转,工件沿进给方向移动的距离),其单位为mm/r。

③每分钟进给量v_f。又称进给速度,是指工件对铣刀每分钟进给量(即每分钟工件沿进给方向移动的距离),其单位为mm/min。上述三者的关系为

$$v_f = f_n = f_z zn$$

式中 z——铣刀齿数;

n——铣刀每分钟转速,r/min。

(3)**背吃刀量(又称铣削深度a_p)**

背吃刀量又称铣削深度,为平行于铣刀轴线方向测量的切削层尺寸(切削层是指工件上正被刀刃切削着的那层金属),单位为mm。因周铣与端铣时相对于工件的方位不同,故铣削深度的标示也有所不同。

(4)**侧吃刀量**

侧吃刀量又称铣削宽度a_e,是垂直于铣刀轴线方向测量的切削层尺寸,单位为mm。

7.2.2 铣削用量选择的原则

通常粗加工为了保证必要的刀具耐用度,应优先采用较大的侧吃刀量或背吃刀量,其次是加大进给量,最后才是根据刀具耐用度的要求选择适宜的切削速度。这样选择是因为切削速度对刀具耐用度影响最大,进给量次之,侧吃刀量或背吃刀量影响最小;精加工时为减小工艺系统的弹性变形,必须采用较小的进给量,同时为了抑制积屑瘤的产生。对于硬质合金铣刀应采用较高的切削速度,对高速钢铣刀应采用较低的切削速度,如铣削过程中不产生积屑瘤时,也应采用较大的切削速度。

7.2.3 铣削方式

(1)**周铣和端铣**

如图7.5所示,用刀齿分布在圆周表面的铣刀而进行铣削的方式,称为周铣;用刀齿分布在圆柱端面上的铣刀而进行铣削的方式称为端铣。

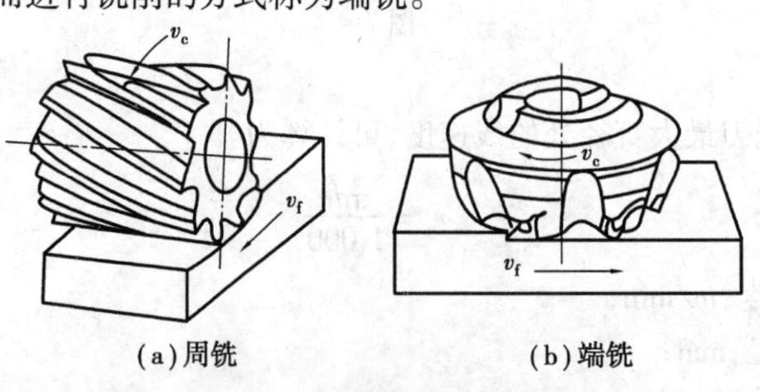

图7.5 周铣和端铣

与周铣相比，端铣铣平面时较为有利，因为：

①端铣刀的副切削刃对已加工表面有修光作用，能使粗糙度降低。周铣的工件表面则有波纹状残留面积。

②同时参加切削的端铣刀齿数较多，切削力的变化程度较小。因此，工作时振动较周铣为小。

③端铣刀的主切削刃刚接触工件时，切屑厚度不等于零，使刀刃不易磨损。

④端铣刀的刀杆伸出较短，刚性好，刀杆不易变形，可用较大的切削用量。由此可见，端铣法的加工质量较好，生产率较高，故铣削平面大多采用端铣。但是，周铣对加工各种形面的适应性较广，而有些形面（如成形面等）则不能用端铣。

（2）**逆铣和顺铣**

如图7.6所示，周铣有逆铣法和顺铣法之分。逆铣时，铣刀的旋转方向与工件的进给方向相反；顺铣时，则铣刀的旋转方向与工件的进给方向相同。逆铣时，切屑的厚度从零开始渐增。实际上，铣刀的刀刃开始接触工件后，将在表面滑行一段距离才真正切入金属。这就使得刀刃容易磨损，并增加加工表面的粗糙度。逆铣时，铣刀对工件有上抬的切削分力，影响工件安装在工作台上的稳固性。

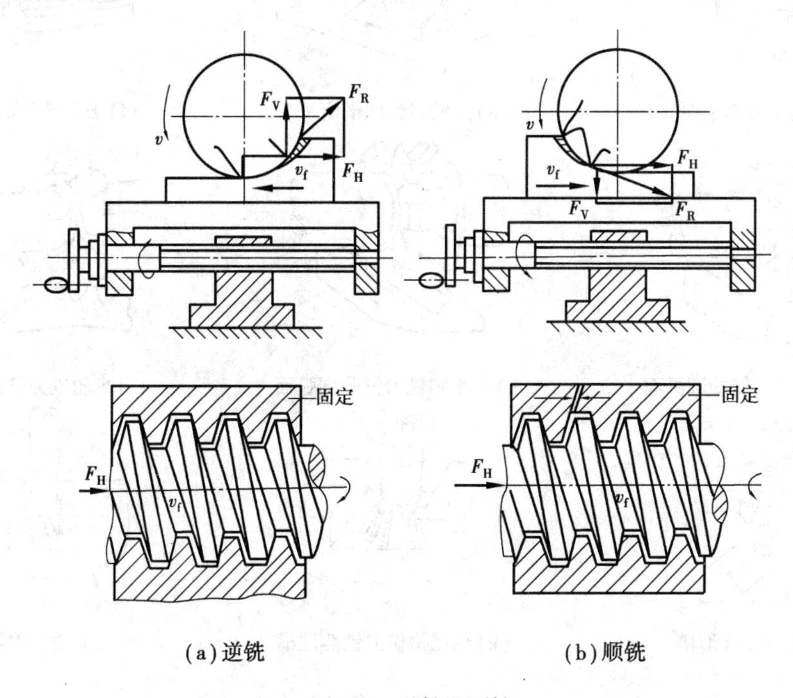

图7.6　逆铣和顺铣

顺铣则没有上述缺点。但是，顺铣时工件的进给会受工作台传动丝杠与螺母之间间隙的影响。因为铣削的水平分力与工件的进给方向相同，铣削力忽大忽小，就会使工作台窜动和进给量不均匀，甚至引起打刀或损坏机床。因此，必须在纵向进给丝杠处有消除间隙的装置才能采用顺铣。但一般铣床上是没有消除丝杠螺母间隙的装置，只能采用逆铣法。另外，对铸锻件表面的粗加工，顺铣因刀齿首先接触黑皮，将加剧刀具的磨损，此时，也是以逆铣为妥。

7.2.4 铣削的加工范围

铣床的加工范围很广,可加工平面、斜面、垂直面、各种沟槽及成形面(如齿形),如图7.7所示。它还可进行分度工作。有时孔的钻、镗加工,也可在铣床上进行,如图7.8所示。铣床的加工精度一般为IT9—IT8;表面粗糙度一般为R_a6.3～1.6 μm,可以“以铣代磨”。

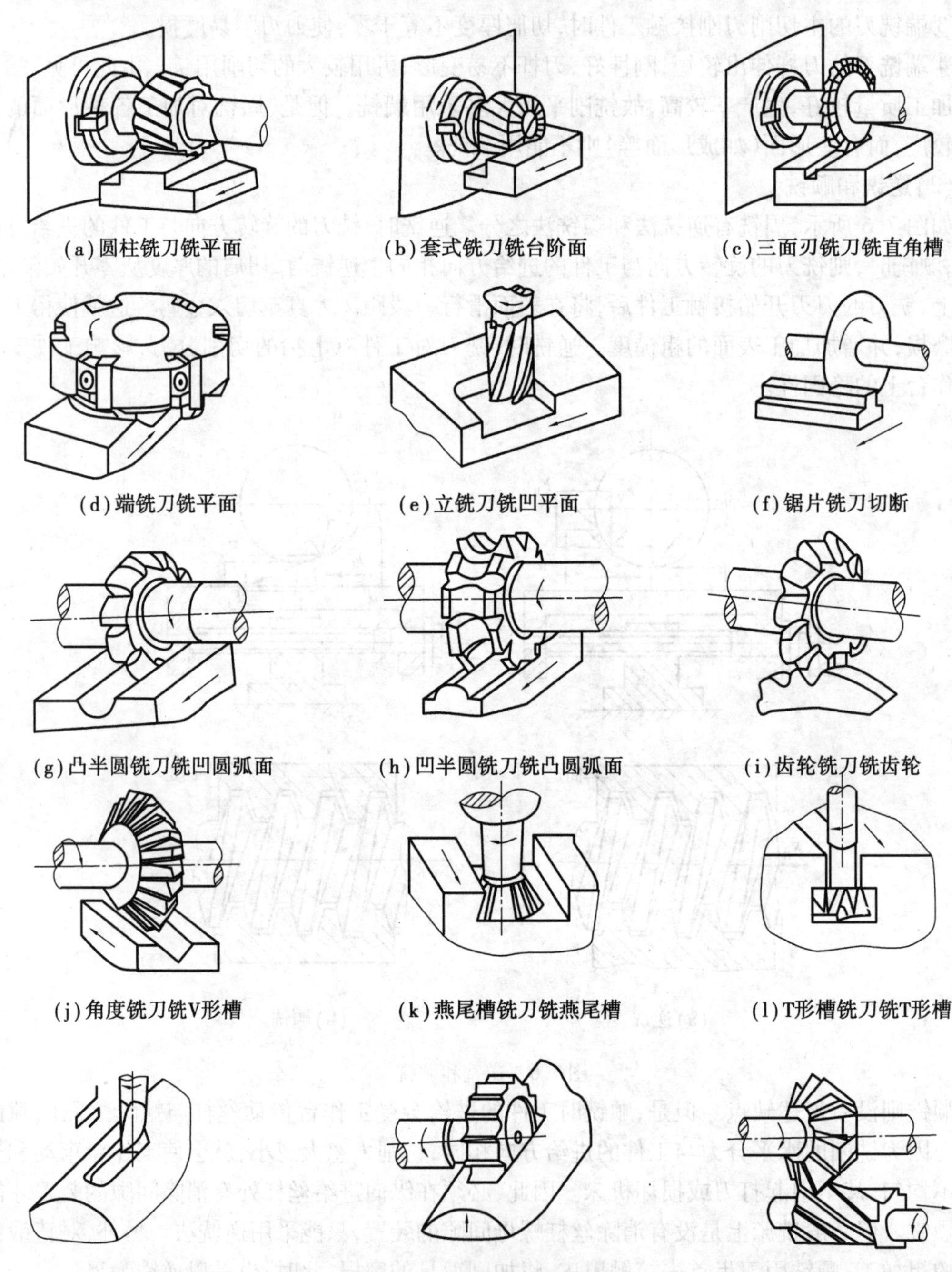

(a)圆柱铣刀铣平面　(b)套式铣刀铣台阶面　(c)三面刃铣刀铣直角槽

(d)端铣刀铣平面　(e)立铣刀铣凹平面　(f)锯片铣刀切断

(g)凸半圆铣刀铣凹圆弧面　(h)凹半圆铣刀铣凸圆弧面　(i)齿轮铣刀铣齿轮

(j)角度铣刀铣V形槽　(k)燕尾槽铣刀铣燕尾槽　(l)T形槽铣刀铣T形槽

(m)键槽铣刀铣键槽　(n)半圆键槽铣刀铣半圆键槽　(o)角度铣刀铣螺旋槽

图7.7　铣削加工的应用范围

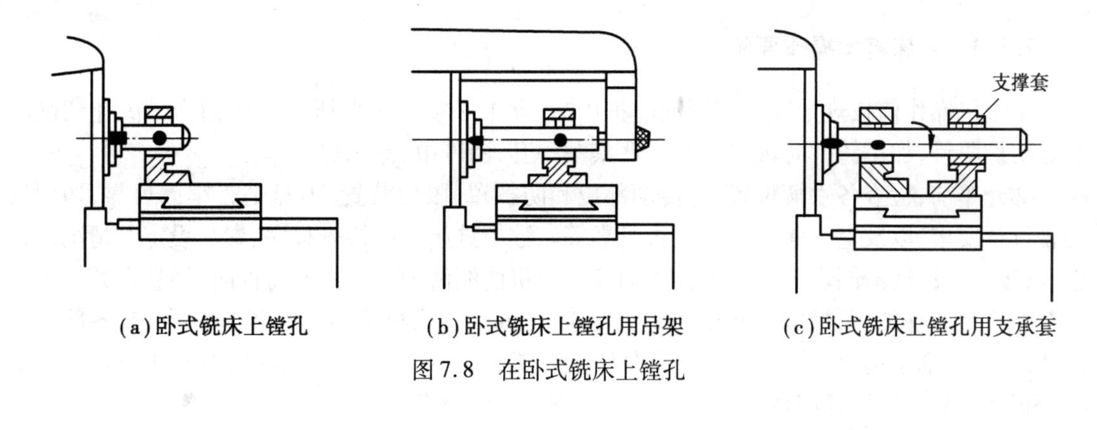

(a)卧式铣床上镗孔　(b)卧式铣床上镗孔用吊架　(c)卧式铣床上镗孔用支承套

图7.8　在卧式铣床上镗孔

7.3　铣床操作

7.3.1　主轴变速操作

将各进给手柄及锁紧手柄放在空位,练习主轴的启动、停止及主轴变速。先将变速手柄向下压,使手柄的榫块自槽1内滑出,并迅速转至最左端,直到榫块进入槽2内,然后转动转速盘,使盘上的某一数值与指针对准,再将手柄下压脱出槽2,迅速向右转回,快到原来位置时慢慢推上,完成变速,如图7.9所示。转速盘上有30~1 500 r/min共18种转速。

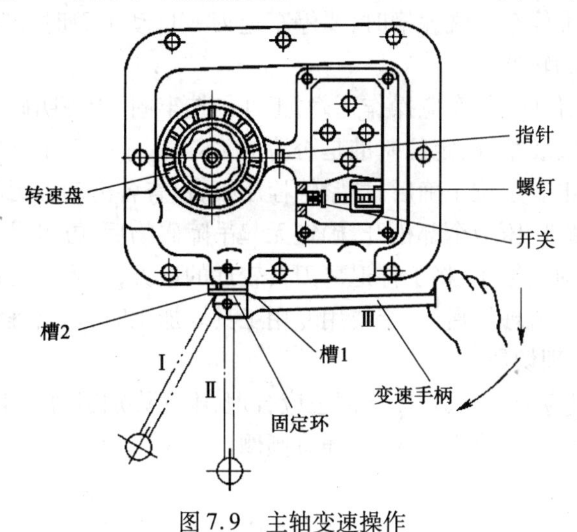

图7.9　主轴变速操作

7.3.2　手动进给操作

用手分别摇动纵向工作台、床鞍和升降台手柄,做往复运动,并试用各工作台锁紧手柄。分别顺时针、逆时针转动各手柄时,观察工作台的移动方向。控制纵向、横向移动的螺旋传动的丝杠导程为6 mm,即手柄每转一圈,工作台移动6 mm,每转一格,工作台移动0.05 mm。升降台手柄每转一圈,工作台移动2 mm,每转一格,工作台移动0.05 mm。

7.3.3 铣床基本操作要领

①上机操作前按规定穿戴好劳动防护用品，女工必须将头发压入工作帽内。高速切削时戴好防护眼镜，加工铸件时戴好口罩。严禁戴手套、围围巾、穿围裙操作。

②开车前，检查各手柄位置、各传动部位和防护罩、限位装置、刀盘是否牢固可靠，切削液是否符合要求，以及电气保护接零是否可靠等。数控铣床还应检查程序、参数设定等情况。检查后，按本机床润滑图表规定的部位和油量进行班前润滑加油。加工铸件时，导轨严禁涂油。

③检查和加油后，操作者开车低速空转 3 ~ 5 min，检查机床运行有无异常声响，各部位润滑情况，润滑油位情况，操纵手柄是否灵活，连锁机构是否正常可靠，手柄、手轮牙嵌式离合器是否正常。数控铣床还应按加工程序进行全程空运行检查。

④加工操作时，精神要集中，严禁和他人谈话。严禁自动走刀时离岗；不准开车变速；不准超规范使用；不准随意拆除机械限位；不准在导轨上放置物品；不准私装多余装置；不准以绳或铁丝栓手柄进行操纵加工。离开机床时，必须停车。时间长时，应关闭电源。

⑤装夹铣刀时，工作台面应垫木板。检查刀具锥柄应锥度正确、清洁无毛刺。装夹时，用力应均匀，装夹牢固可靠，并随时检查有无松动。

⑥装夹工件时，工件必须紧固可靠。

⑦工作时，操作者必须站在铣刀切削方向侧面，防止刀具、工件、切屑迸溅伤人。切屑飞溅时，机床周围应设挡屑板。

⑧快速进退刀时，必须注意手柄、手轮有无误动和工作台面运动情况。对刀时，必须手摇进刀。正在走刀时，不准停车。铣深槽时，要停车退刀。自动走刀时，应根据工件和铣刀的材料，选择适当的进刀量和转速。

⑨龙门铣装夹大工件时，吊车应操作正确，工件吊挂牢固，指挥明确，仔细检查工作台上是否有障碍物，模具是否安装牢固，定位基准是否清洁，不得用手扶持工件底部。落下时，使用慢速，不准对机床产生冲击。定位正确后，拧紧螺栓压板，检查各滑动面无障碍物后，方可进行加工。加工完毕，必须将螺栓压板全部松开，确定无起吊障碍物后，方可吊下工件。

⑩测量工件时，必须先停车，将工件退离刀具较远的地方，再测量工件。

⑪加工时，严禁用手清理切屑，一定要用专用工具。加工时，切屑堆积过多，应及时停车清理。严禁用压缩空气清理切屑。

⑫切削液冷却流量应调整合适，冷却部位应合理，不允许加工时产生飞溅。变质切削液应及时清理收集后，送单位定点收集处，严禁随意倾倒。

7.4 铣削加工工程训练

工程训练项目 9 长方体铣削加工

长方体铣削是很多加工的前步骤，其中涉及夹紧力、加紧方式以及尺寸、平面度、垂直度的测量与保证。把长方体铣削作为工程训练项目具有很好的实际意义。

铣平面可用圆柱铣刀、端铣刀或三面刃盘铣刀在卧式铣床或立式铣床上进行铣削。

(1)用端铣刀铣平面

端铣刀一般用于立式铣床上铣平面,有时也用于卧式铣床上铣侧面。

端铣刀一般中间带有圆孔。通常先将铣刀装在短刀轴上,再将刀轴装入机车的主轴上,并用拉杆螺栓拉紧。

用端铣刀铣平面与用圆柱铣刀铣平面相比,其特点是:切削厚度变化较小,同时切削的刀齿较多,因此切削比较平稳;再则端铣刀的主切削刃担负着主要的切削工作,而副切削刃又有修光作用,所以表面光整;此外,端铣刀的刀齿易于镶装硬质合金刀片,可进行高速铣削,且其刀杆比圆柱铣刀的刀杆短些,刚性较好,能减少加工中的振动,有利于提高铣削用量。因此,端铣既提高了生产率,又提高了表面质量,所以在成批大量生产中,端铣已成为加工平面的主要方式之一。

(2)用圆柱铣刀铣平面

圆柱铣刀一般用于卧式铣床铣平面。

铣平面用的圆柱铣刀,一般为螺旋齿圆柱铣刀。铣刀的宽度必须大于所铣平面的宽度。螺旋线的方向应使铣削时所产生的轴向力将铣刀推向主轴轴承方向。

圆柱铣刀通过长刀杆安装在卧式铣床的主轴上,刀杆上的锥柄与上轴上的锥孔相配,并用一拉杆拉紧,刀杆上的键槽与主轴上的方键相配,用来传递动力。安装铣刀时,先在刀杆上装几个垫圈,然后装上铣刀。应使铣刀切削刃的切削方向与主轴旋转方向一致,同时铣刀还应尽量装在靠近床身的地方。再在铣刀的另一侧套上垫圈,然后用手轻轻旋上压紧螺母。再安装吊装,使刀杆前端进入吊架轴承内,拧紧吊架的紧固螺钉,然后拧紧刀杆螺母,将铣刀夹紧在刀杆上。

(3)操作方法

根据工艺卡的规定调整机床的转速和进给量,再根据加工余量的多少来调整铣削深度,然后开始铣削。铣削时,先用手动使工作台纵向靠近铣刀,而后改为自动进给:当进给行程尚未完毕时不要停止进给运动,否则铣刀在停止的地方切入金属就比较深,形成表面深啃现象:铣削铸铁时不加切削液(因铸铁中的石墨可起润滑作用:铣削钢料时要用切削液,通常用含硫矿物油作切削液)。

用螺旋齿铣刀铣削时,同时参加切削的刀齿数较多,每个刀齿工作时都是沿螺旋线方向逐渐地切入和脱离工作表面,切削比较平稳。在单件小批生产的条件下,用圆柱铣刀在卧式铣床上铣平面仍是常用的方法。

(4)注意事项

影响垂直面和平行面加工质量的因素有垂直面的垂直度、平行面的平行度、平行面之间的尺寸精度。

1)保证垂直度和平行度的注意事项

①夹紧力不能过大,否则会造成工件变形,使加工平面与基准面不垂直或不平行。

②端铣时,要注意机用虎钳固定钳口的校正,否则会影响加工端面与基准面的垂直度。

③周铣时,要注意铣刀本身的形状误差或平行垫铁是否平行,否则会影响加工平面与基准面的垂直度或平行度。

2)保证平行面之间尺寸精度的注意事项

①工件在单件生产时,一般都采用"铣削→测量→铣削"的循环进行,一直到尺寸准确为

止。需要注意的是,在粗铣时对铣刀抬起或偏让量与精铣时不相等,在控制尺寸时要考虑这个因素。

②当尺寸精度的要求较高时,则需在粗铣后再进行一次半精铣,余量以 0.5 mm 左右为宜,再根据余量决定精铣时工件台上升的距离。在上升工作台时,可借助百分表来控制移动量。

③粗铣或半精铣后测量工件尺寸时,在条件允许的情况下,最好不把工件拆下,而在工作台上测量。

长方体零件图如图 7.10 所示。

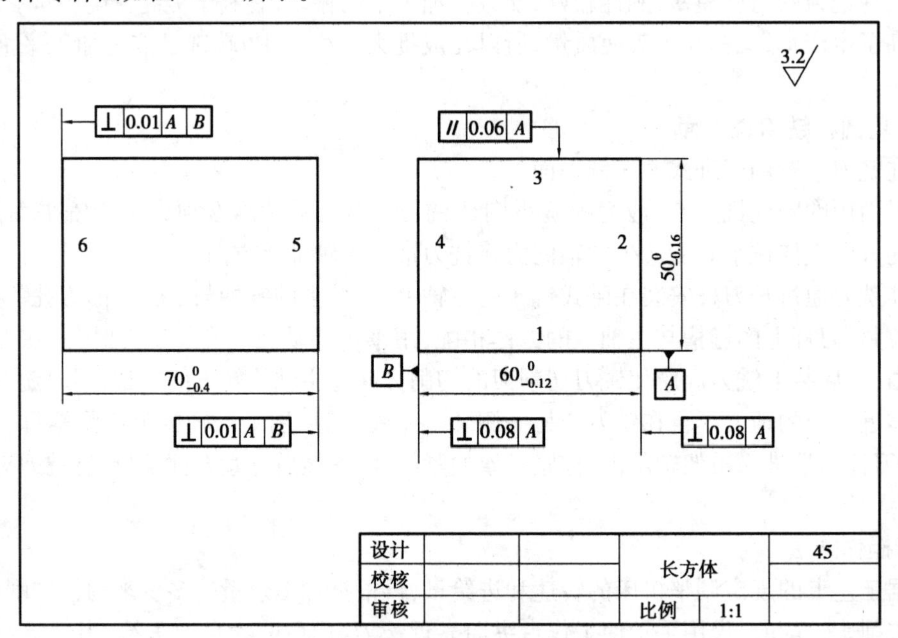

图 7.10 长方体零件图

长方体铣削加工实训操作过程见表 7.1。

表 7.1 长方体铣削加工实训操作过程

机械加工工艺过程卡	零件名称	长方体		材 料	45	
	坯料种类	方 钢		生产类型	单 件	
步 骤	示意图	加工内容	设 备	夹 具	刀 具	量 具
步骤 1:装夹	1 平行垫铁		XW5032	平口台虎钳	ϕ100 齿数为 4 的硬质合金端铣刀,材料为 YT15	千分尺、高度游标卡尺

续表

步　骤	示意图	加工内容	设　备	夹　具	刀　具	量　具
步骤2:粗铣面1	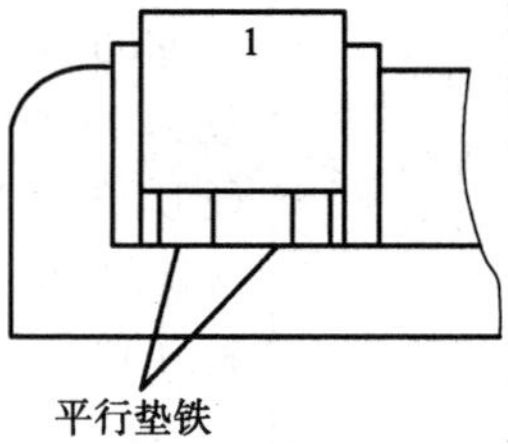	v_f = 205 mm/min, n = 300 r/min,加工面1,留0.5的精铣余量	XW5032	平口台虎钳	ϕ100齿数为4的硬质合金端铣刀,材料为YT15	千分尺、高度游标卡尺
步骤3:粗铣面2	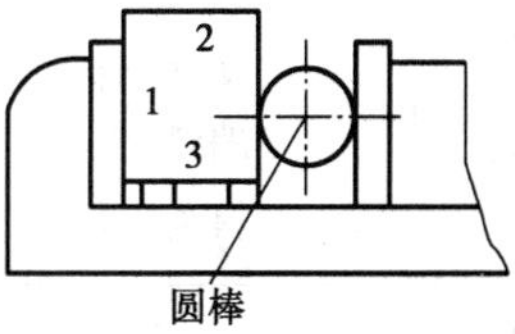	v_f = 205 mm/min, n = 300 r/min,加工面2,留0.5的精铣余量	XW5032	平口台虎钳	ϕ100齿数为4的硬质合金端铣刀材料为YT15	千分尺、高度游标卡尺
步骤4:粗铣面3	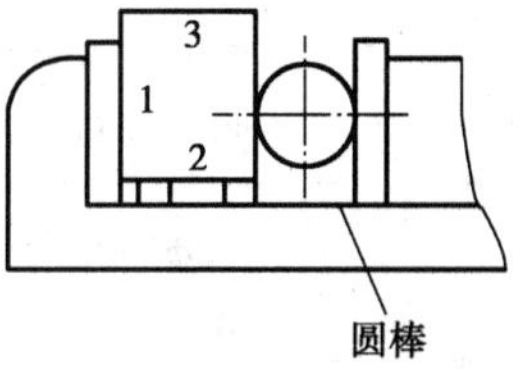	v_f = 205 mm/min, n = 300 r/min,加工面3,留0.5的精铣余量	XW5032	平口台虎钳	ϕ100齿数为4的硬质合金端铣刀,材料为YT15	千分尺、高度游标卡尺
步骤5:粗铣面4	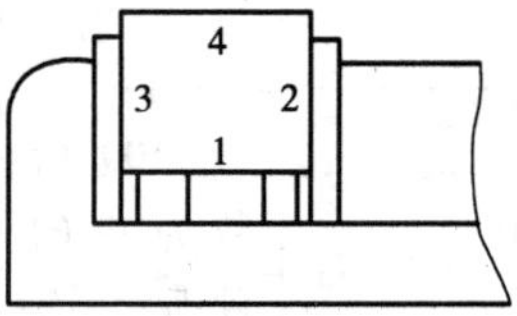	v_f = 205 mm/min, n = 300 r/min,加工面4,留0.5的精铣余量	XW5032	平口台虎钳	ϕ100齿数为4的硬质合金端铣刀,材料为YT15	千分尺、高度游标卡尺
步骤6:粗铣面5	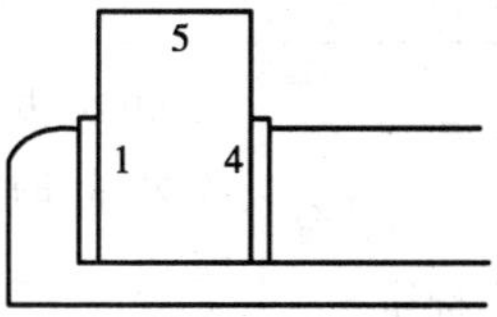	v_f = 205 mm/min, n = 300 r/min,加工面5,留0.5的精铣余量	XW5032	平口台虎钳	ϕ100齿数为4的硬质合金端铣刀,材料为YT15	千分尺、高度游标卡尺
步骤7:粗铣面6	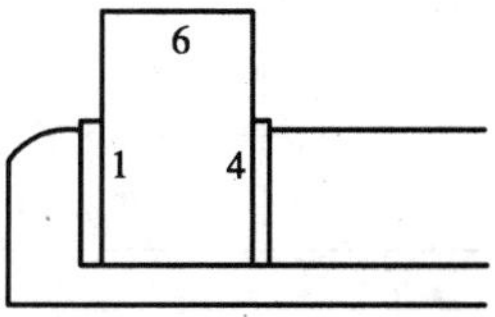	v_f = 205 mm/min, n = 300 r/min,加工面6,留0.5的精铣余量	XW5032	平口台虎钳	ϕ100齿数为4的硬质合金端铣刀,材料为YT15	千分尺、高度游标卡尺

续表

步　骤	示意图	加工内容	设　备	夹　具	刀　具	量　具
步骤8:精铣面1	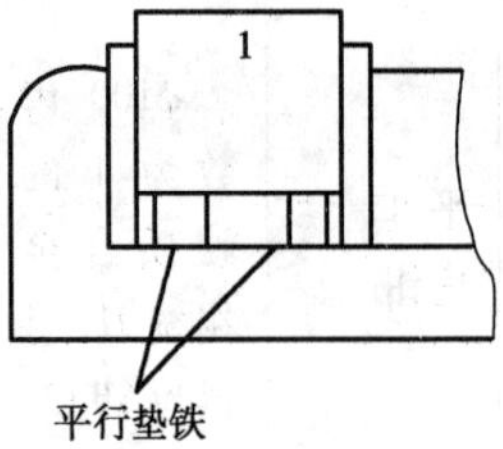 1 平行垫铁	$v_f=190$ mm/min, $n=475$ r/min,精铣面1	XW5032	平口台虎钳	$\phi100$齿数为4的硬质合金端铣刀,材料为YT15	千分尺、高度游标卡尺
步骤9:精铣面2	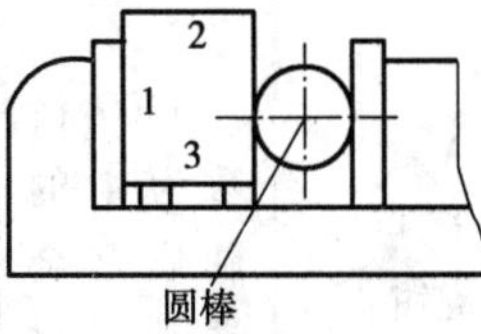 2 1 3 圆棒	$v_f=190$ mm/min, $n=475$ r/min,精铣面2	XW5032	平口台虎钳	$\phi100$齿数为4的硬质合金端铣刀,材料为YT15	千分尺、高度游标卡尺
步骤10:精铣面3	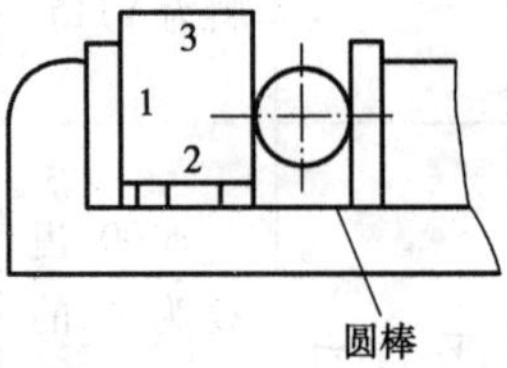 3 1 2 圆棒	$v_f=190$ mm/min, $n=475$ r/min,精铣面3	XW5032	平口台虎钳	$\phi100$齿数为4的硬质合金端铣刀,材料为YT15	千分尺、高度游标卡尺
步骤11:精铣面4	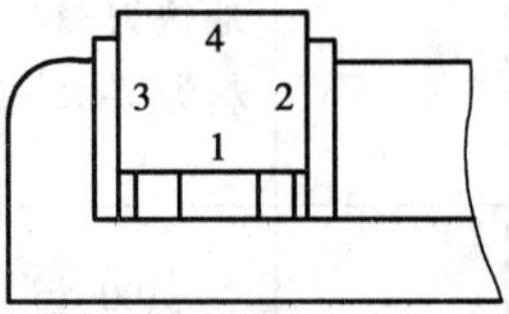 4 3 2 1	$v_f=190$ mm/min, $n=475$ r/min,精铣面4	XW5032	平口台虎钳	$\phi100$齿数为4的硬质合金端铣刀,材料为YT15	千分尺、高度游标卡尺
步骤12:精铣面5	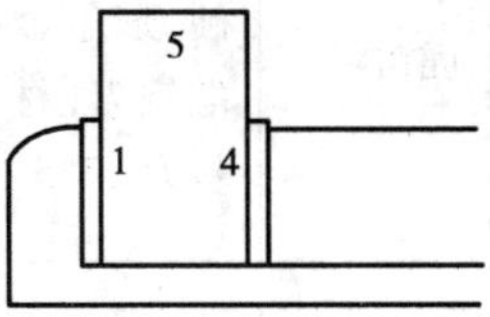 5 1 4	$v_f=190$ mm/min, $n=475$ r/min,精铣面5	XW5032	平口台虎钳	$\phi100$齿数为4的硬质合金端铣刀,材料为YT15	千分尺、高度游标卡尺
步骤13:精铣面6	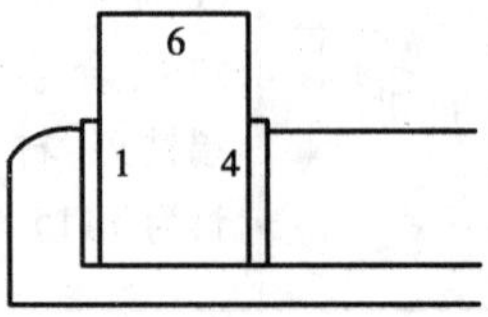 6 1 4	$v_f=190$ mm/min, $n=475$ r/min,精铣面6	XW5032	平口台虎钳	$\phi100$齿数为4的硬质合金端铣刀,材料为YT15	千分尺、高度游标卡尺
步骤14:检验						刀口直尺、千分尺
评语:						
备注:						

工程训练项目10　T形键铣削加工

铸铁T形槽平台又称T形槽平板,是一种表面带有T形槽的铸铁平板,用于装配、调试机械设备的铸铁平台,在几乎所有的机床上都有使用,T形键涉及机械常用零件的制造,在与T形槽配合过程起到很好的定位和固定作用,已成为机床工作平台的标准零件,把T形槽铣削作为工程训练能有效实际问题。

零件上的台阶通常可在卧式铣床上采用一把三面刃铣刀或组合三面刃铣刀铣削,或在立式铣床上采用不同刃数的立铣刀铣削。

(1)**三面刃铣刀铣台阶**

如图7.11所示为三面刃铣刀铣台阶。这种方法适宜加工台阶面较小的零件。采用这种方法时,应注意以下两方面:

1)校正铣床工作台零位

在用盘形铣刀加工台阶时,若工作台零位不准,铣出的台阶两侧将呈凹弧形曲面,且上窄下宽,使尺寸和形状不准。

2)校正机用虎钳

机用虎钳的固定钳口一定要校正到与进给方向平行或垂直;否则,钳口歪斜将加工出与工件侧面不垂直的台阶来。

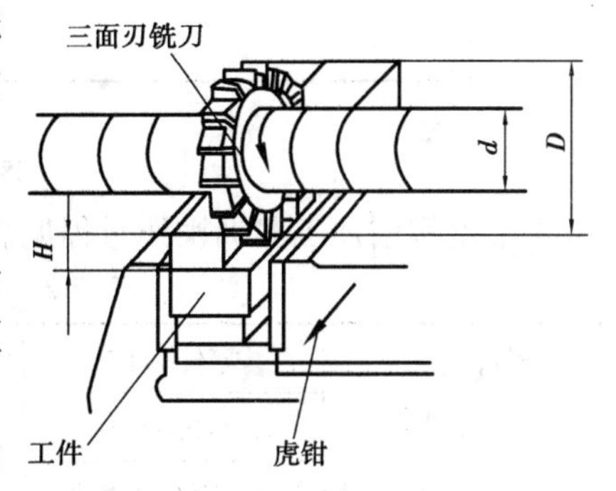

图7.11　三面刃铣刀铣台阶示意图

用三面刃铣刀铣台阶,三面刃铣刀的周刃起主要切削作用,而侧刃起修光作用。由于三面刃铣刀的直径较大,刀齿强度较高,便于排屑和冷却,能选择较大的切削用量,效率高,精度好。因此,通常采用三面刃铣刀铣台阶。批铣削双面台阶零件时,可用组合的三面刃铣刀。

(2)**立铣刀铣台阶**

铣削较深台阶或多级台阶时,可用立铣刀(主要有2齿、3齿、4齿)铣削。立铣刀周刃起主要切削作用,端刃起修光作用。由于立铣刀的外径通常都小于三面刃铣刀。因此,铣削刚度和强度较差,铣削用量不能过大;否则,铣刀容易加大“让刀”导致的变形,甚至折断。当台阶的加工尺寸及余量较大时,可采用分段铣削,即先分层粗铣掉大部分余量,并预留精加工余量,后精铣至最终尺寸。粗铣时,台阶底面和侧面的精铣余量选择范围通常在0.5~1.0 mm。精铣时,应首先精铣底面至尺寸要求,后精铣侧面至尺寸要求,这样可减小铣削力,从而减小夹具、工件、刀具的变形和振动,提高尺寸精度和表面粗糙度。

T形键零件如图7.12所示。

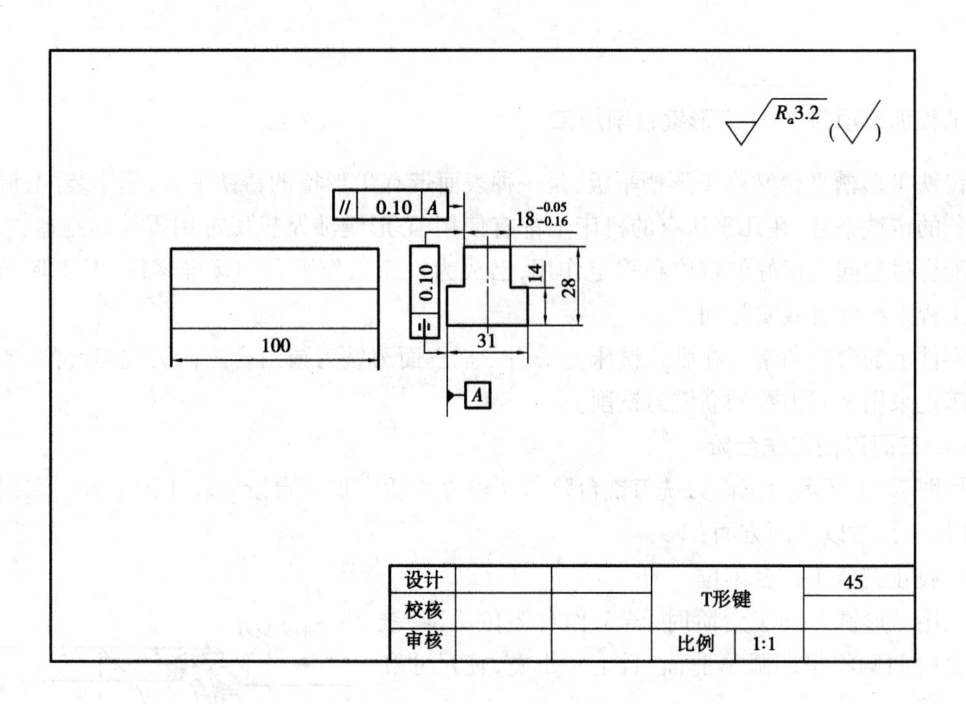

图 7.12　T 形键零件图

T 形键铣削加工实训操作过程见表 7.2。

表 7.2　T 形键铣削加工实训操作过程

机械加工工艺过程卡	零件名称	T 形键	材　料	45　钢
	坯料种类	方　钢	生产类型	单　件
工程训练目的：掌握简单铣削加工操作				
工程训练要求：掌握台阶的铣削形状、位置精度、表面粗糙度				

步　骤	示意图	加工内容	设　备	夹　具	刀　具	量　具
步骤 1：装夹	100 31 28	工件应高出钳口 15 mm	X6132	平口台虎钳		高度尺、百分表

续表

步　骤	示意图	加工内容	设　备	夹　具	刀　具	量　具
步骤 2：对刀	100 31 28	使铣刀外圆切削刃擦到工件表面，退出工件后上升工作13.5 mm，横向移动工作台，使铣刀侧面擦到工件外侧，退出工件后横向移动6 mm	X6132	平口台虎钳	错齿三面刃铣刀宽 12 mm，孔径 $\phi27$，外径 $\phi80$，刀齿数12	
步骤 3：粗铣左台阶	13.5 6	主轴转速 $n=95$ r/min，进给速度 $v_f=47.5$ mm/min，背吃刀 $a_p=13.5$ mm，侧吃刀量 $a_e=6$ mm，粗铣左台阶	X6132	平口台虎钳	错齿三面刃铣刀宽 12 mm，孔径 $\phi27$，外径 $\phi80$，刀齿数12	
步骤 4：粗铣右台阶	13.5 6	主轴转速 $n=95$ r/min，进给速度 $v_f=47.5$ mm/min，背吃刀 $a_p=13.5$ mm，侧吃刀量 $a_e=6$ mm，粗铣右台阶	X6132	平口台虎钳	错齿三面刃铣刀宽 12 mm，孔径 $\phi27$，外径 $\phi80$，刀齿数12	
步骤5：检测尺寸	13.5 13.5 6 6	根据检测结果调整精铣尺寸	X6132	平口台虎钳		游标卡尺

续表

步　骤	示意图	加工内容	设　备	夹　具	刀　具	量　具
步骤 6：精铣右台阶	14 6.5	主轴转速 $n=95$ r/min，进给速度 $v_f=47.5$ mm/min，背吃刀量 $a_p=0.5$ mm，侧吃刀量 $a_e=0.5$ mm，精铣右台阶	X6132	平口台虎钳	错齿三面刃铣刀宽 12 mm，孔径 $\phi 27$，外径 $\phi 80$，刀齿数 12	
步骤 7：精铣左台阶	14 6.5	主轴转速 $n=95$ r/min，进给速度 $v_f=47.5$ mm/min，背吃刀量 $a_p=0.5$ mm，侧吃刀量 $a_e=0.5$ mm，精铣左台阶	X6132	平口台虎钳	错齿三面刃铣刀宽 12 mm，孔径 $\phi 27$，外径 $\phi 80$，刀齿数 12	
评语：						
备注：						

工程训练项目11　六角螺母六角面铣削加工

螺母是具有内螺纹并与螺栓配合使用的紧固件，具有内螺纹并与螺杆配合使用用以传递运动或动力的机械零件。螺母就是螺帽，与螺栓或螺杆拧在一起用来起紧固作用的零件，所有生产制造机械必须用的一种原件，铣削六角螺母涉及工件安装角度和调整角度的问题，并且涉及角度尺寸测量的问题，具有很好的实际意义。

分度头是用卡盘或用顶尖和拨盘夹持工件并使之回转和分度定位的机床附件。分度头主要用于铣床，也常用于钻床和平面磨床，还可放置在平台上供钳工划线用。它具有以下作用：

①使工件绕本身轴线进行分度（等分或不等分），如六方、齿轮、花键等等分的零件。

②使工件的轴线相对铣床工作台台面扳成所需要的角度（水平、垂直或倾斜）。因此，可以加工不同角度的斜面。

③在铣削螺旋槽或凸轮时，能配合工作台的移动使工件连续旋转。

六角螺母零件如图 7.13 所示。

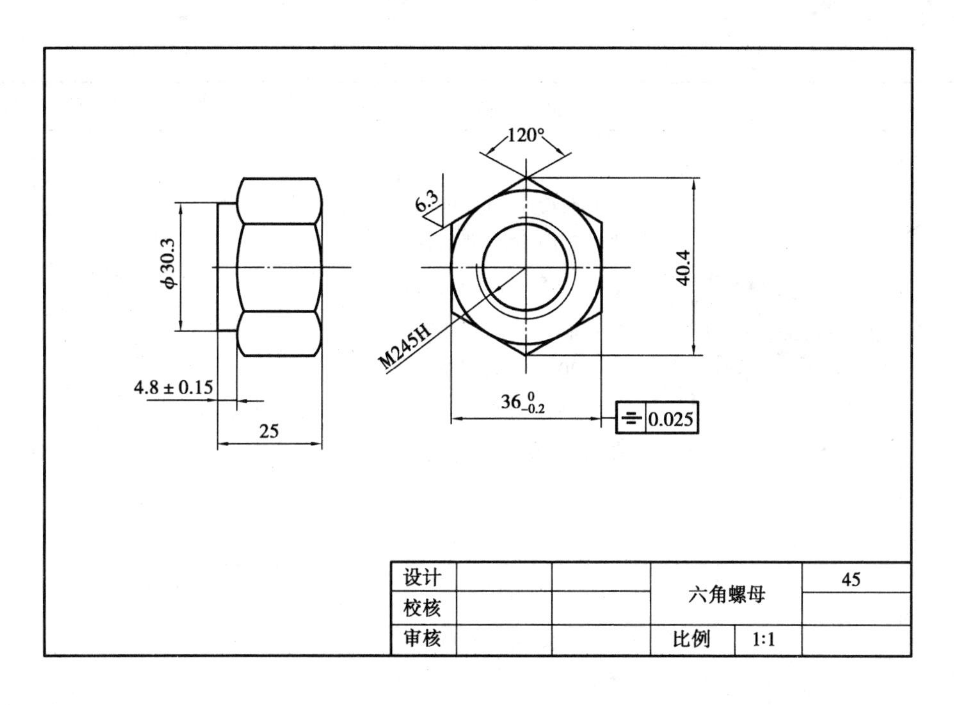

图7.13 六角螺母零件图

六角螺母六角面铣削加工实训操作过程见表7.3。

表7.3 六角螺母六角面铣削加工实训操作过程

<table>
<tr><td colspan="2" rowspan="2">机械加工
工艺过程卡</td><td>零件名称</td><td>六角螺母</td><td colspan="2">材 料</td><td>45 钢</td></tr>
<tr><td>坯料种类</td><td>圆 钢</td><td colspan="2">生产类型</td><td>单 件</td></tr>
<tr><td>步 骤</td><td>示意图</td><td>加工内容</td><td>设 备</td><td>夹 具</td><td>刀 具</td><td>量 具</td></tr>
<tr><td>步骤1:装夹</td><td></td><td>预制件为阶梯圆轴,校正心轴同轴度在0.05 mm以上,校正工件上素线与工作台平行,侧素线与纵向工作台进给方向平行,然后找正ϕ40.4外圆的跳动不大于0.04 mm。装夹</td><td>X6132</td><td>三爪卡盘,66孔圈的分度盘</td><td></td><td>百分表、千分尺</td></tr>
</table>

续表

步骤	示意图	加工内容	设备	夹具	刀具	量具
步骤2：对刀	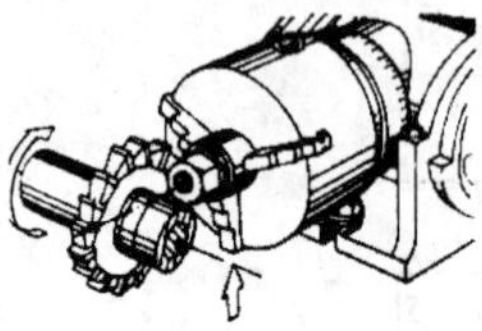	主轴转速75 r/min，铣床垂向方向进给速度 v_f = 95 mm/min，背吃刀量2.7 mm，侧吃刀量20.5 mm，调整好切削深度和长度后，将横向、纵向工作台紧固。对刀	X6132	三爪卡盘，66孔圈的分度盘	直齿三面刃铣刀宽 12 mm，外径 $\phi 100$	
步骤3：铣边1	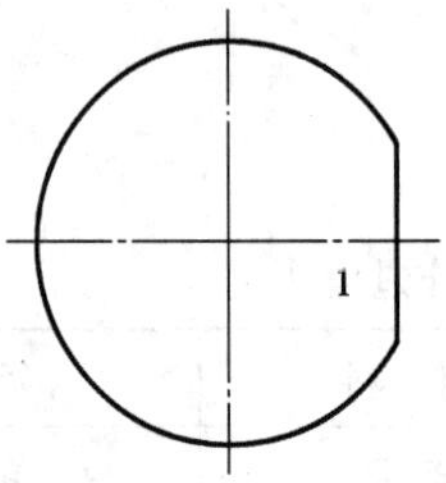 1	主轴转速75 r/min，铣床垂向方向进给速度 v_f = 95 mm/min，背吃刀量2.7 mm，侧吃刀量20.5 mm，调整好切削曾深度和长度后，将横向、纵向工作台紧固。铣边1	X6132	三爪卡盘，66孔圈的分度盘	直齿三面刃铣刀宽 12 mm，外径 $\phi 100$	
步骤4：铣边2	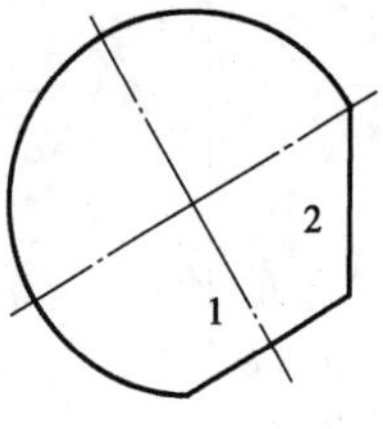 2 1	分度手柄转过6圈又44个孔距。铣边2	X6132	三爪卡盘，66孔圈的分度盘	直齿三面刃铣刀宽 12 mm，外径 $\phi 100$	
步骤5：铣边3	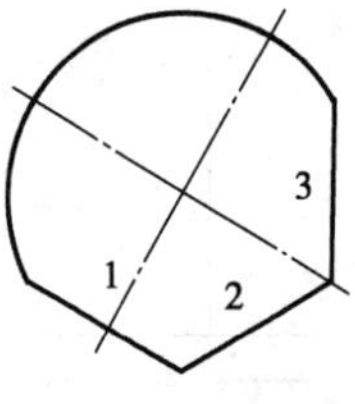 3 1 2	分度手柄转过6圈又44个孔距。铣边3	X6132	三爪卡盘，66孔圈的分度盘	直齿三面刃铣刀宽 12 mm，外径 $\phi 100$	

续表

步　骤	示意图	加工内容	设　备	夹　具	刀　具	量　具
步骤6：铣面4	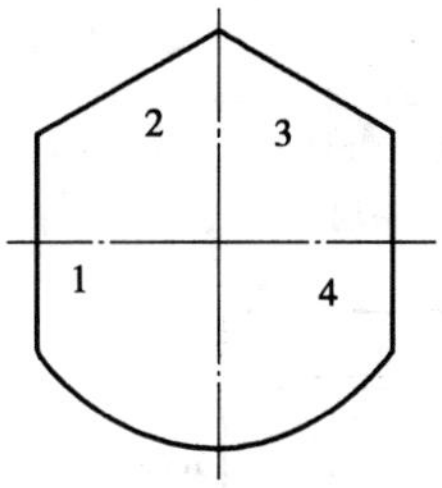 2 3 1 4	分度手柄转过6圈又44个孔距。铣边4	X6132	三爪卡盘，66孔圈的分度盘	直齿三面刃铣刀宽12 mm，外径ϕ100	
步骤7：铣面5	3 4 2 5 1	分度手柄转过6圈又44个孔距。铣边5	X6132	三爪卡盘，66孔圈的分度盘	直齿三面刃铣刀宽12 mm，外径ϕ100	
步骤8：铣面6	4 5 3 6 2 1	分度手柄转过6圈又44个孔距。铣边6	X6132	三爪卡盘，66孔圈的分度盘	直齿三面刃铣刀宽12 mm，外径ϕ100	
步骤9：检验						千分尺、角度尺
评语：						
备注：						

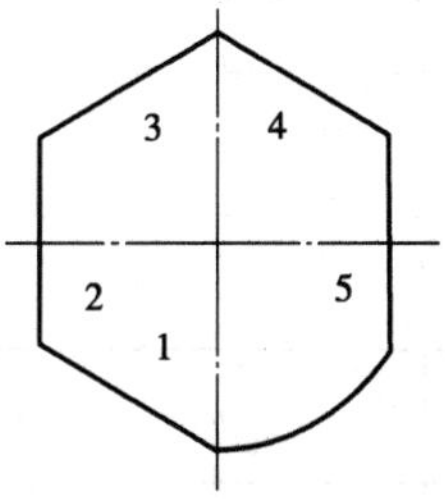

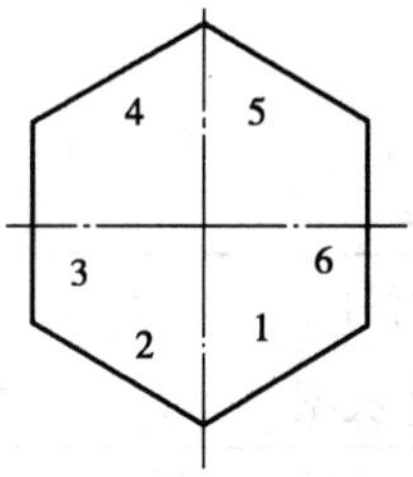

工程训练项目12　V形块铣削加工

V形块是一种V字形的用于轴类工件加工或检测时作紧固或定位的辅助工具，并经常用于导轨上面，作为导轨导路，具有很好的导向性和耐磨性。因此，加工V形块就有很好的实际意义。

V 形块零件如图 7.14 所示。

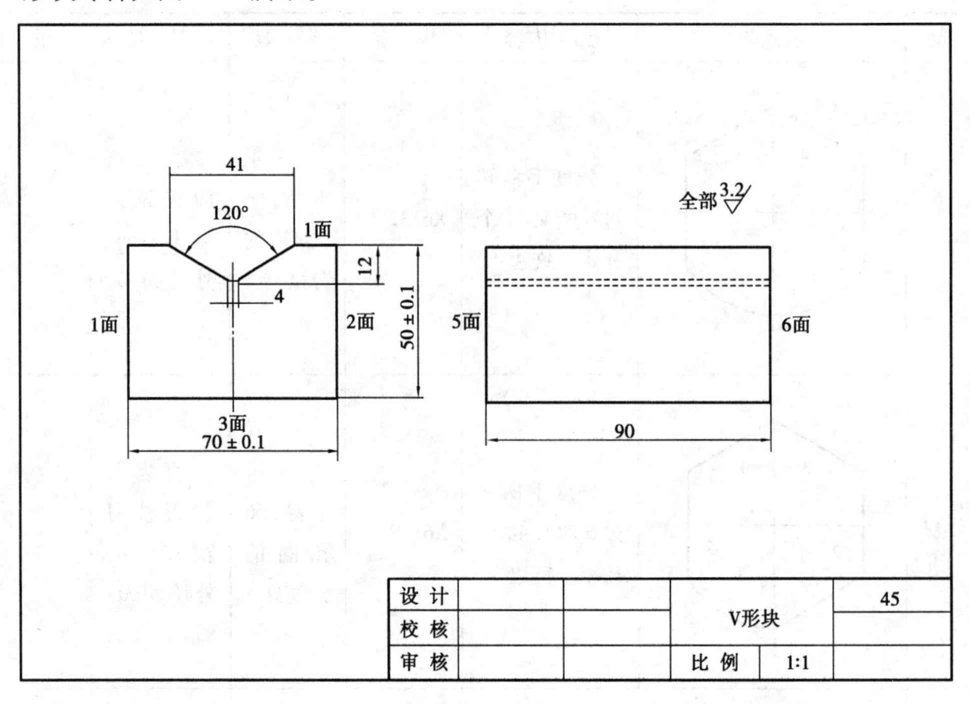

图 7.14　V 形块零件图

V 形块铣削加工实训操作过程见表 7.4。

表 7.4　V 形块铣削加工实训操作过程

机械加工工艺过程卡	零件名称	V 形块	材料	45　钢
	坯料种类	圆　钢	生产类型	单　件

步　骤	示意图	加工内容	设　备	夹　具	刀　具	量　具
步 骤 1：装夹对刀	1 2 3 4 平行垫铁	装夹对刀	XA5032	平口虎钳	ϕ110 硬质合金镶齿端铣刀	游标卡尺
步 骤 2：铣面 1	1 2 3 4 平行垫铁	铣面 1 和面 3 尺寸至 52	XA5032	平口虎钳	ϕ110 硬质合金镶齿端铣刀	

续表

步　骤	示意图	加工内容	设　备	夹　具	刀　具	量　具
步骤 3：铣面 2	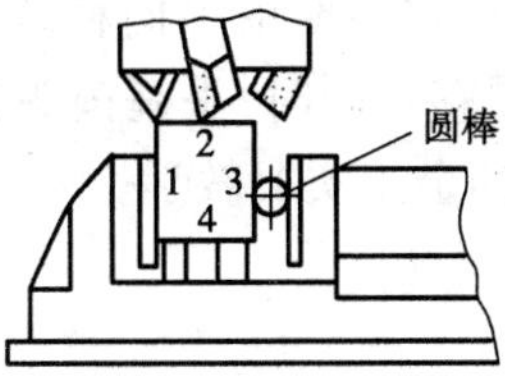 圆棒 2 1 3 4	铣面 2 和面 4 尺寸至 72	XA5032	平口虎钳	ϕ110 硬质合金镶齿端铣刀	
步骤 4：铣面 4	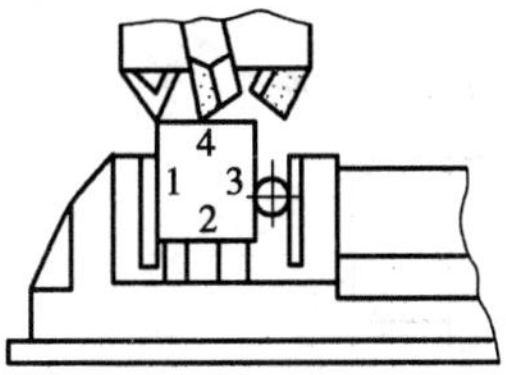 4 1 3 2	铣面 2 和面 4 尺寸至 72	XA5032	平口虎钳	ϕ110 硬质合金镶齿端铣刀	游标卡尺
步骤 5：铣面 3	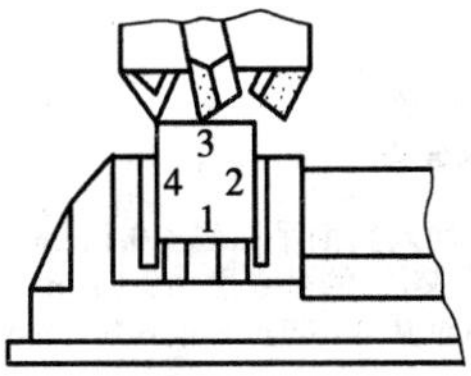 3 4 2 1	铣面 1 和面 3 尺寸至 50	XA5032	平口虎钳	ϕ110 硬质合金镶齿端铣刀	游标卡尺
步骤 6：铣面 5,6	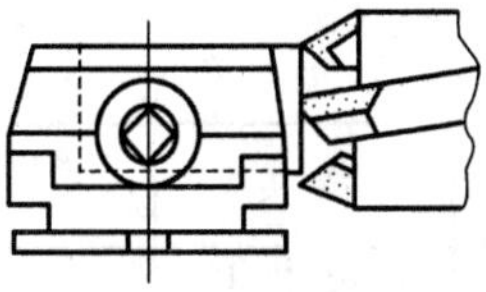	铣面 5 和面 6 尺寸至 90	XA5032	平口虎钳	ϕ110 硬质合金镶齿端铣刀	游标卡尺
步骤 7：铣直槽	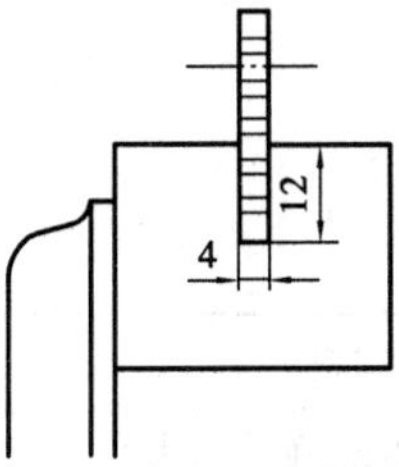 12 4	按划线找正，铣直槽，槽宽 4 深 12	X6132	平口虎钳	切槽刀	游标卡尺
步骤 8：铣 V 形槽	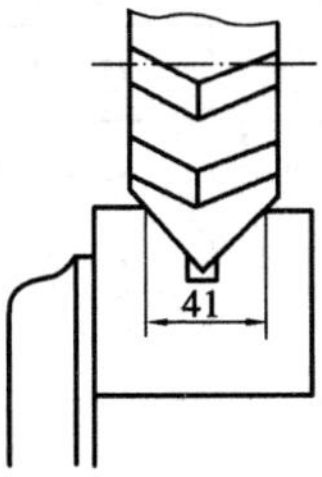 41	铣 V 形槽至尺寸 41	X6132	平口虎钳	角度铣刀	游标卡尺
步骤 9：检验			钳工台			游标卡尺、万能角度尺
评语：						
备注：						

工程训练项目13　锤头铣削加工

手锤是铆工常用的工具之一，一般是指单手操作的锤子。它主要由手柄和锤头组成。作为常用工具，手锤锤头加工更有利于融入生活，提高学生认同感。同时，手锤锤头铣削制作过程涉及装夹、测量、角度调整等实际问题，特别适合机械专业的金工实习教学。

手锤图样如图7.15所示。

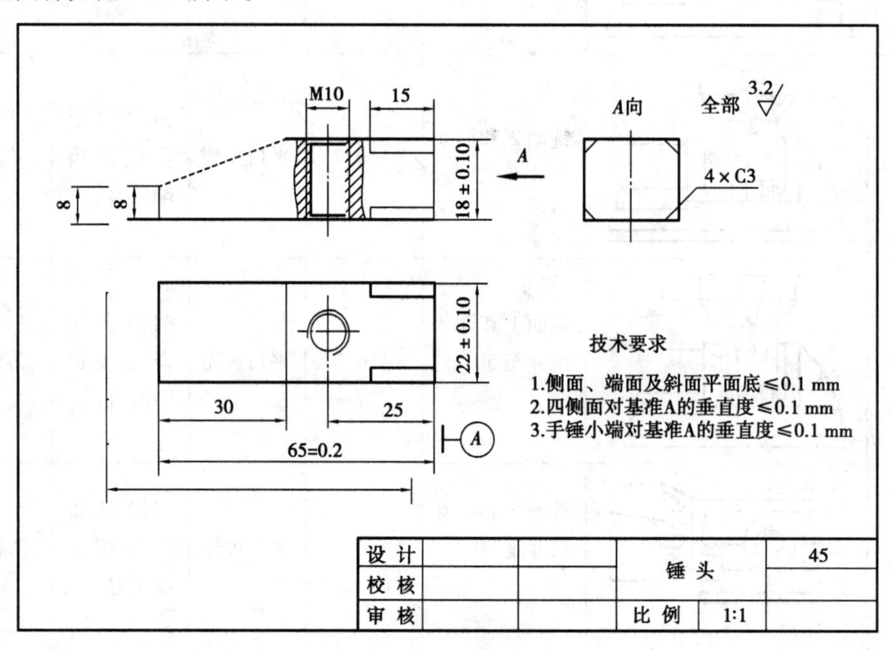

图7.15　手锤零件图

锤头铣削加工实训操作过程见表7.5。

表7.5　锤头铣削加工实训操作过程

机械加工工艺过程卡		零件名称	锤　头	材　料	45钢	
		坯料种类	圆　钢	生产类型	单　件	
步　骤	示意图	加工内容	设　备	夹　具	刀　具	量　具
步骤1：下料	$\phi30$ 67	下料 $\phi30$ 棒料、长度67 mm	锯床		锯条	直尺
步骤2：铣削两端		铣两端面至图纸尺寸，保证与外圆垂直度和两面之间的平行度	XA5032	平口虎钳	$\phi110$ 硬质合金镶齿端铣刀	钢直尺（高度游标卡尺）、90°角尺

续表

步 骤	示意图	加工内容	设 备	夹 具	刀 具	量 具
步骤3：划线		在圆柱端面上，以圆心为中心画出 22mm × 18mm 的加工界线，并打样冲眼	钳工台	平口虎钳	样冲、手锤、划针	钢直尺（高度游标卡尺）
步骤4：铣削四个面		铣削四面至划线尺寸	XA5032	平口虎钳	ϕ110 硬质合金镶齿端铣刀	
步骤5：划线		按图尺寸划斜面，打样冲眼	钳工台	平口虎钳	样冲、手锤、划针	钢直尺（高度游标卡尺）
步骤6：铣削斜面		铣削斜面至划线尺寸	XA5032	平口虎钳	ϕ110 硬质合金镶齿端铣刀	
步骤7：检验			钳工台			游标卡尺、万能角度尺
评语：						
备注：						

第8章
磨削加工

8.1 磨床结构(附件、夹具)

8.1.1 磨床分类

(1)外圆磨床

常用的外圆磨床分为普通外圆磨床和万能外圆磨床。在普通外圆磨床上可磨削零件的外圆柱面和外圆锥面;在万能外圆磨床上由于砂轮架、头架和工作台上都装有转盘,能回转一定的角度,且增加了内圆磨具附件,所以万能外圆磨床除可磨削外圆柱面和外圆锥面外,还可磨削内圆柱面、内圆锥面及端平面,故万能外圆磨床较普通外圆磨床应用更广。如图 8.1 为 M131W 型万能外圆磨床结构图。床身用来支持磨床的各个部件,上有纵向导轨和横向导轨。工作台装在纵向导轨上,砂轮架装在横向导轨上,液压传动装置和其他传动机构装于床身内。工作台沿床身上的纵向导轨做直线往复运动,有液压驱动,实现纵向进给。装于工作台前侧 T 形槽内的换向撞块 10 用以控制工作台自动换向。工作台有上下两层组成,上工作台可绕下工作台的中心回转,顺时针方向 3°,逆时针方向 9°,用以磨削锥面。同样道理,当磨削圆锥面产生锥度时,可适当调整上工作台予以消除。工作台的手动机构可用手轮 11 操纵。砂轮架 7 的主轴上装有砂轮 4。有单独电机经皮带轮直接驱动。砂轮的横向进给由手轮 3 控制,砂轮架的横向自动周期进给和快速进退有液压传动实现。内圆磨具 5 用来磨削内孔,主轴上可装内圆砂轮,有一个电动机经皮带传动。内圆磨具装在支架 6 上,不用时可以翻向砂轮架上方。工作台上装有头架 2 和尾架 8。工件通过顶尖或卡盘装夹在头架的主轴上,工件需要的不通转速有头架上的变速机构实现。尾架 8 的套筒内装有顶尖,支持工件的另一端。为适应磨削不同长度的工件,尾架能沿工作台面导轨移动,尾架套筒后端的弹簧可调节对工件的压力。砂轮架和头架都可绕垂直轴线回转一定角度,以磨削较大锥角的圆锥面。

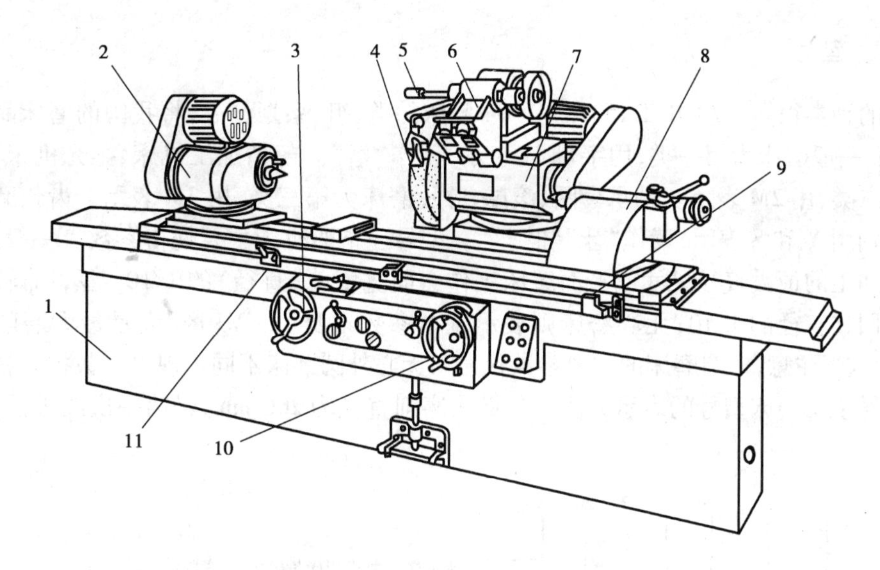

图8.1　M131W型万能外圆磨床

1—床身;2—头架;3—手轮;4—砂轮;5—内圆磨具;

6—支架;7—砂轮架;8—尾架;9—工作台;10—撞块;11—手轮

(2)**平面磨床**

平面磨床主要用于磨削零件上的平面。平面磨床与其他磨床不同的是工作台上安装有电磁吸盘或其他夹具,用作装夹零件。如图8.2所示为M7120A型平面磨床外形图磨头2沿滑板3的水平导轨可作横向进给运动,这可由液压驱动或横向进给手轮4操纵。滑板3可沿立柱6的导轨垂直移动,以调整磨头2的高低位置及完成垂直进给运动,该运动也可操纵手轮9实现。砂轮由装在磨头壳体内的电动机直接驱动旋转。

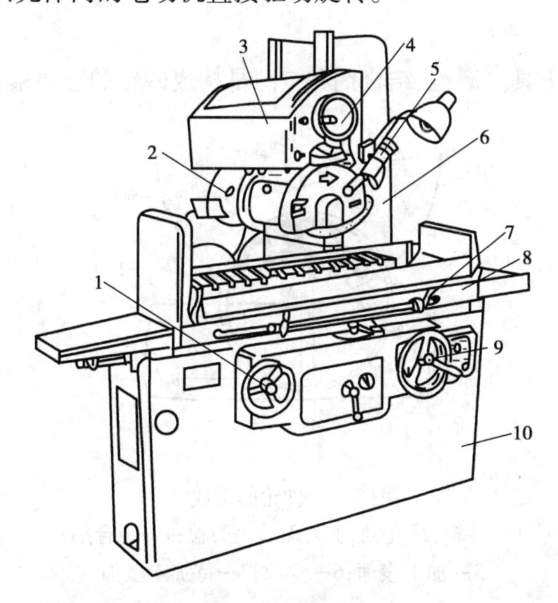

图8.2　M7120A型平面磨床外形图

1—驱动工作台手轮;2—磨头;3—滑板;4—横向进给手轮;

5—砂轮修整器;6—立柱;7—行程挡块;8—工作台;9—垂直进给手轮;10—床身

8.1.2　型号

磨床的种类很多,按 GB/T 15375—1994 磨床的类、组、系划分表,将我国的磨床品种分为 3 个分类。一般磨床为第一类,用字母 M 表示,读作“磨”。超精加工机床、抛光机床、砂带抛光机为第二类,用 2M 表示。轴承套圈、滚球、叶片磨床为第三类,用 3M 表示。齿轮磨床和螺纹磨床分别用 Y 和 S 表示,读作“牙”和“丝”。型号还指明机床主要规格参数。一般以内、外圆磨床上加工的最大直径尺寸或平面磨床工作台面宽度(或直径)的 1/10 表示;曲轴磨床则表示最大回转直径的 1/10;无心磨床则表示基本参数本身(如 M1080 表示最大磨削直径为 80 mm)。应当注意,外圆磨床的主要参数代号与无心外圆磨床不同。现以一数控高精度外圆磨床的型号说明磨床型号的表示方法。其最大磨削直径为 200 mm,经第一次改进设计,如图 8.3所示。

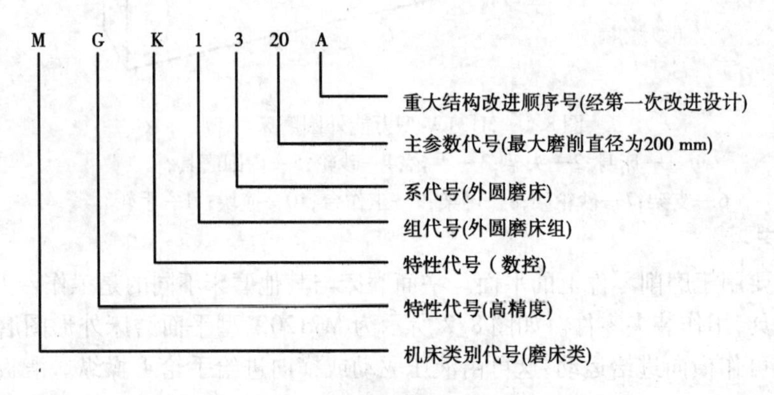

图 8.3　磨床型号表示方法

8.1.3　砂轮

砂轮是磨削的切削工具。磨粒、结合剂和空隙是构成砂轮的三要素,如图 8.4 所示。

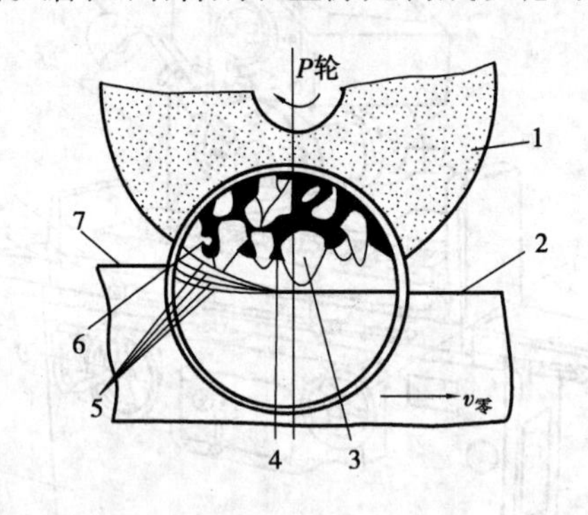

图 8.4　砂轮的组成

1—砂轮;2—已加工表面;3—磨粒;4—结合剂;

5—加工表面;6—空隙;7—待加工表面

8.2 磨削加工基本知识

磨削加工是机械制造中最常用的加工方法之一。它的应用范围很广，可磨削难以切削的各种高硬、超硬材料；可磨削各种表面；可用于荒加工（磨削钢坯、割浇冒口等）、粗加工、精加工和超精加工。磨削后工件磨削精度可达 IT6—IT4，表面粗糙度可以达到 R_a0.8～0.025μm。磨削比较容易实现生产过程自动化，在工业发达国家，磨床已占机床总数的25%左右，个别行业可达到40%～50%。

8.2.1 磨削加工的特点

（1）加工材料广泛

由于磨料硬度极高，故磨削不仅可加工一般金属材料，如碳钢、铸铁等，还可加工一般刀具难以加工的高硬度材料，如淬火钢、各种切削刀具材料及硬质合金等。

（2）加工尺寸精度高，表面粗糙度值低

磨削的切削厚度极薄，每个磨粒的切削厚度可小到微米，故磨削的尺寸精度可达 IT6—IT5，表面粗糙度 R_a 值达 0.8～0.1 μm。高精度磨削时，尺寸精度可超过 IT5，表面粗糙度 R_a 值不大于 0.012 μm。

（3）磨削温度高

磨削过程中，由于切削速度很高，产生大量切削热，温度超过 1 000 ℃。同时，高温的磨屑在空气中发生氧化作用，产生火花。在如此高温下，将会使零件材料性能改变而影响质量。因此，为减少摩擦和迅速散热，降低磨削温度，及时冲走屑末，以保证零件表面质量，磨削时需使用大量切削液。

（4）砂轮有自锐性

当作用在磨粒上的切削力超过磨粒的极限强度时，磨粒就会破碎，形成新的锋利棱角进行磨削；当此切削力超过结合剂的黏结强度时，钝化的磨粒就会自行脱落，使砂轮表面露出一层新鲜锋利的磨粒，从而使磨削加工能够继续进行。砂轮的这种自行推陈出新、保持自身锋利的性能，称为自锐性。砂轮有自锐性可使砂轮连续进行加工，这是其他刀具没有的特性。

（5）磨削属多刃、微刃切削

磨削用的砂轮是由许多细小坚硬的磨粒用结合剂黏结在一起经焙烧而成的疏松多孔体，这些锋利的磨粒就像铣刀的切削刃，在砂轮高速旋转的条件下，切入零件表面，故磨削是一种多刃、微刃切削过程。

8.2.2 砂轮的选择

砂轮是有磨粒、结合剂和空隙组成，磨料直接担负着切削工作，必须硬度高、耐热性好，还必须有锋利的棱边和一定的强度。常用磨料及应用范围见表8.1。

表 8.1 常用磨料及应用范围

类别	名称	代号		颜色	特点	应用范围
		旧	新			
钢玉类	棕刚玉	GZ	A	棕色	硬度高,韧性大,抗弯强度高	适于磨碳素钢、合金钢、淬火钢、铸铁和青铜
	白刚玉	GB	WA	白色	比棕刚玉硬而脆,自脱性好,磨削力和磨削热量较小	适于磨淬火钢、高速钢、合金钢、螺纹、齿轮、刀具、薄壁工件及细长轴
	烙刚玉	GG	PA	粉红色	硬度与白刚玉相近,而韧性较好	适于磨合金刚、高速钢、锰钢及粗糙度较小的工件
	单晶刚玉	GD	SA	浅灰色 淡黄色	硬度和韧性都比白刚玉高,自脱性好	适于磨不锈钢、高速钢等
	微晶刚玉	CW	MA	棕黑色	强度高,韧性和自脱性好	适于磨不锈钢、特种球墨铸铁
碳化物类	黑碳化硅	TH	C	黑色 深蓝色	硬度高,韧性低而脆	适于磨铸铁、黄铜及其他非金属材料
	绿碳化硅	TL	GC	绿色	硬度与黑碳化硅相近,而脆性更大	适于磨硬质合金、光学玻璃、钛合金等
金刚石类	人造金刚石	JR	SD	无色透明 黄色	硬度极高,磨削性能好	适于磨硬质合金、光学玻璃等高硬度材料
	天然金刚石	JT			硬度极高,磨削性能好,杂质较多	很少采用
其他类	立方碳化硼		CBN	棕黑色	磨难磨材料比金刚石好	适于磨钛合金、高速工具钢等高硬度材料

8.2.3 外圆锥面的磨削

外圆锥面可在外圆磨床或万能外圆磨床上磨削。根据零件形状和锥度大小不同,以万能外圆磨床为例,可采用以下 4 种方法:

①转动工作台磨外圆锥面。

②转动头架磨外圆锥面。

③转动砂轮架磨外圆锥面。

④用成形砂轮磨外圆锥面。

8.2.4　内圆锥面的磨削

磨削内圆锥面可在内圆磨床和万能外圆磨床上进行。磨削方法一般为 3 种:转动工作台磨削、转动头架磨削、用成形修整器修整砂轮磨削内圆锥。

用角度修整器修整砂轮,主要是磨削 45°,60°内圆锥面,如中心孔等。

内圆锥面磨削时,应注意找正工件,然后检查磨削余量,从余量较多的一端开始磨削。根据内锥面的接触情况,边磨削边检查测量。第一次测量时内锥面不要全部磨出,以免原始误差太大而造成内锥面超差而报废。

8.2.5　成型面磨削加工

生产中,利用平面磨床进行零件的成形磨削,主要有两种方法:一种是利用修整后的成形砂轮磨削;另一种则是由专用夹具进行磨削。生产中,利用平面磨床进行零件的成形磨削,主要有两种方法:一种是利用修整后的成形砂轮磨削;另一种则是由专用夹具进行磨削。

(1)成形砂轮磨削

利用成形砂轮来磨削凸模,即是把砂轮修整成与工件型面完全吻合的反型面,然后再以此砂轮进行对工件磨削,使其获得所需的形状。

(2)利用夹具磨削

在对工件磨削时,可使工件按照一定条件装夹在专用夹具上,在加工上午过程中,固定或不断改变位置进行磨削而获得所需的形状。通常用的磨削夹具有精密平口钳、正弦磁力台、正弦分度夹具、万能夹具、旋转磁力台及中心孔夹板等。这种磨削方法,一般在平面磨床上进行。

在生产中,为了保证磨削的质量和效率,一般都采用成形砂轮及夹具综合使用的方法,这样可大大降低零件制造成本。

8.2.6　平面磨削

(1)横向磨削法

横向磨削在磨削时,当工作台纵向行程终了时,砂轮主轴或工作台作一次横向进给,这时砂轮所磨削的金属层厚度就是实际背吃刀量,待工件上第一层金属磨去后,砂轮重新作垂向进给,磨头换向继续作横向进给,磨去工件第二层金属余量,如此往复多次磨削,直至切除全部余量为止。

横向磨削法适用于磨削长而宽的平面,因其磨削接触面积小,排屑、冷却条件好,因此砂轮不易堵塞,磨削热较小,工件变形小,容易保证工件的加工质量,但生产效率较低,砂轮磨损不均匀,磨削时须注意磨削用量和砂轮的选择。

(2)深度磨削法

磨削时砂轮只作两次垂直进给。第一次垂直进给量等于粗磨的全部余量,当工作台纵向行程终了时,将砂轮或工件沿砂轮轴线方向移动 3/4 ~ 4/5 的砂轮宽度,直至切除工件全部粗磨余量;第二次垂直进给量等于精磨余量,其磨削过程与横向磨削法相同。

深度磨削法的特点是生产效率高,适用于批量生产或大面积磨削。磨削时须注意工件装夹紧固,且供应充足的切削液冷却。

(3)**台阶磨削法**

它是根据工件磨削余量的大小,将砂轮修整成阶梯形,使其在一次垂直进给中采用较小的横向进给量把整个表面余量全部磨去。

用台阶磨削法加工时,由于磨削用量较大,为了保证工件质量和提高砂轮的使用寿命,横向进给应缓慢一些。台阶磨削法生产效率较高,但修整砂轮比较麻烦,且机床须具有较高的刚度,所以在应用上受到一定的限制。

8.2.7 外圆的磨削方法

(1)**纵向磨削法**

纵向磨削法是最常用的磨削方法。磨削时,工作台作纵向往复进给,砂轮作周期性横向进给,工件的磨削余量要在多次往复行程中磨去。纵向磨削法磨削力小,散热条件好,可获得较高的加工精度和较小的表面粗糙度值。劳动生产率低。磨削力较小,适用于细长、精密或薄壁工件的磨削。

(2)**切入磨削法**

切入磨削法又称横向磨削法,被磨削工件外圆长度应小于砂轮宽度,磨削时砂轮作连续或间断横向进给运动,直到磨去全部余量为止。砂轮磨削时无纵向进给运动。粗磨时可用较高的切入速度;精磨时切入速度则较低,以防止工件烧伤和发热变形。整个砂轮宽度上磨粒的工作情况相同,充分发挥所有磨粒的磨削作用。同时,由于采用连续的横向进给,缩短磨削的基本时间,故有很高的生产效率。径向磨削力较大,工件容易产生弯曲变形,一般不适宜磨削较细的工件。磨削时产生较大的磨削热,工件容易烧伤和发热变形。砂轮表面的形态(修整痕迹)会复制到工件表面,影响工件表面粗糙度。为了消除以上缺陷,可在切入法终了时作微小的纵向移动。切入法因受砂轮宽度的限制,只适用于磨削长度较短的外圆表面。

(3)**分段磨削法**

分段磨削法又称综合磨削法,是切入法与纵向法的综合应用,即先用切入法将工件分段进行粗磨,留0.03~0.04 mm余量,最后用纵向法精磨至尺寸。这种磨削方法即利用了切入法生产效率高的优点,又有纵向法加工精度高的优点。分段磨削时,相邻两段间应有5~10 mm的重叠。这种磨削方法适合于磨削余量和刚性较好的工件,且工件的长度也要适当。考虑到磨削效率,应采用较宽的砂轮,以减小分段数。当加工表面的长度为砂轮宽度的2~3倍时为最佳状态。

(4)**深度磨削法**

这是一种用得较多的磨削方法,采用较大的背吃刀量在一次纵向进给中磨去工件的全部磨削余量。由于磨削基本时间缩短,故劳动生产率高。适宜磨削刚性好的工件。磨床应具有较大功率和刚度。磨削时采用较小的单方向纵向进给,砂轮纵向进给方向应面向头架并锁紧尾座套筒,以防止工件脱落。砂轮硬度应适中,且有良好的磨削性能。

8.3 磨床操作

①开机前必须穿好工作服,扣好衣、袖,严禁留长发,不得系围巾、戴手套等操作机床。

②作业前，应将工具、量具、工件摆放整齐，清除任何妨碍设备运行和作业活动的杂物。

③作业前，应检查传动部分安全护罩是否完整、固定，发现异常应及时处理。

④开机前检查机床传动部分及操作手柄是否正常和灵敏，按维护保养要求加足各部分润滑油。

⑤作业前，应按工件磨削长度，调整好换向撞块的位置，并固紧。

⑥安装砂轮必须进行静平衡，修正后应再次平衡，砂轮修整器的金刚石必须尖锐，其尖点高度应与砂轮中心线的水平面一致，禁止用磨钝的金刚石修整砂轮。

⑦启动磨床空转3～5 min，观察运转情况，应注意砂轮离开工件3～5 mm；确认润滑冷却系统畅通，各部运转正常无误后再进行磨削作业。

⑧根据需要研磨工件的材质、研磨粗细度来合理选择砂轮，并确定砂轮的转速和下刀量。

⑨修砂轮时，修刀角度为10°～15°，修刀应放在砂轮主轴中心位置偏左，由里向外进刀，防止砂粒飞出伤到眼睛。

⑩检查工件、装卸工件、处理机床故障时，要将砂轮退离工件，砂轮停在磁台的最左边后停机进行。

⑪工作台、工件、磁台上严禁放置非加工物品，禁止在工作台、磁台上敲击、校准工件。

⑫工件在磁台上吸磁后，必须检查其牢固后再磨削，吸附较高或较小的工件时，应另加适当高度的挡块。挡块标准为：被吸工作面长度必须大于高度的2倍，挡块高度必须大于或等于工件高度的2/3，防止工件歪倒，造成事故。

⑬砂轮接近工件时，不准快速进给，以防撞刀，砂轮未离开工件时，不准停止运转。

⑭磨削进给量应由小渐大，不得突然增大，以防砂轮破裂。

⑮磨削过程中，应注意观察各运动部位温度、声响等是否正常。滤油器、排油管等应侵入油内，防止油压系统内有空气进入，油缸内进入空气，应立即排除。发现异常情况应立即停机检查或检修，查明原因、恢复正常后才能继续作业。

⑯操作时，必须集中精力，不得和他人聊天，嬉笑打闹，做与加工无关的事，不得擅自离开工作岗位。

⑰严禁使用空气风枪在机床上清洁工件和清理机床。

8.4 磨削加工工程训练

工程训练项目14 套类零件磨削加工

套类零件往往与轴、孔相互配合在机械中起到关键作用，是机械设备中的常用零部件。对套类零件进行磨削加工，需要使用游标卡尺、千分尺、千分表等测量工具，保证端面跳动、径向跳动等精度，具有很好的实际意义。

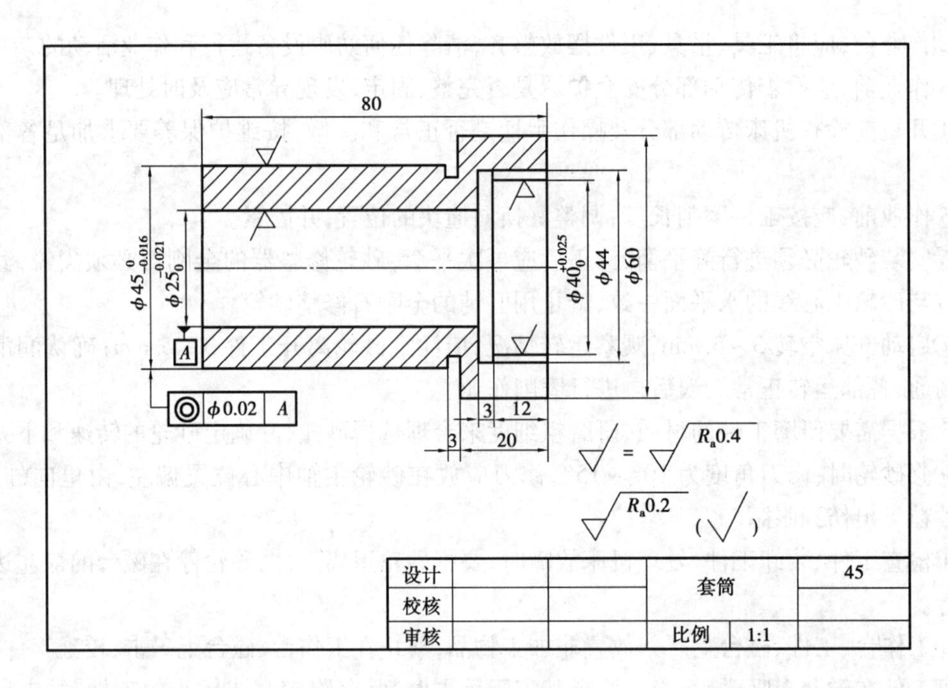

图 8.5　套类零件图

如图 8.5 所示为一套类零件外形和尺寸，材料为 45 钢，已经过车削加工和淬火热处理，除外圆 $\phi45_{+0.016}^{0}$，内孔 $\phi25_{0}^{+0.021}$ 外，其他尺寸均已加工好，淬火硬度为 42HRC。外圆 $\phi45_{+0.016}^{0}$ 留有 0.35～0.45 的磨削余量，内孔 $\phi25_{0}^{+0.021}$ 和 $\phi45_{0}^{+0.021}$ 留有 0.30～0.45 的磨削余量，表面粗糙度 R_a 均已达到 6.3 μm。现磨外圆 $\phi45_{+0.016}^{0}$、内孔 $\phi25_{0}^{+0.025}$ 和 $\phi40_{0}^{+0.025}$ 达到图样要求。

这类零件的特点是要求外圆同轴及孔的轴线与端面垂直。确定加工步骤时，应尽量采用一次安装法加工，以保证同轴度和垂直度的要求。如果不能在依次安装中加工完全部表面，应先将孔加工好，后以孔定位，用心轴安装加工外圆表面。在磨削 $\phi40_{0}^{+0.025}$ 内孔时，有可能会影响 $\phi25_{0}^{+0.021}$ 内孔的精度，故对于 $\phi25_{0}^{+0.021}$ 内孔常安排粗、精磨两个步骤。套类零件的磨削步骤见表 8.2。

表 8.2　套类零件的磨削步骤

机械加工工艺过程卡	零件名称		套筒		材料		45 钢
	坯料种类		套筒		生产类型		单件
步骤	示意图	加工内容		设备	夹具	刀具	量具
步骤 1：粗磨内孔 ϕ25	ϕ25	以 $\phi45_{+0.016}^{0}$ 外圆定位，将工件夹持在三爪卡盘中，用百分表找正粗磨内孔 ϕ25 留精磨余量0.04～0.06		M131W	三爪卡盘	磨内孔砂轮 12×6×4	千分表

续表

步骤	示意图	加工内容	设备	夹具	刀具	量具
步骤 2：粗精磨 $\phi40^{+0.025}_{0}$	$\phi40^{+0.025}_{0}$	粗精磨 $\phi40^{+0.025}_{0}$	M131W	三爪卡盘	磨内孔砂轮 25 × 10 × 6	千分表
步骤 3：精磨 $\phi25^{+0.021}_{0}$ 内孔	$\phi25^{+0.021}_{0}$	精磨 $\phi25^{+0.021}_{0}$ 内孔	M131W	三爪卡盘	磨内孔砂轮 12 × 6 × 4	千分表
步骤 4：$\phi45^{0}_{+0.016}$ 磨外圆	$\phi45^{0}_{-0.016}$	以 $\phi25^{+0.021}_{0}$ 内孔定位，用心轴安装，粗、精磨 $\phi45^{0}_{+0.016}$ 外圆至规定尺寸	M131W	心轴	磨外圆砂轮 300 × 40 × 127	千分表
步骤 5：检验	钳工台					千分表
评语：						
备注：						

第4篇 热加工

第9章 金属材料热处理

9.1 热处理概述

热处理是指金属材料在固态范围内一般不改变工件的形状和整体的化学成分,通过加热、保温和冷却的工艺以改变其微观组织,获得所期望的使用性能、工艺性能。热处理在机械行业应用非常广泛,钢、铁是机械工业中应用最广的工程材料,各种机床上约有80%的零件需要进行热处理;各种工具、夹具、量具和刀具等100%需要经过热处理,才会具有比较好的使用性能。钢铁的热处理是热处理的主要内容。

铝、铜、镁、钛等及其合金也都可通过热处理改变其力学、物理和化学性能。

热处理的加热方法很多,可采用木炭、煤、油及气体燃料等作为热源,目前工业上最常用是电加热,易于控制,且无环境污染。还有许多间接加热的方法,如通过熔融的盐(盐浴加热)、浮动粒子加热(流态床)等。金属加热时,如果工件暴露在空气中,会发生氧化、脱碳(即钢铁零件表面碳含量降低)等,这对于热处理后零件的表面性能有很不利的影响。因而金属通常应在保护气氛(如惰性气体)中、可控气氛中、熔融的盐中或真空中加热,也可用涂料或包装方法进行保护加热。

加热温度是热处理工艺的重要工艺参数之一。选择和控制加热温度,是保证热处理质量的主要问题。加热温度随被处理的金属材料和热处理的目的不同而异,但一般都是加热到相变温度以上,以获得高温奥氏体组织。因为高温组织转变需要一定的时间,因此,当金属工件表面达到要求的加热温度时,还须在此温度保持一定时间,使内外温度一致,使显微组织转变完全,这段时间称为保温时间。采用高能密度加热和表面热处理时,加热速度极快,一般就没有保温时间,而化学热处理的保温时间往往较长。

冷却方法因工艺不同而不同,主要是控制冷却速度。一般退火的冷却速度最慢,正火的冷却速度较快,淬火的冷却速度更快。但还因钢种不同而有不同的要求,如空硬钢就可以用正火一样的冷却速度进行淬硬。

金属热处理工艺大体可分为整体热处理、表面热处理和化学热处理3大类。根据加热介质、加热温度和冷却方法的不同,每一大类又可区分为若干不同的热处理工艺。同一种金属采用不同的热处理工艺,可获得不同的组织从而具有不同的性能。钢铁是工业上应用最广的金属,而且钢铁显微组织复杂,因此,钢铁热处理工艺种类繁多。

9.2　热处理设备

热处理设备是执行热处理工艺的一种手段,是热处理生产过程中的重要工具。当零件热处理工艺制订后,热处理设备是决定工件热处理质量的关键。根据工艺等要求,合理选择热处理设备,能降低加工成本,实现节能减排。

图9.1　箱式电阻炉设备图

热处理设备分为主要设备和辅助设备。

热处理主要设备包括热处理炉、加热装置(如感应加热装置等)、表面改性装置(气相沉积和离子注入等)、淬火冷却装置、冷处理装置、工艺参数检测及控制装置等。

热处理设备的辅助装置包括冷却、清洗、气氛制备、淬火介质循环及防火除尘等。

9.3 热处理工艺

钢铁整体热处理大致有退火、正火、淬火及回火4种基本工艺。

9.3.1 退火

将金属加热到一定温度,保持足够时间,然后以适宜速度冷却(通常是缓慢冷却,随炉冷,有时是控制冷却)的一种金属热处理工艺。退火处理是用来消除钢材在焊接、铸造或锻造后遗留下来的粗晶组织和内应力,降低硬度,增加塑性和韧性,消除偏析等。退火的种类可分为完全退火、球化退火和去应力退火。

9.3.2 正火

正火又称常化,是将工件加热至 A_{c3} 或 A_{ccm} 以上30~50 ℃,保温一段时间后,从炉中取出在空气中或喷水、喷雾或吹风冷却的金属热处理工艺。正火与退火的不同点是正火冷却速度比退火冷却速度稍快,因而正火组织要比退火组织更细一些,其机械性能也有所提高。另外,正火是炉外冷却,不占用设备,生产率较高。因此,生产中尽可能采用正火来代替退火。

9.3.3 淬火

淬火是将钢加热至超过临界温度以上,保温一定时间后,在水、油或其他无机盐、有机水溶液等淬冷介质中快速冷却,使其得不到稳定的组织。其目的是为了获得马氏体或下贝氏体,以提高工件的硬度和耐磨度。淬火后钢件变硬,但同时变脆。

9.3.4 回火

钢件在淬火后,几乎总是要进行回火。回火是将淬火钢再加热,一般不超过临界温度(GS线),消除应力,稳定组织。根据对零件机械性能的具体要求,按其回火温度的不同,可将回火分为以下3种:

(1)**低温回火**(150~250 ℃)

所得组织为回火马氏体,主要用于各种高碳的切削刃具、量具、冷冲模具、滚动轴承以及渗碳件等,回火后硬度一般为HRC58~64。

(2)**中温回火**(350~500 ℃)

中温回火所得组织为回火屈氏体。它主要用于各种弹簧和热作模具的处理,回火后硬度一般为HRC35~50。

(3)**高温回火**(500~650 ℃)

所得组织为回火索氏体,习惯上将淬火加高温回火相结合的热处理工艺,称为调质处理。

它广泛用于汽车、拖拉机、机床等的重要结构零件,如连杆,螺栓、齿轮及轴类。回火后硬度一般为 HB200 ~ 330。

退火、正火、淬火、回火是钢铁整体热处理中的“四把火”。其中,淬火与回火常配合使用。

某些合金如铝合金经淬火形成过饱和固溶体后,将其置于室温或稍高的适当温度下保持较长时间,以提高合金的硬度、强度或电性磁性等。这样的热处理工艺称为时效处理。通过压力加工形变使工件获得很好的强度、韧性配合的方法,称为形变热处理;在负压气氛或真空中进行的热处理,称为真空热处理,它不仅能使工件不氧化,不脱碳,保持处理后工件表面光洁,提高工件的性能,还可通入渗剂进行化学热处理。

9.4　热处理工程训练

工程训练项目 15　热处理对低碳钢力学性能、工艺性能、微观组织结构的影响

为使金属工件具有所需要的力学性能、物理性能和化学性能,除合理选用材料和各种成形工艺外,热处理工艺往往是必不可少的。钢铁是机械工业中应用最广的材料,钢铁显微组织复杂,可通过热处理予以控制,所以钢铁的热处理是金属热处理的主要内容。另外,铝、铜、镁、钛等及其合金也都可通过热处理改变其力学、物理和化学性能,以获得不同的使用性能。

金属热处理是机械制造中的重要工艺之一。与其他加工工艺相比,热处理一般不改变工件的形状和整体的化学成分,而是通过改变工件内部的显微组织,或改变工件表面的化学成分,赋予或改善工件的使用性能。其特点是改善工件的内在质量,而这一般不是肉眼所能看到的。

本项目综合了材料热处理、材料力学性能、材料切削工艺性能及材料微观组织结构等知识的综合训练项目,要求学生能够根据材料制订热处理工艺曲线、制备金相试样、观察微观组织、测定力学性能、切削性能等。

①制备 20 钢材圆柱若干,规格 $\phi16\times12$。

②分别进行退火、正火、淬火、回火,学生自行查阅热处理手册,制订热处理曲。

③热处理后,测金属试样的 HB,总结热处理对材料力学性能、工艺性能的影响规律;制备金相试样,观察微观组织。

第10章 铸造

10.1 铸造概述

铸造过程是熔炼金属,然后在重力、压力、离心力、电磁力等外力场的作用下熔融金属充注铸件型腔,降温凝固后获得一定形状与性能的铸件的生产过程,简单来说,就是液态金属冷却凝固成形,也称金属液态成形。铸造是生产金属零件和毛坯的主要方法之一。在材料成形工艺发展历史中,铸造是历史最悠久的一种工艺,在我国已有6 000多年的历史。中国商朝的重875 kg的司母戊方鼎,战国时期的曾侯乙尊盘,以及西汉的透光镜都是古代铸造的代表产品。

在各种铸造方法中,用得最普遍的是砂型铸造。这是因为砂型铸造对铸件形状、尺寸、质量、合金种类、生产批量等几乎没有限制。但随着科学技术的发展,对铸造提出了更高的要求,要求生产出更加精确、性能更好、成本更低的铸件。为适应这些要求,铸造工作者发明了许多新的铸造方法,这些方法统称为特种铸造方法,即特种铸造。特种铸造铸型用砂较少或不用砂,采用特殊工艺装备进行铸造,如熔模铸造、金属型铸造、压力铸造、低压铸造、离心铸造、陶瓷型铸造及实型铸造等。特种铸造具有铸件精度和表面质量高、铸件内在性能好、原材料消耗低、工作环境好等优点。但铸件的结构、形状、尺寸、质量、材料种类往往受到一定限制。

铸造可按铸件的材料,可分为黑色金属铸造(包括铸铁、铸钢)和有色金属铸造(包括铝合金、铜合金、锌合金、镁合金等)。

10.2 铸造生产过程及设备

砂型铸造是一种以砂子作为主要造型材料,制作铸型的传统铸造工艺。砂型铸造的适应性很广,小件、大件,简单件、复杂件,单件、大批量都可采用,是应用最广泛的铸造方法。目前,世界各国砂型铸件占铸件总产量的80%以上。掌握砂型铸造工艺是合理选择铸造方法和正确设计铸件的基础。

砂型铸造主要包括铸造工艺设计、制备模具、混砂、造型、制芯、合箱、熔炼及浇注、清砂等工序。

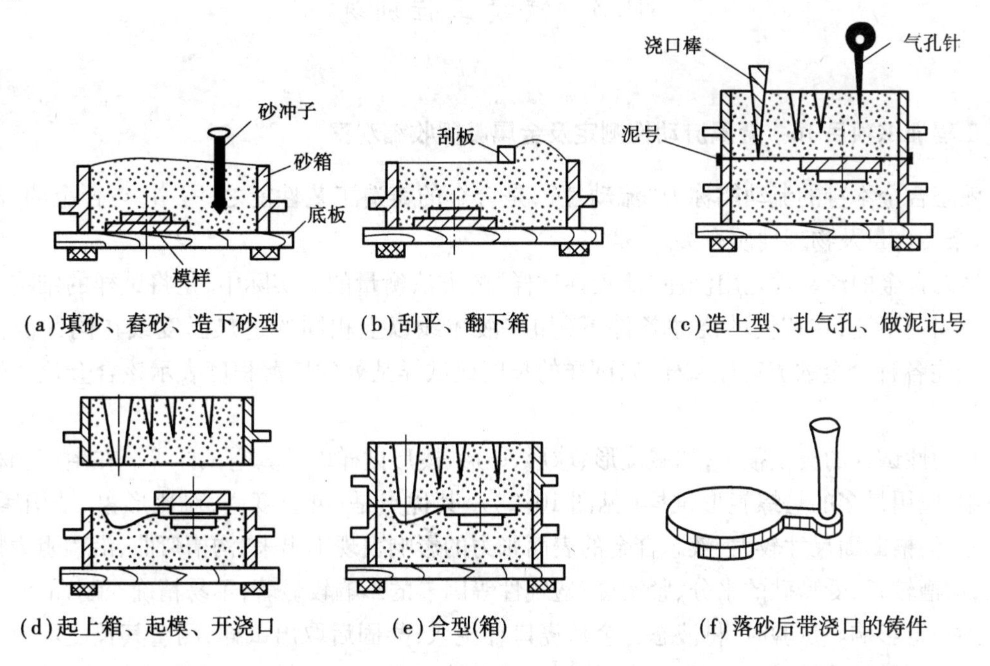

(a)填砂、舂砂、造下砂型　(b)刮平、翻下箱　(c)造上型、扎气孔、做泥记号

(d)起上箱、起模、开浇口　(e)合型(箱)　(f)落砂后带浇口的铸件

图10.1　砂型铸造生产工艺流程示意图

10.2.1　混砂

型砂由原砂、黏结剂和附加物组成。铸造用原砂要求含泥量少、颗粒均匀、形状为圆形和多角形的海砂、河砂或山砂等。铸造用黏结剂有黏土(普通黏土和膨润土)、水玻璃砂、树脂、合脂油及植物油等。它分为黏土砂、水玻璃砂、树脂砂、合脂油砂及植物油砂等。它为了进一步提高型(芯)砂的某些性能,往往要在型(芯)砂中加入一些附加物,如煤粉、锯末、纸浆等。造型砂配方成分为:20%新石英砂,80%回用石英砂,1.5%陶土,0.1%煤粉。

型砂(含芯砂)的主要性能要求有强度、透气性、耐火度、退让性、流动性、紧实率及溃散性等。

10.2.2　造型(芯)

砂型铸造分为手工造型(制芯)和机器造型(制芯)。手工造型是指造型和制芯的主要工作均由手工完成;机器造型是指主要的造型工作,包括填砂、紧实、起模、合箱等由造型机完成。

手工造型因其操作灵活、适应性强、工艺装备简单、无须造型设备等特点,被广泛应用于单件小批量生产。但手工造型生产率低,劳动强度较大。

10.2.3　熔炼、浇注

熔炼设备包括冲天炉、电炉、坩埚炉等。

把金属液从浇包注入铸型的操作过程,称为浇注。浇注操作不当会引起浇不足、冷隔、气孔、缩孔和夹渣等铸造缺陷,也会造成人身伤害。

10.3 铸造工程训练

工程训练项目16　金属流动性测定及金属凝固收缩观察

液态合金本身的流动能称为“流动性”，是合金的铸造工艺性能之一。它与合金的成分、温度、杂质含量及物理性质有关。

液态合金的流动性是用浇注“流动性试样”的方法衡量的。实际中，是将试样的结构和铸型性质固定不变，在相同的浇注条件下（如在液相线以上相同的过热温度或在同一浇注温度），浇注各种合金的流动性试样，以试样的长度或试样某处的厚薄程度表示该合金流动性的好坏。

流动性试样的类型很多，如螺旋形、球形、U形、楔形试样以及真空试样等。在生产和科学研究中，应用最多的是螺旋形试样（见图10.2）。其优点是：灵敏度高，对比形象，结构紧凑。缺点是：沟槽断面尺寸较大，液态合金的表面张力的影响表现不出来；沟槽弯曲，沿程阻力损失较大；沟槽较长，受型砂的水分、紧实度、透气性等因素的影响较显著；不易精确控制，故测量精度受到一定影响。试验时，将液态合金从浇口杯浇入，凝固后取出试样，测量其长度。为了便于读出和测量试验结果，在螺旋槽中，从缓冲坑开始每隔50 mm做一个小凹坑。

金属液态流动性能够影响液态金属的收缩、缩孔、缩松的形成，热应力的形成都与流动性有关。

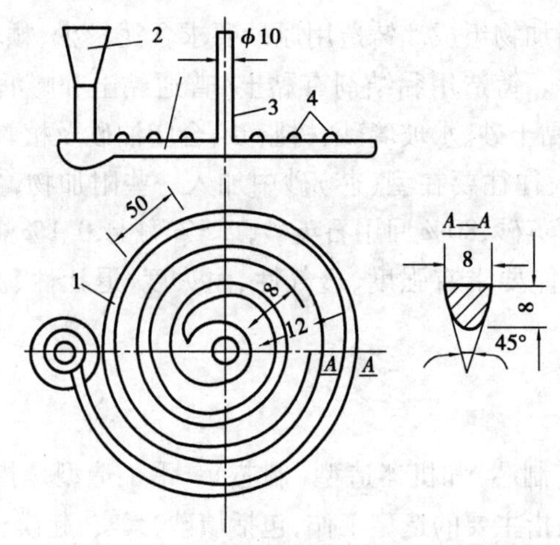

图10.2　螺旋形流动性试样模型

1—试样铸件；2—浇口；

3—冒口；4—试样凸点

(1) **主要设备、工具及材料**

坩埚电阻炉，20号石墨坩埚，测温热电偶；浇注工具，螺旋形试样模具，应力框模具，造型工具，钢卷尺；黏土湿型砂，铸造铝硅合金（ZL102，ZL105）。

(2)**主要操作步骤**

①配制型砂。

②造型、合箱。

③熔化浇注。

用电阻炉熔化铝合金。当铝液升温至730~750 ℃时,用氯化锌或六氯乙烷精炼,以去除气体和杂质,立即清除熔渣并静置1~2 min,此后进行浇注。

④打箱、测量其螺旋线长度,比较不同浇注条件下的螺旋线长度,总结规律;然后可通过直浇口的剖面观察直浇口宏观收缩及微观收缩。如图10.3所示为缩孔、缩松示意图。

⑤按如图10.4所示的应力框模型示意图,浇注应力框铸型,然后观察应力框的热应力变形,锯断粗杆,根据缺口的长度粗略计算粗杆的拉应力等,也可用去应力退火热处理工艺消除热应力变形等。

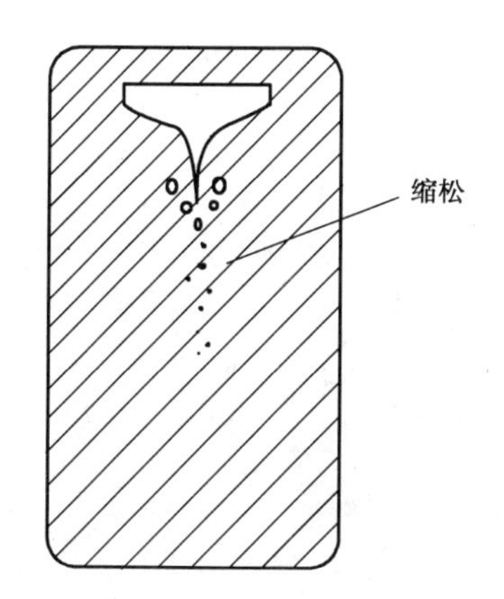

图10.3 缩孔、缩松示意图

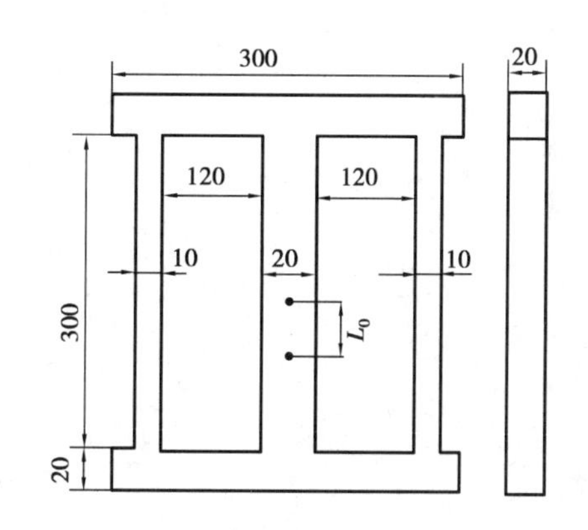

图10.4 应力框模型示意图

工程训练项目17 应力框的铸造成形及热应力观察

热应力是由于构件受热不均匀而存在着温度差异,各处膨胀变形或收缩变形不一致,相互约束而产生的内应力。它的特点如下:

①热应力随约束程度的增大而增大。由于材料的线膨胀系数、弹性模量与泊桑比随温度变化而变化,热应力不仅与温度变化量有关,而且受初始温度的影响。

②热应力与零外载相平衡,是由热变形受约束引起的自平衡应力,在温度高处发生压缩,温度低处发生拉伸形变。

③热应力具有自限性,屈服流动或高温蠕变可使热应力降低。对于塑性材料,热应力不会导致构件断裂,但交变热应力有可能导致构件发生疲劳失效或塑性变形累积。

残余热应力是指工件经热处理后最终残存下来的应力,对工件的形状,尺寸和性能都有极为重要的影响。当它超过材料的屈服强度时,便引起工件的变形,超过材料的强度极限时就会使工件开裂,这是它有害的一面,应当减少和消除。

但在一定条件下控制应力使之合理分布,就可提高零件的机械性能和使用寿命,变害为利。分析钢在热处理过程中应力的分布和变化规律,使之合理分布,对提高产品质量有着深远的实际意义。例如,关于表层残余压应力的合理分布对零件使用寿命的影响问题已经引起了人们的广泛重视。

(1)主要设备、工具及材料

项目所需设备、工具及材料同工程训练项目16。

(2)主要操作步骤

①配制型砂。

②造型、合箱。

③熔化浇注。

④冷却后清理。

⑤将中间的粗杆打两点标记,测量其距离 L_0,如图10.4所示;然后将中间杆锯断,再测量两点间的距离,分析其原因。

第11章
焊　接

11.1　焊接概述

11.1.1　焊接定义及分类

在金属结构和机器的制造中，经常要用一定的联接方式将两个或两个以上的零件按一定形式和位置联接起来。金属联接方式可分为两大类：一类是可拆卸联接，即不必毁坏零件（联接件、被联接件）就可以拆卸，如螺栓联接、键和销联接等；另一类是永久性联接，也称不可拆卸联接，其拆卸只有在毁坏零件后才能实现，如铆接、焊接和黏结等。通常可拆卸联接不用于制造金属结构，而用于零件的装配和定位；永久性联接通常用于金属结构或零件的制造中。

焊接是指通过适当的物理、化学过程如加热、加压或两者并用等方法，使两个或两个以上分离的物体产生原子（分子）间的结合力而联接成一体的联接方法。它是现代工业高质量、高效率制造技术中一种不可缺少的加工工艺，是金属加工的一种重要工艺。它广泛应用于机械制造、造船业、石油化工、汽车制造、桥梁、锅炉、航空航天、原子能、电子电力及建筑等领域。

焊接最本质的特点就是通过焊接使焊件达到结合，从而将原来分开的物体形成永久性联接的整体。要使两部分金属材料达到永久联接的目的，就必须使分离的金属相互非常接近，使两个分离固体表面的金属原子接近到晶格距离（0.3～0.6 nm），形成金属键，从而使两个分离的固体实现永久性的联接，才能形成牢固的接头。这对液体来说是很容易的，而对固体来说则比较困难，需要外部给予很大的能量，如电能、化学能、机械能、光能、超声波能等，这就是金属焊接时必须采用加热、加压或两者并用的原因。

11.1.2　焊接分类

根据焊接过程中实现金属原子间结合的方式不同，焊接可分为熔焊、压焊和钎焊 3 大类。其中，又以熔焊中的电弧焊应用最为普遍。

①熔焊是利用局部热源将焊件的接合处及填充金属材料（有时不用填充金属材料）熔化，

不加压力而互相熔合、冷却、凝固后形成牢固的接头。气焊、电弧焊(包括手工电弧焊、埋弧自动焊、气体保护焊)、电渣焊、等离子弧焊、电子束焊、激光焊、铝热焊等都属于熔化焊。

②压力焊是指焊件不论加热与否均施加一定压力,使两接合面紧密接触产生作用,从而使两焊件联接在一起。接触焊(包括点焊、缝焊、对焊)、冷压焊、摩擦焊、超声波焊、真空扩散焊、爆炸焊、高频焊等都属于压力焊。

③钎焊是采用比母材熔点低的金属材料作钎料,将焊件和钎料加热到高于钎料熔点却低于母材熔点的温度,利用液态钎料润湿母材、填充接头间隙,并与母材相互扩散实现联接焊件的方法。

11.1.3 焊接的主要用途

焊接方法在工业生产中用途广泛,主要用于以下3个方面:

(1)制造金属部件

焊接方法广泛应用于各种金属结构的制造,如桥梁、船舶、压力容器、化工设备、机动车辆、矿山机械等。

(2)制造机器零件和工具

焊接方法适合于单件或小批量生产加工各类机器零件和工具,如机床床身、大型齿轮、飞轮、各种切削工具等。

(3)修复

可采用焊接方法修复某些有缺陷、失去精度或有特殊要求的工件。

近年来,焊接技术迅速发展,焊接已从传统的热加工工艺发展到集材料、冶金、结构、力学、电子等多门类科学为一体的工程工艺学科,成为许多高新技术产品制造不可缺少的加工方法。目前,焊接技术已经向自动化、智能化方向发展,在此过程中,新的焊接方法不断出现,特别是在焊接技术与计算机技术、工业控制技术相结合后,焊接更趋于精密化和智能化,各类焊接机器人和特种焊接技术的出现,更加扩大了焊接技术的应用范围。但从目前焊接技术的发展来看,特别是从学生进行金工实习的角度来看,手工电弧焊仍是最基本、最广泛、最灵活的焊接方式。

11.1.4 焊接方法的主要特点

(1)焊接方法的优点

①焊接方法灵活,可化繁为简,生产周期短。焊接使复杂零件和大型零件的制造过程简化、制造周期缩短,许多复杂结构都能以铸-焊、锻-焊及简单零件通过焊接形式组合而成,使加工工艺简化。

②焊接工艺适应性强。多样的焊接方法几乎可焊接所有的金属材料和部分非金属材料,而且联接性能较好。焊接接头可达到与工件金属等强度或其他相应的特殊性能。

③将不同材料焊接在一起.可满足特殊联接要求。将不同材料焊接在一起,可达到零件不同位置具备不同的性能以满足对零件特殊功能的需求。如钻头工作部分与柄的焊接、车刀刀头与刀体的焊接、水轮机叶片耐磨表面的堆焊等。

④节省材料,减轻部件质量。如采用点焊的飞行器结构质量明显减轻。

(2)焊接方法的缺点

①焊接过程造成的结构应力与变形以及各种裂纹可能造成零件的整体性能下降。

②由于焊工操作技术等原因,会造成焊接接头的组织不均匀。

③由于材料和焊接方法的差异,会造成焊接接头的性能有较大差别。

11.1.5 焊接安全技术

焊接属于特种作业,焊接安全生产非常重要,因为焊接过程中,操作者要与电、可燃及易爆气体、易燃液体、压力容器等接触,在焊接过程中还会产生一些有害气体、金属蒸气和烟尘、电弧光辐射、焊接热源(电弧、气体火焰)的高温、高频电磁场、噪声和射线等。如果操作者不熟悉有关劳动保护知识,不遵守安全操作规程,就有可能引起触电、灼伤、火灾、爆炸、中毒等事故。

(1)预防触电

我国有关标准规定:干燥环境下的安全电压为36 V,潮湿环境下的安全电压为12 V。而焊接工作现场所用的网路电压为380 V或220 V,焊机的空载电压一般都在50 V以上。因此,焊工在工作时必须注意以下措施防止触电:

①弧焊设备的外壳必须接地,与电源连接的导线要有可靠的绝缘。

②弧焊设备的一次侧接线、修理和检查应由电工进行操作,焊工不可私自拆修。二次侧接线焊工可以进行连接。

③推拉电源刀开关时,必须戴干燥的手套。面部要偏斜,以免推拉开关时,电弧火花灼伤脸部。

④焊工的工作服、手套、绝缘鞋应保持干燥。在潮湿的场地作业时,必须应用干燥的木板或橡胶板等绝缘物作垫板。雨天、雪天应避免在露天焊接。

⑤为了防止焊钳与焊件之间发生短路而烧坏焊机,焊接结束前.应将焊钳放置在可靠的部位,然后再切断电源。

⑥更换焊条必须戴好焊工手套,并且避免与焊件接触,尤其在夏季因身体出汗而衣服潮湿时,切勿靠在接有焊接电源的钢板上,以防触电。

⑦在容器或船舱内以及其他狭小的焊接构件内焊接时,必须两人轮换操作,其中一人在外面监护。同时,要采用橡胶垫类的绝缘物与焊件隔开,防止触电。

⑧在光线较暗的场地、容器内操作或夜间工作时,使用照明灯的电压应不大于36 V。

⑨电缆必须有完整的绝缘,不可将电缆放在焊接电弧的附近或灼热的金属上,避免高温烧坏绝缘层;同时,也要避免碰撞磨损。焊接电缆如有破损应及时修理或调换。

⑩遇到焊工触电时.切不可赤手去拉触电者.应先迅速将电源切断,或用干木棍等绝缘物将电线从触电者身上挑开。如果触电者呈昏迷状态.应立即进行人工呼吸,并尽快送医院抢救。

(2)防火灾、防爆炸

焊接时,由于电弧及气体火焰的温度较高,并且有大量的金属飞溅物,稍有疏忽就会引起火灾甚至爆炸。因此,操作者在工作时,为了防止火灾及爆炸事故的发生,必须采取下列安全措施:

①对密封容器施焊前.应首先查明容器内是否有压力,当确认安全时,方可进行焊接。严

禁在有压力的情况下进行焊接。

②当补焊装过易燃、易爆物品的器具(如油桶、油箱等)时,焊前需用碱水仔细清洗,再用压缩空气吹干,并打开所有孔盖,确认安全后方能焊接,但不得站在打开的封口处焊接。

③在存有易燃、易爆物品的车间或场地焊接时,必须取得消防部门的同意。操作时,采取严密的措施,防止火星飞溅引起火灾。

④在高空作业时,应注意防止金属火星飞溅而引起火灾。

⑤在容器内工作时,焊炬、割炬应随焊工同时进出,严禁将焊炬、割炬放在容器内而擅自离开,以防混合气体燃烧和爆炸。

⑥焊条头及焊后的焊件不能随便乱扔,以免触及易燃、易爆物品,发生火灾甚至爆炸。

⑦焊接工作间应备有消防器材,严禁堆放木材、油漆、油料及其他易燃、易爆物品。

⑧每天工作结束后,应关闭气源、电源,并检查工作现场附近有无引起火灾的隐患,确认安全后才能离开。

(3)**防中毒**

预防有害气体焊接时,操作者周围的空气常被一些有害气体及粉尘所污染,如氧化锰、氧化锌、氯化氢、一氧化碳和金属蒸气等。焊工长期吸入这些烟尘和气体,对身体是不利的,因此应采取以下措施加以预防:

①焊接现场必须通风良好。可在车间内安装轴流式风机;在焊接工位安装小型通风设施,充分利用自然通风.以获得良好的操作环境。

②在容器内或双层底舱等狭小场地焊接时,应注意通风排气工作。可应用压缩空气,严禁使用氧气。

③合理组织工作布局,避免多名操作者挤在一起操作。

④若房间内(如某些试验室,但正规厂房除外)没有通风措施,绝对不允许进行氩弧焊操作。

(4)**防弧光辐射**

弧光辐射主要包括强可见光、紫外线和红外线3种辐射。弧光辐射对皮肤、眼睛有较大刺激,能引起皮肤发红、变黑、脱皮,引起电光性眼炎、畏光、疼痛、怕风吹、流泪等症状。因此,焊工必须注意加以防护。

①操作者工作时,应穿白色帆布工作服,防止弧光灼伤皮肤。

②操作者使用的电焊面罩应经常检查,不能漏光。焊接引弧时,要告知身边的人,以免弧光灼伤他人的眼睛。

③当多名操作者操作时,要使用屏风板进行遮光,避免东张西望而造成不必要的伤害。

④装配定位焊时,要特别注意弧光的伤害,必要时,应戴防光眼镜。

⑤氩弧焊、CO_2焊的明弧焊接,弧光辐射较强,衣服领口、袖口要系紧,选择稍暗些的护目玻璃。

11.2 手工电弧焊

利用电弧作为热源的焊接方法称为电弧焊。用手工操作焊条进行的电弧焊,称为焊条电弧焊,或手工电弧焊,简称手弧焊。

手工电弧焊属于熔化焊,利用电弧产生的热熔化被焊金属,使之形成永久结合。手工电弧焊所需要的设备简单、操作灵活,其焊接质量主要由焊接操作人员的焊接技术水平保证,可以对不同焊接位置、不同接头形式的焊缝方便地进行焊接。因此,它是目前应用最为广泛的焊接方法。

11.2.1　手工电弧焊的原理

如图11.1所示为手工电弧焊示意图。其中的电路以弧焊电源为起点,通过接焊钳的电缆、焊钳、焊条、焊件、接焊件电缆形成回路。在有电弧存在时形成闭合回路,实现焊接。焊条在这里既是焊接材料,也是导体。焊接开始后,电弧的高热瞬间熔化了焊条端部和电弧下面的焊件表面,使之形成熔池,焊条端部的熔化金属以细小的熔滴状过渡到熔池中,与母材熔化金属混合,凝固后成为焊缝。

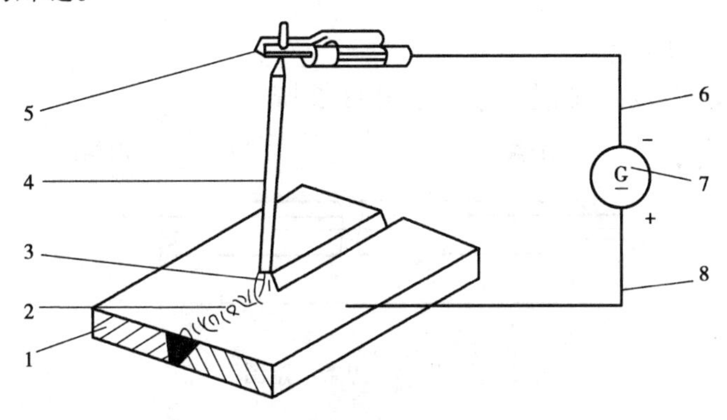

图11.1　手工电弧焊示意图

1—焊件;2—焊缝;3—电弧;4—焊条;5—焊钳;
6—连接焊钳的电缆;7—弧焊电源;8—连接焊件的电缆

11.2.2　手工电弧焊的设备

如前所述,手工电弧焊的焊接回路由弧焊电源、电缆、焊钳、焊条和电弧组成。手工电弧焊的主要设备是弧焊电源,它的作用是为焊接电弧稳定燃烧提供所需的合适的电流与电压。

弧焊电源按结构可分为交流弧焊电源、直流弧焊电源、脉冲弧焊电源和弧焊逆变器。按电流的性质可分为交流弧焊电源、直流弧焊电源两大类。

(1)**交流弧焊电源**

交流弧焊电源是一种供电弧燃烧使用的降压变压器,也称弧焊变压器。常见的交流弧焊电源有动铁芯式和动圈式两种。交流弧焊电源可将工业用电压220 V或380 V降低到空载时只有60~80 V,电弧引燃时为20~30 V,同时它能供给很大的焊接电流,并可根据需要在一定的范围内调节。交流弧焊电源具有结构简单、节省电能、成本低廉、使用可靠和维修方便等优点,因此在一般焊接结构的生产中得到广泛的应用。

交流弧焊电源型号BX_1-315(500)和BX_3-315(500)型弧焊变压器是最常用的交流弧焊电源。型号中,“B”表示焊接弧焊变压器;“X”表示焊接电源为下降外特性;“1”“3”表示该系列产品中的序号,分别表示动芯式和动圈式;“315”“500”表示额定焊接电流为315 A和500 A。

(2)直流弧焊电源

根据所产生直流电的原理不同,直流弧焊电源可分为弧焊整流器和弧焊发电机两大类。弧焊整流器是一种将交流电变压、整流转换成直流电的弧焊电源。弧焊整流器有硅弧焊整流器、晶闸管弧焊整流器和晶体管弧焊整流器等。晶闸管弧焊整流器以其优异的性能逐步代替了弧焊发电机和硅弧焊整流器,成为目前一种主要的直流弧焊电源。弧焊发电机是由交流电动机带动直流发电机,为焊接提供直流电源,因其结构复杂,制造和维修较困难,使用时噪声大、耗能多而逐渐被淘汰。

ZX_5-250 和 ZX_5-400 型弧焊变压器是最常用的直流弧焊电源。型号中,“Z”表示焊接弧焊整流器;“X”表示焊接电源为下降外特性;“5”表示该系列产品中的序号,晶闸管弧焊整流器;“250”“500”表示额定焊接电流为 250 A 和 500 A。

11.2.3 焊条

(1)焊条的组成和作用

焊条是由焊芯和药皮两部分组成的,如图 11.2 所示。

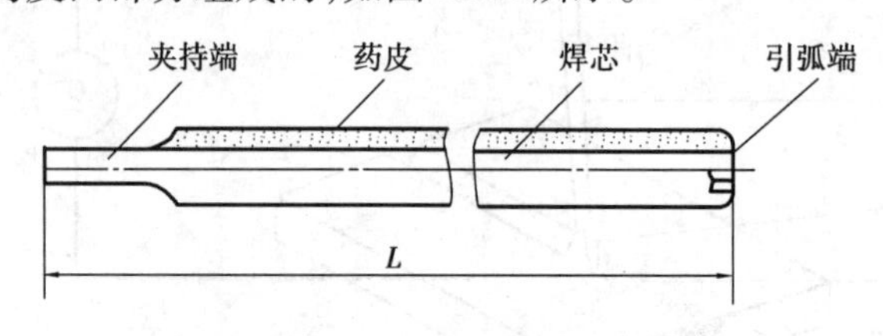

图 11.2 焊条示意图

1)焊芯

焊芯是用符合国家标准的焊接用钢丝制成。焊芯的直径就是焊条的直径,一般为 $\phi1.6 \sim \phi6.0$ mm,常用的焊条直径有 $\phi2.5$ mm,$\phi3.2$ mm,$\phi4.0$ mm,$\phi5.0$ mm 几种,长度为 250 ~ 450 mm。

焊接时焊芯起两种作用:一是作为电极产生电弧;二是熔化后作为填充金属与熔化的母材一起形成焊缝。手工电弧焊时,焊芯金属占整个焊缝金属的 50% ~ 70%,焊芯的化学成分直接影响焊缝的质量。

2)药皮

药皮是压涂在焊芯表面上的涂料层。药皮是由各种矿物类、铁合金和金属类、有机类及化工产品等原料组成。药皮中主要成分不同,药皮的类型也不同。药皮在焊接过程中可起到稳定电弧、保护熔化金属、去除有害杂质和添加有益合金元素的作用。

(2)焊条的种类

焊条按用途不同分为 10 大类:结构钢焊条、钼和铬钼耐热钢焊条、低温钢焊条、不锈钢焊条、堆焊焊条、铸铁焊条、镍及镍合金焊条、铜及铜合金焊条、铝及铝合金焊条、特殊用途焊条等。其中,常用的结构钢焊条分为碳钢焊条和低合金钢焊条两种。

(3)焊条的型号

碳钢和低合金钢焊条型号是根据熔敷金属的力学性能、药皮类型、焊接位置和电流种类来划分的,其相应的国家标准为 GB/T 5117—1995 和 GB/T 5118—1995,标准规定碳钢焊条型号

由字母“E”和4位数字组成,各位含义如下:

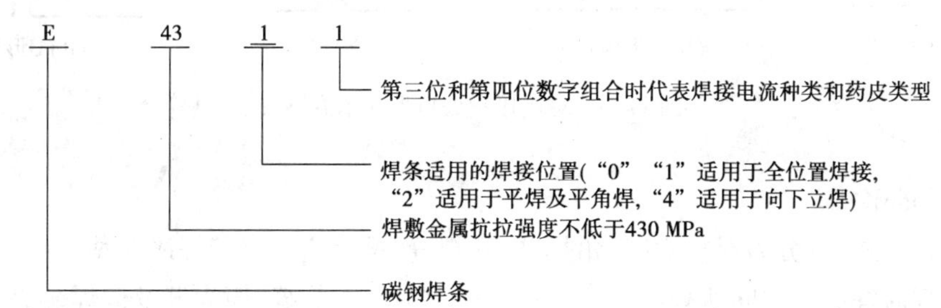

(4)**焊条的选用原则**

①强度相等原则。即在焊接时,应选用与母材同强度等级的焊条。

②成分相同原则。即在焊接时,应按母材化学成分选用相应成分的焊条。

③在焊接具有承受动载荷使用条件的焊接结构时,应选用抗裂性好的碱性焊条。

④当焊件接头部位的油污、铁锈等不便清理时,应选用抗气孔生成能力较强的酸性焊条。

⑤低成本原则。

此外,还应根据焊件具体的厚度、焊缝位置等条件,选用不同直径的焊条。通常焊件越厚,选用焊条的直径就越大。

11.2.4 手工电弧焊工艺

(1)**焊接接头的选择**

焊接接头是用焊接方法联接的接头,根据焊件的厚度、结构、使用条件的不同,须采用不同形式的接头。常用的接头形式有对接接头、搭接接头、角接接头及T形接头,如图11.3所示。

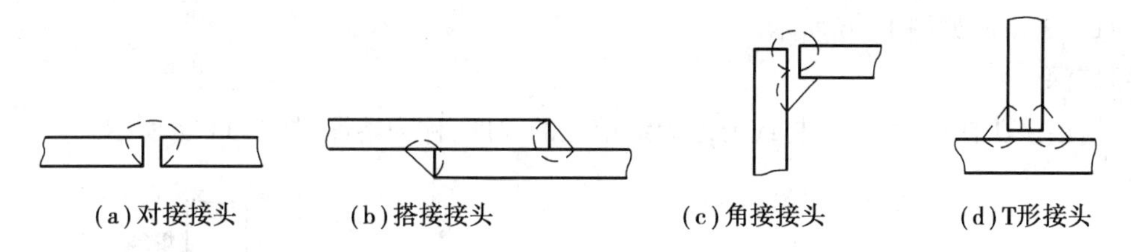

图11.3 焊接接头形式示意图

(2)**焊接坡口的选择**

根据设计或工艺需要,在焊件的待焊部位加工并装配成一定几何形状的沟槽,称为坡口。开坡口是为了保证电弧能深入接头根部,使根部焊透并便于清渣,以获得较好的成形,而且还能调节焊缝金属中母材金属与填充金属比例的作用。

当板厚小于6 mm时,只需在接头处留一定间隙就能从一面或两面焊透;对于板厚大于6 mm的板料,焊前需要加工坡口,常见坡口形式如图11.4所示。坡口的尺寸包括坡口角度、根部间隙、钝边、坡口深度和根部半径。钝边的作用是防止将接头烧穿,根部间隙的作用是保证焊透。

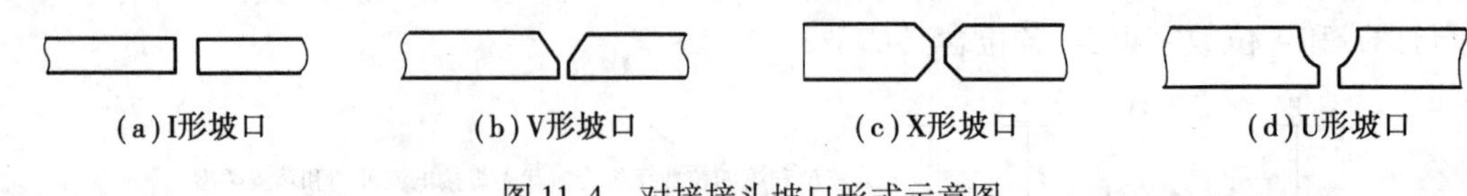

图 11.4　对接接头坡口形式示意图

(3)**焊缝的形式**

①按结合形式,可分为对接焊缝、角焊缝、塞焊缝、槽焊缝及端接焊缝 5 种。

②按施焊时焊缝在空间所处的位置,可分为平焊缝、立焊缝、横焊缝及仰焊缝。

③按断续情况,可分为连续焊、断续焊和定位焊 3 种形式。

(4)**焊缝的形状尺寸**

1)焊缝宽度

焊缝表面两焊趾之间的距离,称为焊缝宽度。焊缝表面与母材的交界处,称为焊趾,如图 11.5 所示。

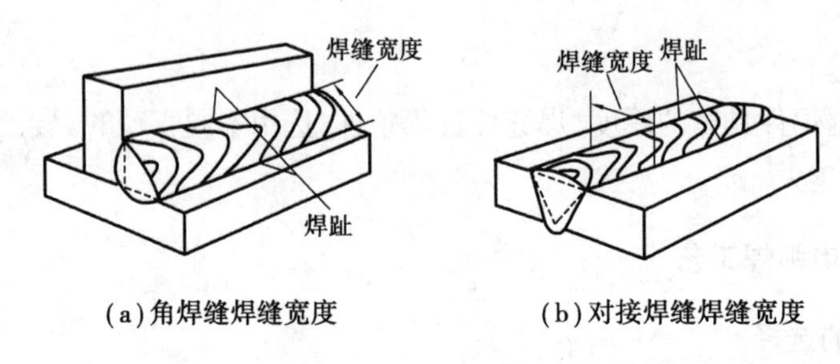

图 11.5　焊缝宽度示意图

2)余高

超出母材表面连线上面的那部分焊缝金属的最大高度,称为余高。手工电弧焊的余高值一般为 0 ~3 mm,如图 11.6 所示。

3)熔深

在焊接接头横截面上,母材或前道焊缝熔化的深度,称为熔深,如图 11.7 所示。

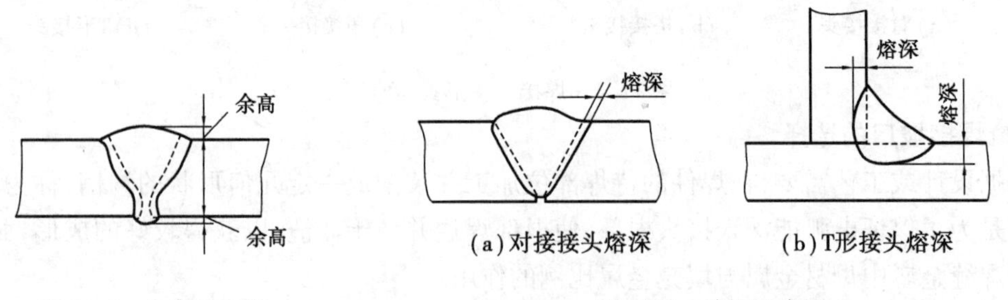

图 11.6　余高示意图　　图 11.7　熔深示意图

4)焊缝厚度

在焊缝横截面中,从正面到焊缝背面的距离,称为焊缝厚度,如图 11.8 所示。

5)焊脚

角焊缝的横截面中,从一个直角面上的焊趾到另一个直角面表面的最小距离,称为焊脚,如图11.9所示。

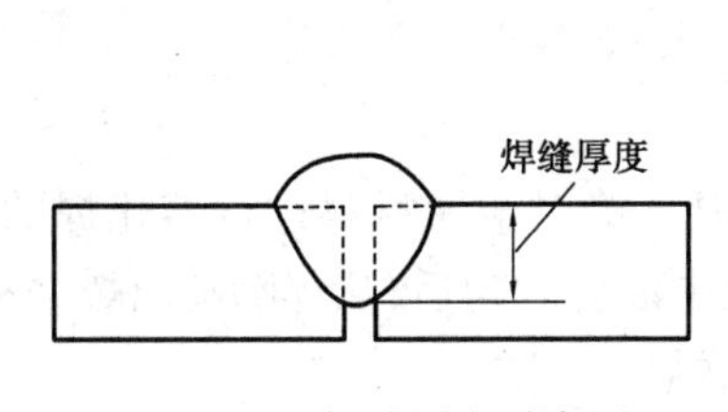

图11.8　焊缝厚度示意图

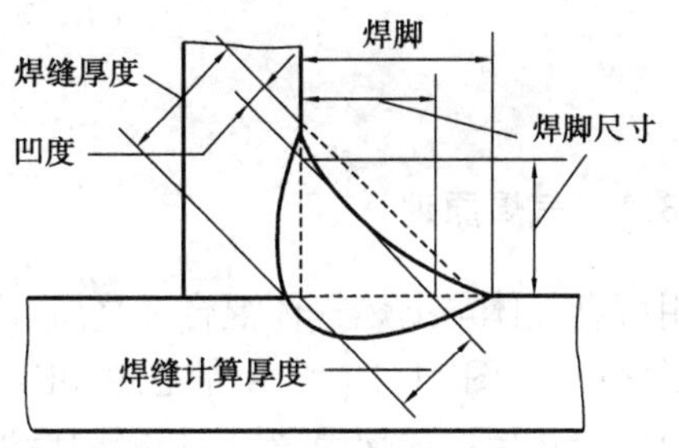

图11.9　焊脚示意图

(5)焊接工艺参数的选择

焊接工艺参数是指在焊接时为保证焊接质量和生产率而选定的各物理量,包括焊条直径、焊接电流、电源种类和极性、焊接速度及焊接层数等。

1)焊条直径

焊条直径主要取决于被焊焊件的厚度,一般焊厚度较大的焊件应选直径较大的焊条,焊薄件时选细焊条。立焊、横焊和仰焊应选比平焊直径小的焊条。多层焊的打底焊时选直径小的焊条,其他焊层选直径大的焊条。

2)焊接电流

焊条直径越大,焊接电流也越大,碳钢酸性焊条直径与焊接电流(A)的关系为:$I=(35\sim55)d$。平焊比立焊、横焊和仰焊时电流大。酸性焊条比碱性焊条和不锈钢焊条使用的电流大。多层焊打底焊比其他层使用的电流小。根据飞溅大小、焊条熔化状态和焊缝成形判断焊接电流的大小。

3)电源种类和极性

用交流电源焊接时,电弧稳定性差。采用直流焊接电源时,电弧稳定,飞溅少。极性的选择主要根据焊条的形状和焊件所需的热量来决定,焊接厚件时可采用直流正接,而焊接薄件时采用直流反接。交流焊接电源上使用酸性焊条,其熔深介于直流正接和直流反接之间。

4)焊接速度

如果焊接速度过慢,焊缝力学性能降低,变形大。焊接速度过快,易造成未焊透、未熔合等缺陷。为提高生产率,在保证质量基础上,采用较大焊条和较大焊接电流,同时适当加快焊接速度。

5)焊接层次

在中厚板焊接时,一般要开坡口并采用多层多道焊,每层厚度等于焊条直径的0.8~1.2倍,且每层不大于5 mm。

11.3 气　焊

11.3.1 气焊原理

利用可燃气体与助燃气体混合燃烧后,产生的高温火焰对金属材料进行熔化焊的一种方法,称为气焊。如图 11.10 所示,将乙炔和氧气在焊炬中混合均匀后,从焊嘴喷出燃烧火焰,将焊件和焊丝熔化后形成熔池,待冷却凝固后形成焊缝联接。

气爆所用的可燃气体很多,有乙炔、氢气、液化石油气、煤气等,而最常用的是乙炔气。乙炔的发热量大,燃烧温度高,制造方便,使用安全,焊接时火焰对金属的影响最小,火焰温度高达 3 100 ~ 3 300 ℃。氧气作为助燃气,其纯度越高,耗气越少。因此,气焊也称为氧-乙炔焊。

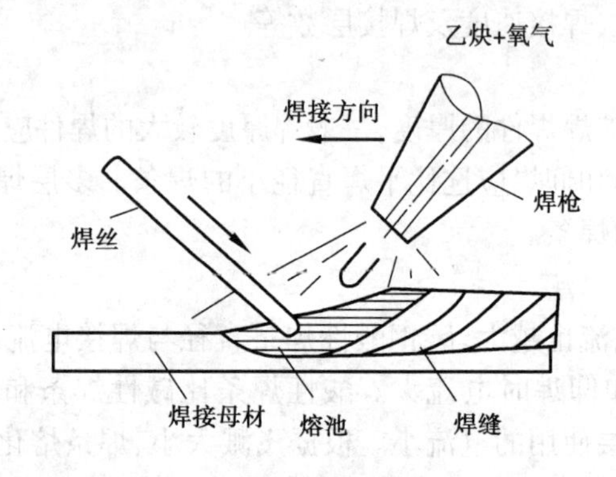

图 11.10　气焊原理示意图

11.3.2 气焊的特点及应用

火焰对熔池的压力及对焊件的热输入量调节方便,故熔池温度、焊缝形状和尺寸、焊缝背面成形等容易控制。

设备简单,移动方便,操作易掌握,但设备占用生产面积较大。

焊炬尺寸小,使用灵活。由于气焊热源温度较低,加热缓慢,生产率低,热量分散,热影响区大,焊件有较大的变形,接头质量不高。

气焊适于各种位置的焊接。适于焊接在 3 mm 以下的低碳钢、高碳钢薄板、铸铁焊补以及铜、铝等有色金属的焊接。在船上无电或电力不足的情况下,气焊则能发挥更大的作用,常用气焊火焰对工件、刀具进行淬火处理,对紫铜皮进行回火处理,并矫直金属材料和净化工件表面等。此外,由微型氧气瓶和微型熔解乙炔气瓶组成的手提式或肩背式气焊气割装置,在旷野、山顶、高空作业中应用是十分简便的。

11.3.3 气焊主要设备

气焊所用设备及气路连接如图 11.11 所示。

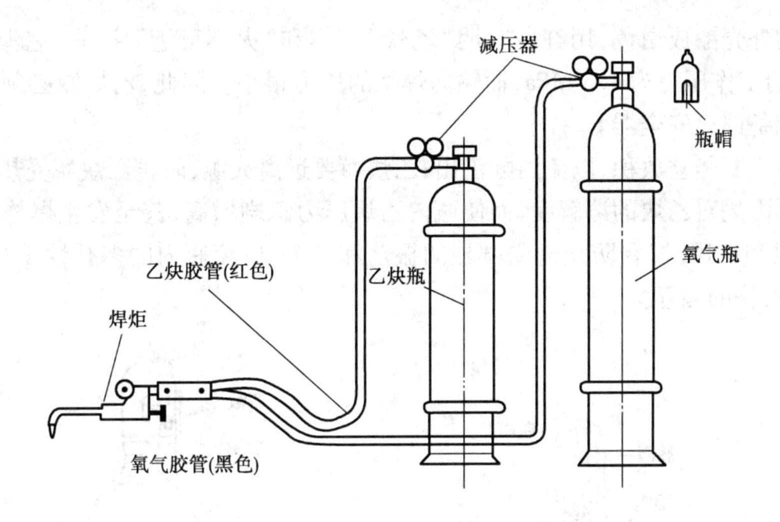

图 11.11　气焊设备及其连接示意图

(1)焊炬

焊炬俗称焊枪。焊炬是气焊中的主要设备。它的构造多种多样,但基本原理相同。焊炬是气焊时用于控制气体混合比、流量及火焰并进行焊接的手持工具。焊炬有射吸式和等压式两种,常用的是射吸式焊炬,如图 11.12 所示。它是由主体、手柄、乙炔调节阀、氧化调节阀、喷射管、喷射孔、混合室、混合气体通道、焊嘴、乙炔管接头及氧气管接头等组成。它的工作原理是:打开氧气调节阀,氧气经喷射管从喷射孔快速射出,并在喷射孔外围形成真空而造成负压(吸力);再打开乙炔调节阀,乙炔即聚集在喷射孔的外围;由于氧射流负压的作用,乙炔很快被氧气吸入混合室和混合气体通道,并从焊嘴喷出,形成了焊接火焰。

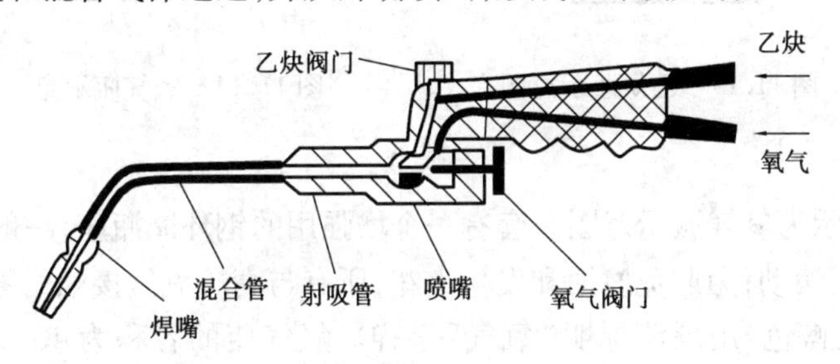

图 11.12　射吸式焊炬示意图

射吸式焊炬的型号有 H01-2 和 H01-6 等。各型号的焊炬均备有 5 个大小不同的焊嘴,可供焊接不同厚度的工件使用。

(2)乙炔瓶

乙炔瓶是储存溶解乙炔的钢瓶(见图 11.13)。在瓶的顶部装有瓶阀供开闭气瓶和装减压器用,并套有瓶帽保护;在瓶内装有浸满丙酮的多孔性填充物(活性炭、木屑、硅藻土等),丙酮对乙炔有良好的溶解能力,可使乙炔安全地储存于瓶内,当使用时,溶在丙酮内的乙炔分离出来,通过瓶阀输出,而丙酮仍留在瓶内,以便溶解再次灌入瓶中的乙炔;在瓶阀下面的填充物中心部位的长孔内放有石棉绳,其作用是促使乙炔与填充物分离。

乙炔瓶的外壳漆成白色,用红色写明“乙炔”字样和“火不可近”字样。乙炔瓶的容量为40 L,乙炔瓶的工作压力为1.5 MPa,而输向焊炬的压力很小。因此,乙炔瓶必须配备减压器,同时还必须配备回火安全器。

乙炔瓶一定要竖立放稳,以免丙酮流出;乙炔瓶要远离火源,防止乙炔瓶受热,因为乙炔温度过高会降低丙酮对乙炔的溶解度,而使瓶内乙炔压力急剧增高,甚至发生爆炸;乙炔瓶在搬运、装卸、存放和使用时,要防止遭受剧烈的振荡和撞击,以免瓶内的多孔性填料下沉形成空洞,从而影响乙炔的储存。

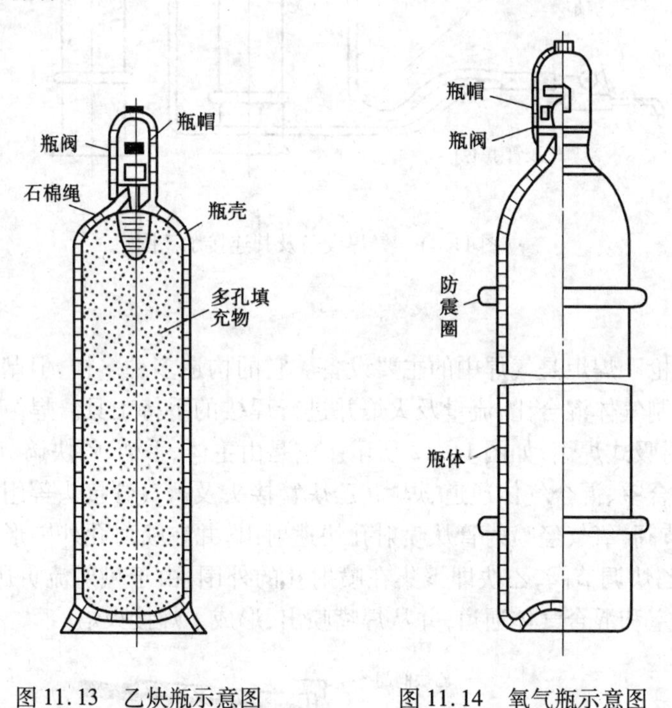

图11.13　乙炔瓶示意图　　图11.14　氧气瓶示意图

(3)**氧气瓶**

如图11.14所示为氧气瓶示意图。套有一个增强用的钢环圈瓶座,一般为正方形,便于立稳,卧放时也不至于滚动;为避免腐蚀和发生火花,所有与高压氧气接触的零件都用黄铜制作;氧气瓶外表漆成天蓝色,用黑漆标明“氧气”字样。氧气瓶的容积为40 L,储氧最大压力为15 MPa;但提供给焊炬的氧气压力很小,故氧气瓶必须配备减压器。由于氧气化学性质极为活泼,能与自然界中绝大多数元素化合,与油脂等易燃物接触会剧烈氧化,引起燃烧或爆炸。因此,使用氧气时必须十分注意安全,要隔离火源,禁止撞击氧气瓶,严禁在瓶上沾染油脂,瓶内氧气不能用完,应留有余量等。

(4)**橡胶管**

橡胶管是输送气体的管道,分氧气橡胶管和乙炔橡胶管,两者不能混用。国家标准规定:氧气橡胶管为黑色,乙炔橡胶管为红色。氧气橡胶管的内径为8 mm,工作压力为1.5 MPa;乙炔橡胶管的内径为10 mm,工作压力为0.5 MPa或1.0 MPa;橡胶管长10~15 m。氧气橡胶管和乙炔橡胶管不可有损伤和漏气发生,严禁明火检漏。特别要经常检查橡胶管的各接口处是否紧固,橡胶管有无老化现象。橡胶管不能沾有油污等。

11.3.4　气焊火焰

常用的气焊火焰是乙炔与氧混合燃烧所形成的火焰，也称氧乙炔焰。根据氧与乙炔混合比的不同，氧乙炔焰可分为中性焰、碳化焰（也称还原焰）和氧化焰3种。

11.3.5　气焊工艺与焊接规范

气焊的接头形式和焊接空间位置等工艺问题的考虑与焊条电弧焊基本相同。气焊尽可能用对接接头，厚度大于5 mm的焊件须开坡口以便焊透。焊前接头处应清除铁锈、油污、水分等。

气焊的焊接规范主要需确定焊丝直径、焊嘴大小、焊接速度等。焊丝直径由工件厚度、接头和坡口形式决定，焊接开坡口时第一层应选较细的焊丝。焊丝直径的选用可参考表11.1。

表11.1　不同厚度工件配用焊丝的直径

工件厚度/mm	1.0 ~2.0	2. 0 ~ 3. 0	3.0 ~5.0	5.0 ~10	10 ~15
焊丝直径/mm	1.0 ~2.0	2.0 ~3.0	3.0 ~4.0	3.0 ~5.0	4.0 ~6.0

焊嘴大小影响生产率。导热性好、熔点高的焊件，在保证质量的前提下应选较大号焊嘴（较大孔径的焊嘴）。

在平焊时，焊件越厚，焊接速度应越慢。对熔点高、塑性差的工件，焊速应慢。在保证质量的前提下，应尽可能提高焊速，以提高生产效率。

11.3.6　气焊基本操作

（1）**点火**

点火之前，先把氧气瓶和乙炔瓶上的总阀打开，然后转动减压器上的调压手柄（顺时针旋转），将氧气和乙炔调到工作压力，再打开焊枪上的乙炔调节阀，此时，可以把氧气调节阀少开一点氧气助燃点火（用明火点燃），如果氧气开得大，点火时就会因为气流太大而出现啪啪的响声，而且还点不着。如果不少开一点氧气助燃点火，虽然也可以点着，但是黑烟较大。点火时，手应放在焊嘴的侧面，不能对着焊嘴，以免点着后喷出的火焰烧伤手臂。

（2）**调节火焰**

刚点火的火焰是碳化焰，然后逐渐开大氧气阀门，改变氧气和乙炔的比例，根据被焊材料性质及厚薄要求，调到所需的中性焰、氧化焰或碳化焰。需要大火焰时，应先把乙炔调节阀开大，再调大氧气调节阀；需要小火焰时，应先把氧气关小，再调小乙炔。

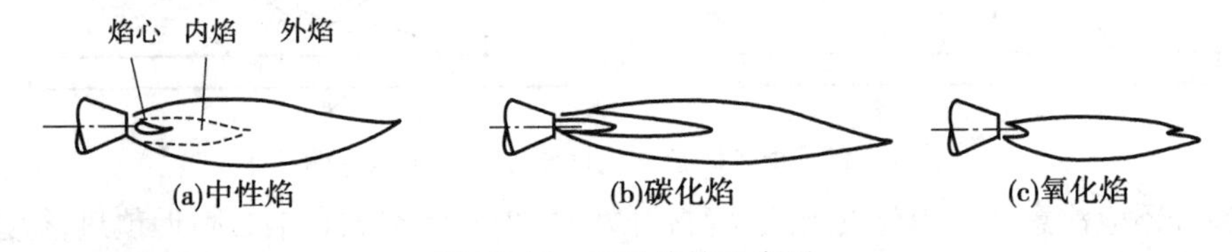

图11.15　氧乙炔焰示意图

（3）**焊接方向**

气焊操作是右手握焊炬，左手拿焊丝，可以向右焊（右焊法），也可向左焊（左焊法），如图11.16所示。

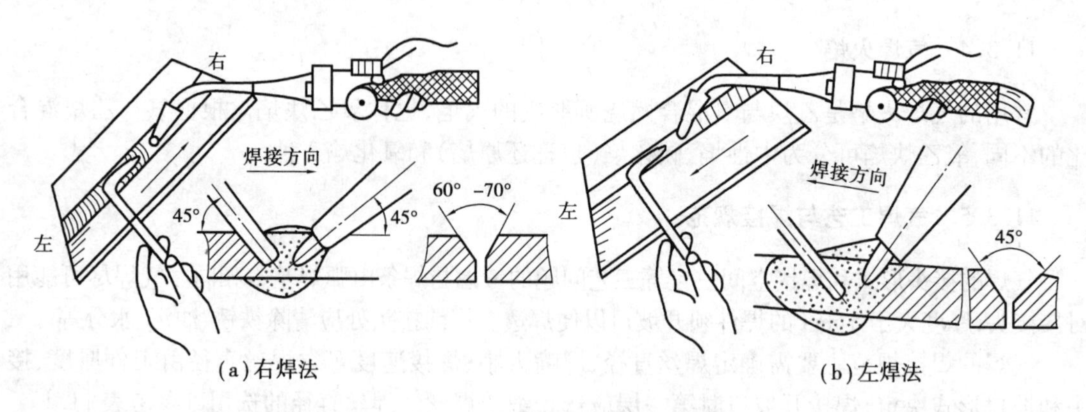

图 11.16　气焊的焊接方向示意图

右焊法是焊炬在前,焊丝在后。这种方法是焊接火焰指向已焊好的焊缝,加热集中,熔深较大,火焰对焊缝有保护作用,容易避免气孔和夹渣,但较难掌握。此种方法适用于较厚工件的焊接,而一般厚度较大的 T 件均采用电弧焊。因此,右焊法很少使用。

左焊法是焊丝在前,焊炬在后。这种方法是焊接火焰指向未焊金属,有预热作用,焊接速度较快,可减少熔深和防止烧穿,操作方便、适宜焊接薄板。用左焊法还可看清熔池,分清熔池中铁水与氧化铁的界线。因此,左焊法在气焊中被普遍采用。

(4)施焊方法

施焊时,要使焊嘴轴线的投影与焊缝重合,同时要掌握好焊炬与工件的倾角 α。工件越厚,倾角越大;金属的熔点越高,导热性越大,倾角就越大。在开始焊接时,工件温度尚低,为了较快地加热工件和迅速形成熔池,α 应该大一些(80° ~ 90°),喷嘴与工件近于垂直,使火焰的热量集中,尽快使接头表面熔化。正常焊接时,一般保持 α 为 30° ~ 50°。焊接将结束时,倾角可减至 20°,并使焊炬作上下摆动,以便连续地对焊丝和熔池加热,这样能更好地填满焊缝和避免烧穿。焊嘴倾角与工件厚度的关系如图 11.17 所示。

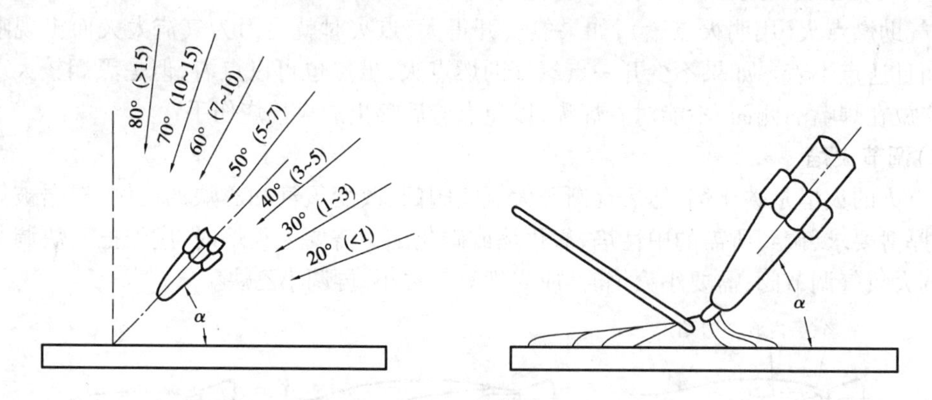

图 11.17　焊嘴倾角与工件厚度的关系示意图

焊接时,还应注意送进焊丝的方法,焊接开始时,焊丝端部放在焰心附近预热,待接头形成熔池后,才把焊丝端部浸入熔池。焊丝熔化一定数量之后,应退出熔池,焊炬随即向前移动,形成新的熔池。注意焊丝不能经常处在火焰前面,以免阻碍工件受热;也不能使焊丝在熔池上面熔化后滴入熔池;更不能在接头表面尚未熔化时就送入焊丝。焊接时,火焰内层焰芯的尖端要距离熔池表面 2 ~4 mm,形成的熔池要尽量保持瓜子形、扁圆形或椭圆形。

(5)熄火

焊接结束时应熄火。熄火之前一般应先把氧气调节阀关小,再将乙炔调节阀关闭,最后再关闭氧气调节阀,火即熄灭。如果将氧气全部关闭后再关闭乙炔,就会有余火窝在焊嘴里,不容易熄火,这是很不安全的(特别是当乙炔关闭不严时,更应注意)。此外,这样的熄火黑烟也比较大,如果不调小氧气而直接关闭乙炔,熄火时就会产生很响的爆裂声。

(6)回火的处理

在焊接操作中有时焊嘴头会出现爆响声,随着火焰内动熄灭,焊枪中会有吱吱响声,这种现象称为回火。因氧气比乙炔压力高,可燃混合气会在焊枪内发生燃烧,并很快扩散,在导管里而产生回火。如果不及时消除,不仅会使焊枪和皮管烧坏,而且会使乙炔瓶发生爆炸。因此,当遇到回火时,不要紧张,应迅速在焊炬上关闭乙炔调节阀,同时关闭氧气调节阀,等回火熄灭后,再打开氧气调节阀,吹除焊炬内的余焰和烟灰,并将焊炬的手柄前部放入水中冷却。

11.4　气　割

11.4.1　气割的原理及应用特点

气割即氧气切割,是利用割炬喷出乙炔与氧气混合燃烧的预热火焰,将金属的待切割处预热到它的燃烧点(红热程度),并从割炬的另一喷孔高速喷出纯氧气流,使切割处的金属发生剧烈的氧化成为熔融的金属氧化物,同时被高压氧气流吹走,从而形成一条狭小整齐的割缝使金属割开,如图11.18所示。因此,气割包括预热、燃烧和吹渣3个过程。气割原理与气焊原理在本质上是完全不同的,气焊是熔化金属,而气割是金属在纯氧中的燃烧(剧烈的氧化),故气割的实质是“氧化”并非“熔化”。由于气割所用设备与气焊基本相同,而操作也有近似之处,因此,常把气割与气焊在使用上和场地上都放在一起。

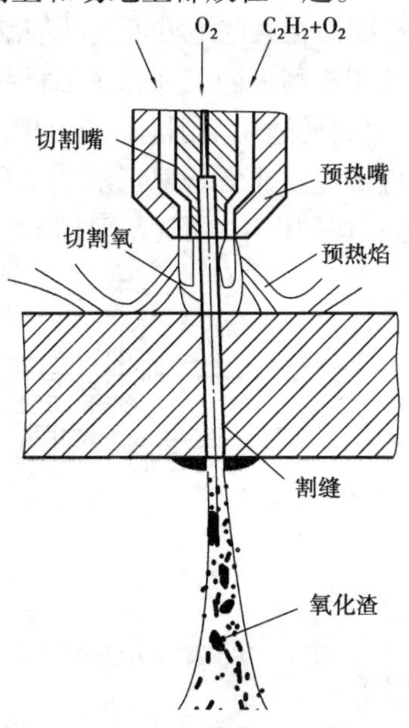

图11.18　气割示意图

金属熔点应高于燃点(即先燃烧后熔化)。在铁碳合金中碳的含量对燃点有很大影响,随着含碳量的增加,合金的熔点降低而燃点却提高,所以含碳量越大气割越困难。例如,低碳钢熔点为1 528 ℃,燃点为1 050 ℃,易于气割。但含碳量为0.7%的碳钢,燃点与熔点差不多,都为1 300 ℃;当含碳量大于0.7%时,燃点则高于溶点,故不易气割。铜、铝的燃点比熔点高,故不能气割。

氧化物的熔点应低于金属本身的熔点,否则形成高熔点的氧化物会阻碍下层金属与氧气流接触,使气割困难。有些金属由于形成氧化物的熔点比金属熔点高,故不易或不能气割。如高铬钢或铬镍不锈钢加热形成熔点为2 000℃左右的Cr_2O_3,铝及铝合金形成熔点2 050 ℃的Al_2O_3,所以它们不能用氧乙炔焰气割,但可用等离子气割法气割。

金属氧化物容易熔化和流动性好,否则不易被氧气流吹走,难于切割。例如铸铁气割生成很多SiO_2氧化物,不但难熔(熔点约为1 750 ℃)而且熔渣黏度很大,所以铸铁不易气割。

金属的导热性不能太高,否则预热火焰的热量和切割中所发出的热量会迅速扩散,使切割处热量不足,切割困难。例如,铜、铝及合金由于导热性高成为不能用一般气割法切割的原因之一。

此外,金属在氧气中燃烧时应能发出大量的热量,足以预热周围的金属,且金属中所含的杂质要少。

满足以上条件的金属材料有纯铁、低碳钢、中碳钢和低合金结构钢。而高碳钢、铸铁、高合金钢及铜、铝等非铁金属及合金,均难以气割。

11.4.2 气割设备、割炬

与一般机械切割相比较,气割的最大优点是设备简单,操作灵活、方便,适应性强。它可在任意位置,任何方向切割任意形状和任意厚度的工件,生产效率高、切口质量也相当好,如图11.19所示。采用半自动或自动切割时,由于运行平稳,切口的尺寸精度误差在±0.5 mm以内,表面粗糙度数值R_a为25 μm,因而在某些地方可代替刨削加工,如厚钢板的开坡口。气割在造船工业中使用最普遍,特别适用于稍大的工件和特形材料,还可用来气割锈蚀的螺栓和铆钉等。气割的最大缺点是对金属材料的适用范围有一定的限制,但由于低碳钢和低合金钢是应用最广泛的材料,所以气割的应用也就非常普遍了。气割所需的设备中,氧气瓶、乙炔瓶和减压器同气焊一样。所不同的是气焊用焊炬,而气割要用割炬(又称割枪)。

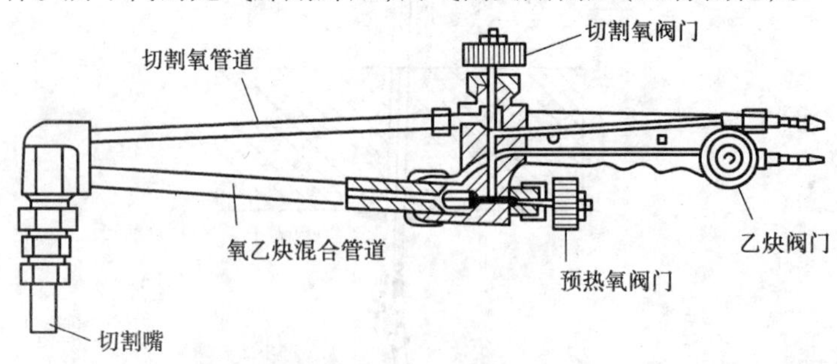

图11.19 割炬示意图

11.4.3 气割的基本操作技术

(1)气割前的准备

气割前,应根据工件厚度选择好氧气的工作压力和割嘴的大小,把工件割缝处的铁锈和油污清理干净,用石笔画好割线,平放好。在割缝的背面应有一定的空间,以便切割气流冲出来时不致遇到阻碍,同时还可散放氧化物。

握割枪的姿势与气焊时一样,右手握住枪柄,大拇指和食指控制调节氧气阀门,左手扶在割枪的高压管子上,同时大拇指和食指控制高压氧气阀门。右手臂紧靠右腿,在切割时随着腿部从右向左移动进行操作,这样切割起来比较稳当,特别是当没有熟练掌握切割时更应该注意到这一点。

点火动作与气焊时一样,首先把乙炔阀打开,氧气可稍开一点。点着后将火焰调至中性焰(割嘴头部是一蓝色圆圈),然后把高压氧气阀打开,看原来的加热火焰是否在氧气压力下变成碳化焰为妥。同时还要观察,在打开高压氧气阀时割嘴中心喷出的风线是否笔直清晰,然后方可切割。

(2)气割操作要点

气割一般从工件的边缘开始,如果要在工件中部或内形切割时,应在中间处先钻一个直径大于5 mm的孔,或开出一孔,然后从孔处开始切割。

开始气割时,先用预热火焰加热开始点(此时高压氧气阀是关闭的),预热时间应视金属温度情况而定,一般加热到工件表面接近熔化(表面呈橘红色)。这时轻轻打开高压氧气阀门,开始气割。如果预热的地方切割不掉,说明预热温度太低,应关闭高压氧继续预热,预热火焰的焰芯前端应离工件表面2 ~ 4 mm,同时要注意割炬与工件间应有一定的角度,如图11.20所示。当气割5 ~30 mm厚的工件时,割炬应垂直于工件;当厚度小于5 mm时,割炬可向后倾斜5° ~10°;若厚度超过30 mm,在气割开始时割炬可向前倾斜5° ~10°,待割透时,割炬可垂直于工件,直到气割完毕。如果预热的地方被切割掉,则继续加大高压氧气量,使切口深度加大,直至全部切透。

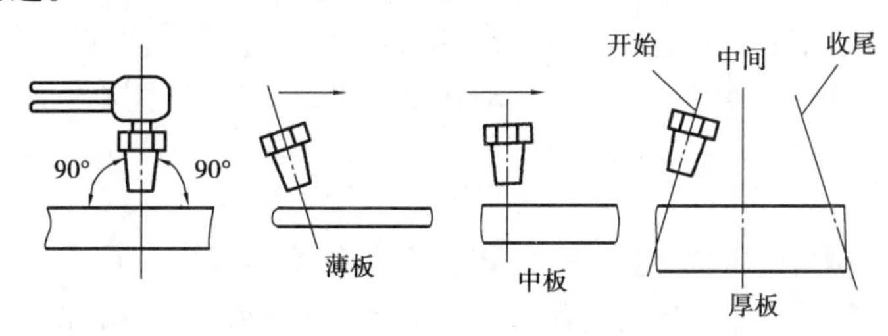

图11.20 割炬与工件之间的角度示意图

(3)气割速度与工件厚度有关

一般而言,工件越薄,气割的速度要快;反之,则越慢。气割速度还要根据切割中出现的一些问题加以调整:当看到氧化物熔渣直往下冲或听到割缝背面发出“喳喳”的气流声时,便可将割枪匀速地向前移动;如果在气割过程中发现熔渣往上冲,就说明未打穿,这往往是由于金属表面不纯,红热金属散热和切割速度不均匀,这种现象很容易使燃烧中断,所以必须继续供给预热的火焰,并将速度稍为减慢些,待打穿正常起来后再保持原有的速度前进。如发现割枪在前面走,后面的割缝又逐渐熔结起来,则说明切割移动速度太慢或供给的预热火焰太大,必须将速度和火焰加以调整再往下割。

11.5 焊接工程训练

金属焊接通常是在高温下进行的,而金属在高温下,母材会发生颜色变化和热变形(即焊接热影响区);焊丝熔化后会形成的焊缝形成漂亮的纹路。在焊接过程中,会形成缺陷,焊接缺陷是指在焊接接头产生的不符合设计或工艺要求的缺陷。其表现形式主要有焊接裂纹、气孔、咬边、未焊透、未熔合、夹渣、焊瘤、塌陷、凹坑、烧穿及夹杂等。导致工件金属的锈蚀、失效等。所以进行焊接操作工艺的基本技术训练是保障质量的必要手段。主要训练引弧(点火)、手弧焊(平焊、横焊等)、气焊、气割、氩弧焊(气体保护焊)等操作练习要点。

工程训练项目18　引弧、运条、连接及收尾实训

认识电焊机,掌握手工电弧焊引弧、运条、连接及收尾等基本操作技能。

(1)**实训工具及材料**

①焊机:交流弧焊机。

②工件:250 mm×100 mm×5 mm 低碳钢板1块。

③焊条:E4303,ϕ3.0 mm。

④辅助工具:钢丝刷、錾子、锉刀、敲渣锤等。

(2)**操作过程与要领**

1)引弧

引弧方法可分为划擦法和敲击法两种。引弧前的准备工作如下:

①将焊接处表面的油污、锈斑等清理干净。

②将焊条末端药皮去除,使焊芯裸露以便于引弧。

③将焊条找准引弧位置,左手持焊帽,挡住面部,准备引弧。

引弧操作时,注意焊条提起速度要适当,太快难以形成电弧,太慢焊条与焊件易粘连在一起。当焊条粘住焊件时,一般将焊条左右摆动几下就可以脱离焊件,不能脱离时,应马上把焊钳松开,防止由于短路时间太长而烧毁焊机。

2)运条

运条是指沿焊条中心线向熔池送进、沿焊接方向移动、横向摆动3个动作。焊接时,3个基本动作必须配合得当,以保证焊接电弧长度稳定、焊接速度适当、摆幅前后一致,才能得到外观与尺寸合格的焊缝。直线运条法运条简单、焊道窄,锯齿形运条法焊道略宽。

3)焊缝的连接

焊缝的连接有4种情况:中间接头、相背接头、相向接头及分段退焊接头。接头连接的平整与否,不仅和操作技术有关,同时还和接头处的温度高低有关。温度越高,接头处越平整。中间接头电弧中断的时间要短,换焊条动作要快。

4)收尾(熄弧)

焊条移到焊缝终点时,提起焊条即可熄弧,可在弧坑处反复熄弧、引弧数次,使弧坑填满。

工程训练项目19　平敷焊、平对焊及平角焊实训

掌握手工电弧焊平敷焊、平对焊、平角焊的基本操作技能。

（1）**实训工具及材料**

①焊机：交流焊机。

②工件：250 mm×200 mm×5 mm 低碳钢板1块；250 mm×100 mm×5 mm 低碳钢板两块；250 mm×100 mm×8 mm 低碳钢板，V形坡口，两块；200 mm×100 mm×5 mm 低碳钢板两块。

③焊条：E4303，ϕ3.2 mm，ϕ4.0 mm。

④辅助工具：钢丝刷、錾子、锉刀、敲渣锤等。

（2）**平敷焊操作过程与要领（见图11.21）**

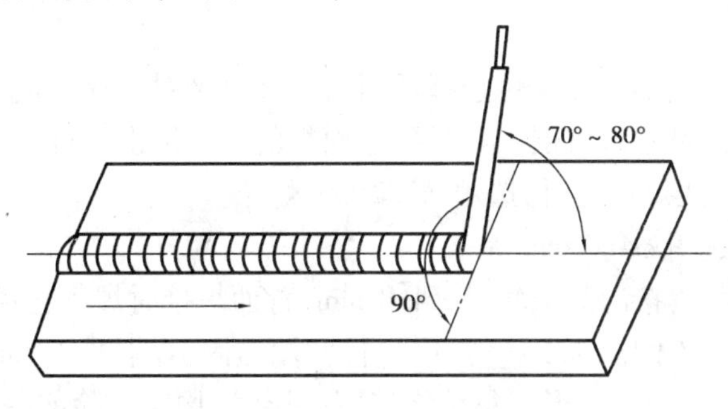

图11.21　平敷焊操作示意图

①清理工件，如锈迹、油污等。

②在工件上划出直线，并打冲眼作标记。

③工件平放，连接好接地线。

④启动焊机并调节电流。

⑤平焊时一般采用蹲姿，在距工件端部约10 mm处引弧，稍拉长电弧对起头预热，然后压低电弧（弧长小于等于焊条直径）并减小焊条与焊向角度，从工件端部施焊。

⑥焊接采用直线形运条，并仔细观察熔池状态。

⑦采用反复断弧收尾法将弧坑填满熄弧。

⑧用敲渣锤从焊缝侧面敲击熔渣使之脱落，焊缝两侧飞溅可用錾子清理。

在操作时应注意，当焊接过程中需更换焊条或停弧时，应缓慢拉长电弧至熄灭，防止出现弧坑；在处理接头时，首先清理原弧坑熔渣，在原弧坑前约10 mm处引弧，稍拉长电弧到原弧坑2/3处预热，压低电弧稍作停留，待原弧坑处熔合良好后，再进行正常焊接。

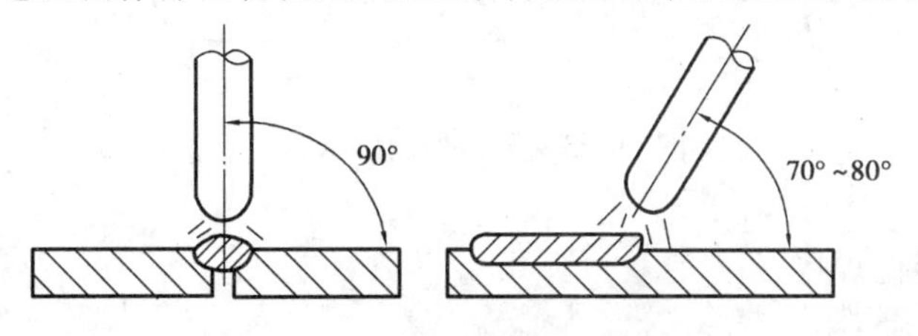

图11.22　平对焊操作示意图

（3）**平对焊操作过程与要领**（**见图** 11.22）

1）不开坡口平对接焊（I 形接口）

①对工件进行必要校正，防止焊口错边。

②清理待焊部位，主要是锈迹及油污。

③两端定位焊。

④首先进行正面焊接，接着进行反面封底焊。用 ϕ3.2 mm 焊条，焊接电流 90～120 A，直线形运条，短弧焊接，焊条角度 65°～80°，焊缝宽度应为 5～8 mm，余高小于 1.5 mm。

⑤用敲渣锤清理焊缝。

操作中应注意，定位焊时，工件要按装配位置摆放好，对口装配间隙 2～3 mm，定位焊点长度 10 mm 左右。在进行反面封底焊之前，应清除焊根的熔渣。电流可稍大，运条速度可稍快。

2）开坡口平对接焊

①装配与定位焊。

②根据焊接材料、厚度等具体条件选择适当的开坡口平对接焊焊接工艺参数，具体可查相关手册。对于本次实习，可按打底层、第二层、盖面焊的步骤依次进行。

③焊接第一层（打底层）焊道时，选用 ϕ3.2 mm 焊条。

④焊接第二层时，选用 ϕ4.0 mm 焊条。

⑤焊接盖面时，正面焊接时焊条直径 ϕ4.0 mm，背面焊接时焊条直径 ϕ3.2 mm。

在焊接时应注意，焊件间隙 2.5～3 mm，工件两端点固，焊点长 10 mm 左右，且不宜过高，为防止焊后变形应做 1°～2°反变形。每次焊接下一层时，均应清除前一层的熔渣。在焊接第二层时，应采用短弧、小锯齿形运条。摆动到坡口两边时，应稍作停留，否则易产生熔合不良、夹渣等缺陷，收尾填满弧坑。焊完要把表面的熔渣和飞溅等清除干净，才能焊下一层。盖面焊接时采用锯齿形运条法，横向摆动以熔合坡口两侧 1～1.5 mm 的边缘并控制焊缝宽度，两侧要充分停留，防止咬边。背面盖面层焊接也采用锯齿形运条法，小幅横向摆动同不开坡口反面焊接。

（4）**平角焊操作过程与要领**（**见图** 11.23）

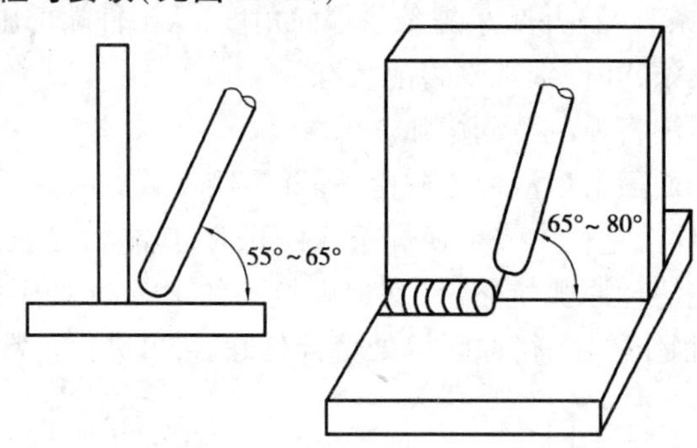

图 11.23　平角焊操作示意图

①清理待焊处。

②焊件装配与定位焊接。

③焊接。

④清理焊件，用尖嘴锤清理渣壳等。

焊接中注意：装配应留有 1～2 mm 的间隙，间隙要均匀；定位焊缝长约 10 mm，焊接电流可稍大些;起头时,引弧稍拉长电弧,移到工件端部,短弧施焊;运条时,采用直线形,短弧焊接;若两焊件厚度不同,电弧偏向厚板;对相同厚度的焊件,保持焊条角度与水平焊件成45°、与焊接方向成60° ~ 80°夹角;若焊缝较大(5 ~8 mm),可采用斜圆圈形或锯齿形运条方法。

工程训练项目20　立对焊与立角焊实训

掌握手工电弧焊立对焊、立角焊的基本操作技能。

(1)实训工具及材料

①焊机:交流焊机。

②工件:200 mm×100 mm×5 mm低碳钢板4块。

③焊条:E4303,ϕ3.2 mm。

④辅助工具:钢丝刷、錾子、锉刀、敲渣锤等。

(2)立对焊操作过程与要领(见图11.24)

①清理待焊处,并对工件进行校正。

②装配及定位焊,留有2.5 ~3mm的对口间隙,其他操作同平对接焊。

③采用向上立焊法焊接。

④清理焊件,用尖嘴锤清理渣壳等。

操作中应注意:焊接时使用较小的焊接电流(比平对接焊小10% ~15%);采用短弧焊接,弧长不大于焊条直径;一般常用正握法握焊钳,必要时用反握法;起头时当电弧引燃后,应将电弧稍微拉长,以对焊缝端头稍微预热。随后再压低电弧进行正常焊接;操作时,可采取胳臂有依托和无依托两种姿势,以便于观察熔池和熔化过渡情况;身体要稍偏向左侧,使右手正对焊缝.焊接时焊条应处于通过两焊件接口而垂直于焊件的平面内并与焊件成60° ~ 80°夹角;注意防止烧穿,可采用灭弧法;接头时更换焊条要迅速,应采用热接法;收尾时,采用反复灭弧法,准确地在熔池左右两侧给2 ~3滴铁水,使弧坑饱满。

(3)立角焊操作过程与要领(见图11.25)

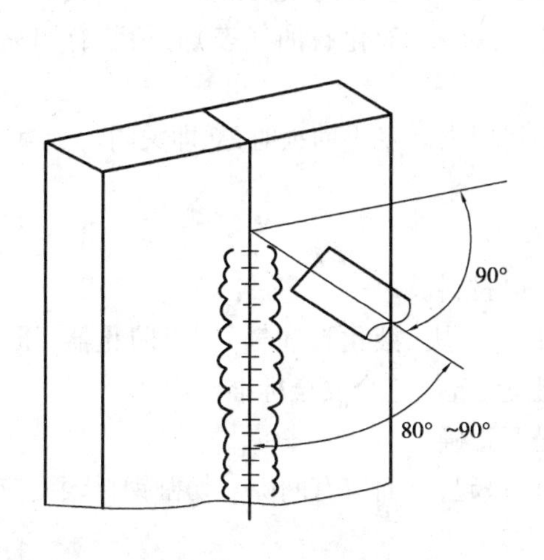

图11.24　立对焊操作示意图

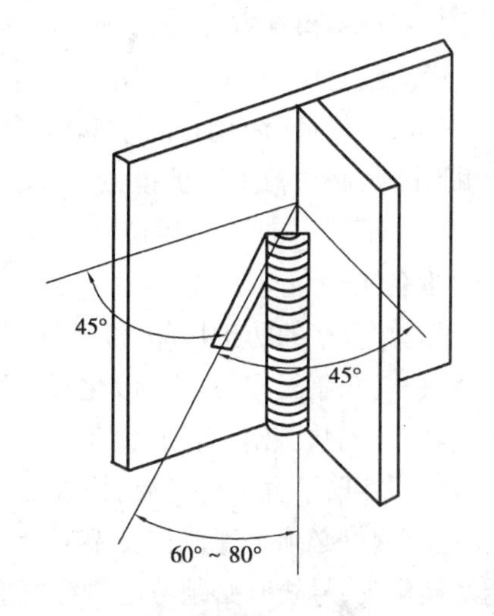

图11.25　立角焊操作示意图

①清理待焊处,并对工件进行校正。

②装配及定位焊,工件组装时,要保证角度的准确性,其他操作同平角焊。

③采取直线往复形运条方法或月牙形运条方法进行焊接，焊接电流可稍大些，以保证焊透。

④清理焊件，用尖嘴锤清理渣壳等。

操作时应注意：操作姿势和焊钳握法与立对焊接相似；焊条与两焊件的夹角应左右相等，而焊条与焊缝中心线的夹角保持60°～80°；焊条在焊缝的两侧应稍停留片刻，使熔化金属能填满焊缝两侧边缘部分；焊条摆动的宽度不大于要求的焊脚尺寸；焊条要按熔池金属的冷却情况有节奏地上下摆动以实现对熔化金属的控制，保证焊缝质量。

工程训练项目21　气焊、气割实训

气焊由于设备简单、价格低廉且移动方便，特别是在无电力供应的地方可方便地进行焊接，应用非常广泛。但氧气、乙炔极易发生爆炸，因此，一定要遵守安全知识。

(1)安全规定

①气焊、气割现场10 m以内不得有易燃、易爆物品，通风必须良好，严禁用氧气通风。

②氧气瓶瓶阀不得粘有油脂，且不得漏气，乙炔、液化石油气瓶阀不得漏气。使用时，氧气瓶与乙炔、液化石油气瓶间隔5 m以上。氧气瓶不得平放，乙炔、液化石油气瓶必须直立放置且需有防倒措施。气瓶不得暴晒，必须遮阳存放。乙炔瓶、液化石油气瓶瓶体表面温度不得超过40 ℃。

③乙炔瓶、液化石油气瓶必须放在离开切割工作场地和其他火源10 m以外的地方，离开暖气、散热片和其他采暖设备1 m以上，氧气瓶必须离开切割场地及火源5 m以上。

④氧气瓶、乙炔瓶、液化石油气瓶运输时，必须带有安全帽、防震圈。移动时，用专用小车载运，严禁吊运、抛掷，避免撞击，以免发生爆炸。搬运时，不得戴粘有油污的手套。

⑤减压器不得有直流现象，且不得粘有油污，高低压表完好无损。

⑥氧气带、乙炔带不得互换。漏气时，可切断并用专用接头牢固连接。

⑦焊、割炬不得粘有油污，各阀门灵活可靠、没有漏气现象，射吸式割炬射吸力良好。

⑧氧气表、乙炔表(液化石油气表)安装牢固，乙炔表(液化石油气表)必须装有回火防止器。氧气带、乙炔带(液化石油气带)安装可靠。

⑨操作时，必须戴上防护镜，点火及操作时不得回火。发生回火时，立即关闭切割氧阀门，再关闭乙炔(液化石油气)阀门。

(2)准备工作

①穿戴好合格的防护用品，准备好使用的工具、材料。

②检查氧气瓶阀门、乙炔(液化石油气)瓶阀门、乙炔(液化石油气)回火防止器、压力表、减压阀、氧气(乙炔、液化石油气)带等符合安全规定，现场符合安全标准。

③熟悉图纸，了解工件材质，检查工件厚度是否正确。

④焊割钢材必须平稳放在支架上，或者用型钢垫起，下面留有间隙。切割钢材表面应清除油、锈及氧化皮，号线时必须考虑割缝宽度。

⑤压力容器、密封容器及各种油桶管道，粘有可燃液体的焊割件，必须先除掉有毒有害、易燃易爆物质，解除容器的管道压力，消除密闭状态。

⑥根据工件技术要求，正确选择焊丝材质，清理工作油、锈。

(3)操作顺序

①气割操作用氧化焰氧焊时,根据不同的材质选用不同的火焰,预热用中性焰,根据割件厚度选择预热时间。

②预热火焰尖端离工件2～4 min。气焊时,利用焊丝作填料,保证母材和焊丝同时熔化。

③根据工件情况,选择焊割方法,厚度较大的工件用右向焊法,薄件用左向焊法。

④根据割件厚度选择割嘴切割倾角。小于6 mm钢板,割嘴向后倾5°～10°;6～30 mm钢板,割嘴垂直于割件;大于30 mm时,开始时割嘴向前倾斜5°～10°,待割穿时垂直于工件,快割完时,逐渐向后倾斜5°～10°。圆和曲线形件,割嘴垂直于工件表面。

⑤切割圆截面零件时,要不断地变换割嘴角度,可采用分断切割。

⑥气割需从钢板内部开始时,必须在靠近割缝的附近适当位置预先制孔。制孔时,先预热再开切割氧阀门,割嘴偏转避免发生回火。

⑦大厚度工件焊接时,将焊接区域预热,火焰集中在焊缝上进行焊接。大厚度工件气割时,随时携带探针,需要随时冷却割嘴。切割大件时,注意支撑可靠,防止因自重而产生过大变形。

⑧焊割时,工件气压应稳定,速度要合适,移动保持平稳均匀,并经常检查氧气瓶压力。压力降0.7 MPa时,必须停止气割工作。

⑨半自动切割时,检查轨道与割缝距离是否吻合,可拖动气割机在轨道上空载运行。工作过程中,随时调节焰心距离。

⑩仿形切割必须先检查磁动滚工作是否可靠,切割时拖动机头按模板空转一圈,检查工作位置是否能完成切割零件。

⑪产品切割后要进行自检,合格后方可批量生产。

⑫熄火时,焊炬先关乙炔(液化石油气)阀门,再关氧气阀门;割炬先关切割氧阀门,再关乙炔(液化石油气)和预热氧阀门。

⑬当回火发生后,立即关闭切割氧阀门和乙炔(液化石油气)阀门,然后关闭氧气瓶阀,再采取灭火措施。

总之,正确的操作步骤是开启氧气阀门→开启氧气减压器,调至所需压力→开启乙炔(液化石油气)阀门→开启乙炔(液化石油气)减压器,调至所需压力→打开焊割炬氧气阀门→打开焊割炬乙炔(液化石油气)阀门→点火→焊割→关闭焊割炬氧气(乙炔、液化石油气)阀门→关闭氧气(乙炔、液化石油气)阀门→整理现场。

第12章 金属塑性成形

12.1 金属塑性成形概述

塑性成形是指金属材料在一定的外力作用下,利用其塑性而使其成形并获得一定力学性能的加工方法,也称塑性加工或压力加工。钢和有色金属大都具有一定的塑性,均可在冷态或热态下进行塑性成形加工。相对于其他金属材料的加工方法,塑性成形具有其独特的优越性,在材料成形中获得广泛的应用。锻压和冶金工业中的轧制、拉拔等都属于塑性加工,或称压力加工,但锻压主要用于生产金属制件,而轧制、拉拔等主要用于生产板材、带材、管材、型材及线材等通用性金属材料。

锻压是锻造和冲压的合称,是利用锻压机械的锤头、砧块、冲头或通过模具对坯料施加压力,使之产生塑性变形,从而获得所需形状和尺寸的制件的成形加工方法。它是机械制造中的重要加工方法。对于承受载荷较重、对强度和韧性要求高的机器零件,如机器的主轴、曲轴、连杆、承载齿轮、凸轮、叶轮及起重吊钩等,通常均采用锻件做毛坯。据统计,在飞机上锻件质量占总质量的85%,在汽车上占80%,在机车上占60%。

塑性成形与其他金属成形工艺相比,具有的特点如下:

(1)改善金属的内部组织,提高其力学性能

金属坯料经过锻压加工后,由于受到挤压变形,可消除内部的气孔、缩孔和粗大的树枝状晶体等铸造缺陷。由于金属的塑性变形和再结晶,可使晶粒进一步细化,得到致密的金属组织,从而提高金属材料的力学性能。在坯料内部的杂质随着塑性变形而形成纤维状组织,若服役过程中使零件受力方向与微观组织纤维方向配合正确,可提高零件的冲击韧度。

(2)节约金属材料和切削加工工时,提高金属材料的利用率和经济效益

塑性成形加工方法是在外力作用下,使金属材料体积重新分配,从而获得所需形状和尺寸的毛坯或零件。而切削加工是依靠切除多余的金属而获得零件的形状和尺寸。因此,用塑性成形制造毛坯,然后经切削加工成为零件,比用普通坯料直接切削加工成零件可节省大量的材料,提高材料的利用率,同时可节约切削加工工时。

(3)**锻件的结构工艺性要求较高**

尺寸精度不高,还需配合切削加工等方法来满足精度要求;塑性加工方法需要重型的机器设备和较复杂的模具,模具的设计制造周期长,初期投资费用高。

12.2　金属塑性成形设备

将金属坯料放在铁砧上,用冲击力或压力使其自由变形获得所需形状的成形方法,称为自由锻造。自由锻时坯料的变形不受模具的限制,锻件的形状和尺寸主要靠锻工的技术来保证,所用设备和工具有很大的通用性:这种方法主要用于单件生产,锻件质量可小到 1 kg 以下,也可大到数百吨,并且是生产大锻件的唯一方法。因此,在重型机械制造中自由锻具有特别重要的作用。由于自由锻件的形状和尺寸主要依靠锻工的操作来保证,对锻工的技术水平要求较高。自由锻主要应用于单件、小批生产以及维修工作中。

图 12.1　空气锤示意图

图 12.2　手工锻造砧块

自由锻造过程中主要靠坯料局部变形,所以需要的设备能力比模锻小。常用的自由锻设备有锻锤和压力机两大类。通常几十千克的小锻件采用空气锤(见图 12.1),2 t 以下的中小型件采用蒸汽-空气锤,大钢锭和大锻件则在水压机上锻造。手工锻造作坊中,如图 12.2 所示的砧块。

(1)**空气锤**

空气锤是生产中、小型锻件的通用锻造设备,在生产中应用最广。它是利用电动机直接驱动的锻锤,其结构小,打击速度快,有利于小件一次打火成形。空气锤的吨位是以落下部分即工作活塞、锤杆、上砧块的质量来表示的,最小为 65 kg,最大可达 1 kg,空气锤产生的打击力约为落下质量的 1 000 倍,可以锻造的质量范围为 2.5 ~ 84 kg 的锻件。

(2)**蒸汽-空气锤**

大都以 600 ~ 900 kPa 的蒸汽或压缩空气为动力。

(3)**水压机**

水压机是用水泵产生的高压水为动力进行工作的。水压机加工具有工作行程大、变形速度低、工件变形均匀等优点,并且工作中无振动,可制成大吨位设备,适合以钢锭为坯料的大件加工。水压机的缺点是结构较大,供水和操作系统等附属设备较复杂。

12.3 金属塑性成形工艺

当加工工件大、厚,材料强度高、塑性低时(如特厚板的滚弯、高碳钢棒的拔长等),都采用热锻压。

提高温度能改善金属的塑性,使之不易开裂。高温度还能减小金属的变形抗力,降低所需锻压机械的吨位。高温变形有利于提高工件的内在质量。当金属(如铅、锡、锌、铜、铝等)有足够的塑性和变形量不大(如在大多数冲压加工中)时,或变形总量大而所用的锻压工艺(如挤压、径向锻造等)有利于金属的塑性变形时,常不采用热锻压,而改用冷锻压。为使一次加热完成尽量多的锻压工作量,热锻压的始锻温度与终锻温度间的温度区间应尽可能大。但始锻温度过高会引起金属晶粒生长过大而形成过热现象,会降低锻压件质量。温度接近金属熔点时则会发生晶间低熔点物质熔化和晶间氧化,形成过烧。过烧的坯料在锻压时往往碎裂。一般采用的热锻压温度为:碳素钢 800 ~ 1 250 ℃;合金结构钢 850 ~ 1 150 ℃;高速钢 900 ~ 1 100 ℃;常用的铝合金 380 ~ 500 ℃;钛合金 850 ~ 1 000 ℃;黄铜 700 ~ 900 ℃。

工业生产中,重要的零件首先要经过锻造工序。锻件的微观组织缺陷较少,晶粒较细,有纤维组织。如图 12.3 所示为吊钩示意图。如图 12.4 所示为典型的纤维结构,其性能提高。

图 12.3 吊钩典型锻件示意图

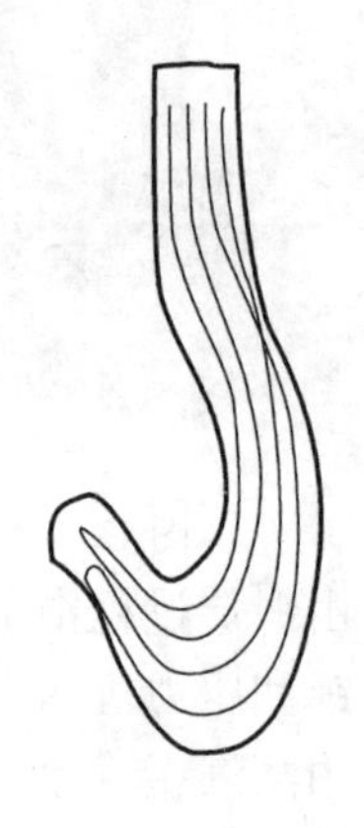

图 12.4 理想纤维组织结构

12.4 金属板料冲压

板料冲压是利用冲压设备和模具对板料加压,使板料产生分离或变形制造薄壁零件或毛坯的加工方法。这种加工方法通常是在常温下进行的,所以又称冷冲压。

板料冲压的原材料是具有较高塑性的金属材料,如低碳钢、铜及其合金、镁合金等, 非金属(如石棉板、硬橡皮、胶木板、皮革等)的板材、带材或其他型材。用于加工的板料厚度一般小于 6 mm。

图 12.5　冲压件示意图

冲压生产的特点是:可生产形状复杂的零件或毛坯;冲压制品具有较高的精度、较低的表面粗糙度,质量稳定,互换性能好;产品还具有材料消耗少、质量轻、强度高及刚度好的特点;冲压操作简单,生产率高,易于实现机械化和自动化;冲模精度要求高,结构较复杂,生产周期较长,制造成本较高,故只适用于大批量生产场合。

在一切有关制造金属或非金属薄板成品的工业部门中都可采用冲压生产,尤其在日用品、汽车、航空、电器、电机及仪表等工业生产部门,应用更为广泛。如图 12.5 即为冲压日用品。

12.5　金属塑性成形工程训练

工程训练项目 22　冷冲压金属材料性能测试——杯突

模具有"工业之母"之称,是国民经济的基础工业。模具工业是机械工业和高新技术产业的重要组成部分。作为工业生产基础工艺装备的模具,以其生产制件所表现的高精度、高复杂程度、高一致性、高生产效率和低耗能耗材,是一般机械加工不可比拟的。模具的重要已经越来越引起国家各产业部门的重视。国外将模具比喻为"金钥匙""金属加工皇帝""进入富裕社会的原动力",欧美等发达国家将模具工业誉为"磁力工业"。

模具是工业产品生产用的重要工艺装备,在现代工业生产中,60% ~90% 的工业产品需要使用模具,模具工业已成为工业发展的基础,许多新产品的开发和研制在很大程度上都依赖于模具生产,特别是汽车、摩托车、轻工、电子、航空等行业尤为突出。而作为制造业基础的机械行业,根据国际生产技术协会的预测,21 世纪机械:制造工业的零件,其粗加工的 75% 和精加工的 50% 都将依靠模具完成,因此,模具工业已成为国民经济的重要基础工业。模具工业发展的关键是模具技术的进步。

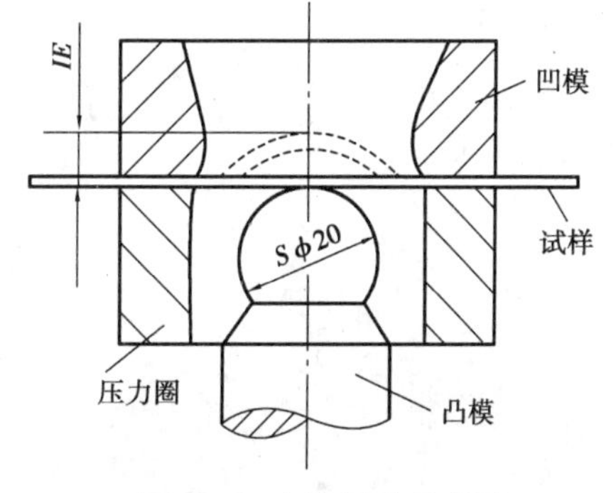

图 12.6　杯突试验示意图

杯突试验的意义:它是测定板材冲压性能的一种试验。

在杯突机上用一定规格的钢球或球状冲头向夹紧于规定的环形凹模内的试样施加压力,直至试样产生微细裂纹为止。此时冲头的压入深度称为材料的杯突深度(*IE*)值。该值反映了板材在胀形成形时的冲压性能,*IE* 值越大,胀形成形性能就越好。

(1)**实验材料**

08,H62,Al 板材。

尺寸:80 mm×80 mm×1mm。

(2)**工具**

杯突试验模具,冲头半径 $R10$,凹模 $\phi27$,垫板 $\phi33$。

(3)**设备**

BT-6 型杯突试验机一台。

第5篇 工程训练综合能力提高

机械零件只有放在具体的部件或设备中才能发挥作用,其功能才能得到检验。全国大学生机械创新设计大赛及全国大学生工程训练综合能力竞赛给大学生们一个检验工程训练效果的平台。它们均以实物参赛,充分展示了机械设计制造、机械创新的魅力,每届比赛都有一个主题。例如今年第七届(2016 年)全国大学生机械创新设计大赛的主题为“服务社会——高效、便利、个性化”;内容为“钱币的分类、清点、整理机械装置;不同材质、形状和尺寸商品的包装机械装置;商品载运及助力机械装置”,强化了同学们的工程意识,通过解决实际问题,培养了同学们的创新、创业意识。

同一个零件可以有不同的加工方法,如六角螺母可以用钳工方法制作,也可用铣削加工方法制造,学生只有亲身实践才能明白什么情况下用什么方法,工程意识才能切实得到提高。

以下为各种传统加工方法对比:

(1)**车削**

1)应用范围

用来加工各种回转表面,如内外圆柱面、内外圆锥面、端面、内外螺纹、钻扩铰内孔、攻丝、套丝及滚花等。

使用普通车床车削,加工对象广,主轴转速和进给量的调整范围大,加工范围大。这种车床主要由工人手工操作,生产效率低,适用于单件、小批生产和修配车间。

2)常用经济精度和表面粗糙度

经济精度一般为 IT11—IT7,表面粗糙度为 R_a12.5 ~ 1.6 μm。

(2)**铣削**

1)应用范围

用来加工平面、沟槽、分齿零件、螺旋形表面及各种曲面。还可对回转体表面及内孔进行加工,以及进行切断看工作等。

由于铣刀为多刃刀具,因此铣削的生产效率较高,适用于批量生产。

2)常用经济精度和表面粗糙度

经济精度一般为IT11—IT8,表面粗糙度为R_a12.5~1.6 μm。

(3)**刨削**

1)应用范围

用于加工平面、加工沟槽(如直槽、T形槽、燕尾槽)和母线为直线的成形面。

由于刨削是单程加工,因此生产效率低,适用于单件、小批量生产。

2)常用经济精度和表面粗糙度

经济精度一般为IT11—IT8,表面粗糙度为R_a12.5~1.6 μm。

(4)**磨削**

1)应用范围

根据磨床种类的不同,可用于内外圆柱面、内外圆锥面、平面、工具表面、刀具表面、曲轴、凸轮轴、花键轴、轧辊、活塞环及轴承零件的加工。磨削不仅适用于一般的金属材料,还能用于淬硬零件的加工。

根据磨床种类的不同,磨削适用于不同批量的生产类型。

2)常用经济精度和表面粗糙度

经济精度一般为IT 7—IT 6,某些磨削可达更高。表面粗糙度一般为R_a0.8~0.2 μm,某些磨削可达更低。

(5)**钳工工艺**

钳工工作劳动强度大,生产效率低、对工人技术要求高。主要适用于划线、刮削、单件小批量生产和一些机械方法不能解决的表面加工和位置调整。

(6)**热加工工艺**

一般经过热加工的工件都是毛坯件,尺寸,形状,位置误差较粗糙。

第 13 章 全国大学生机械创新设计大赛

通过机械加工全国大学生机械创新大赛是经教育部高等教育司批准，由教育部高等学校机械学科教学指导委员会主办，机械基础课程教学指导分委员会、全国机械原理教学研究会、全国机械设计教学研究会及企业联合高校共同承办，面向大学生的群众性科技活动。目的在于综合设计能力与协作精神；加强学生动手能力的培养和工程实践的训练，提高学生针对实际需求进行机械创新、设计、制作的实践工作能力，吸引、鼓励广大学生踊跃参加课外科技活动，为优秀人才脱颖而出创造条件。

13.1 第一届

第一届大赛 2004 年 9 月在南昌大学举行。作品无固定主题，大家奇思妙想，获奖作品为：基于并联机构和分布式控制系统的多功能机器人，微生物培养液自动抽取喷涂机，“先锋号”自适应课翻转探测车，军地两用全自动担架车，行星轮式登月车，爬杆喷漆机器人，仿生机器蟹，等等。这些作品大部分都是机械与电、气、自动化于一体的学科交叉的产物。

全国一等奖中有哈尔滨工程大学的参赛作品仿生机器蟹。它的设计思想值得学生学习。首先学生要观察螃蟹的“横行霸道”，螃蟹以其独特的横向行走方式而标新立异于动物界，从而备受注目。此机器蟹首先必须仿螃蟹的横向行走，即也必须使其大腿能够抬起，而小腿能够向大腿所指方向迈出，当其脚落地时能够抓住地面，通过运动带动整个身体向一侧行进。

由此仿生，同学们联想到曲柄摇杆机构，利用其在曲柄旋转时摇杆在两个极限位置摆动这一特性，恰好仿似螃蟹小腿的摆动，至于曲柄与摇杆间的部分仿大腿的抬起，采用一硬制弹簧同一凸轮的配合来实现。蟹有 8 条腿，采用了 8 个经过改动后的曲柄摇杆机构来模拟。行走时 4 条腿着地作为支撑，并抓地向后运动而另外 4 条腿抬起，向前运动，当抬起运动的 4 条腿伸到前面而最远时着地，此时抓地的 4 条腿运动到向后的极限处并抬起。以此循环往复，从而实现了蟹的横向行走。

螃蟹遇到障碍是可以转向的，但并不像其他动物一样能立即转开，而是不断地转动很小的角度，作一个类似弧线的运动。同学们采用一个由电机带动的拉杆结构在着地的螃蟹腿作横向爬动的同时拉动蟹腿作纵向运动,从而带动身体在纵向缓慢挪动。

仿生机器蟹的原理方案实现如下:

(1)**仿生机器蟹的横向行走机构**

用更改后的曲柄摇杆机构来模拟蟹腿,用两个电机分别控制8条腿,每个电机控制一侧的4条腿。一条腿的设计简图如图13.1所示。

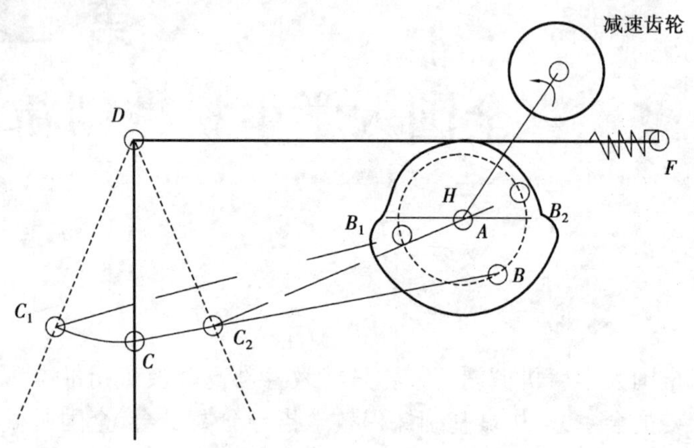

图13.1 腿的设计示意图

其中,大腿的根侧与电机都连在螃蟹的身体上,这样当电机带动凸轮转动时,大腿能实现向上摆动,即带动小腿离地。而在大腿摆到下面时,小腿的脚可以抓住地面。因电机始终在旋转,则摇杆与电机的相对摆动便使电机向指定的方向运动。

(2)**仿生机器蟹的转向机构**

用硬钢丝拉动蟹腿实现蟹的转向。在蟹的右侧放置两个电机,使每个电机控制两个不相邻的两条腿的转向。其结构如图13.2所示。

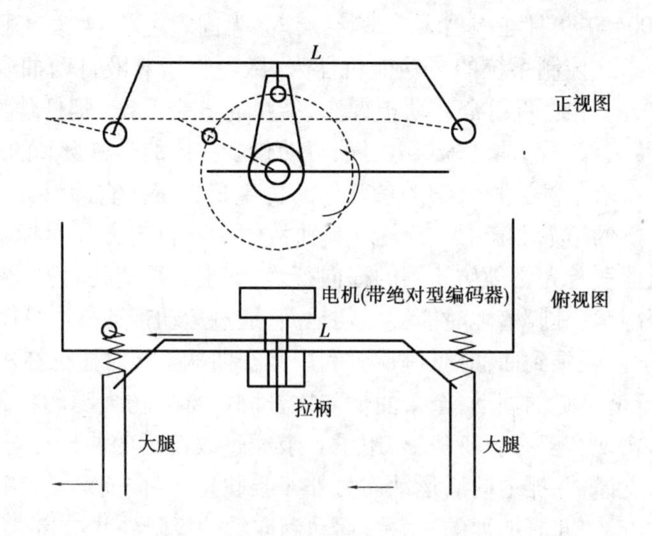

图13.2 机械蟹的转向机构示意图

如图13.3所示为模拟示意图,两条腿为着地爬行的两条。横向爬行时两条腿横向用力带动身体横向运动。当接受到转向信号时,电机转动,带动拉柄,从而带动拉杆 L 向左运动。拉

杆 L 给大腿一个纵向的作用力。由于大腿此时着地是不能运动的,从而导致身体向相反的方向运动。此过程实现了仿生机器的转向。

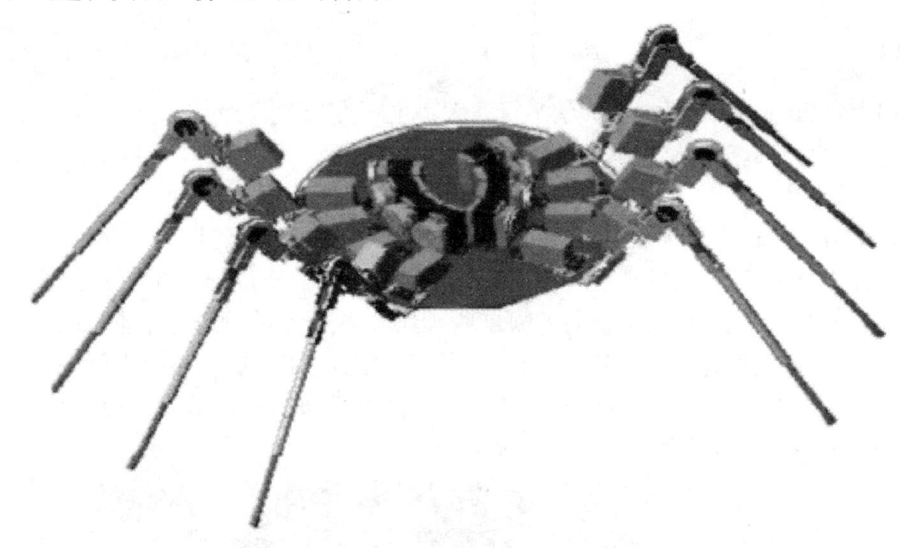

图 13.3　机械蟹模拟示意图

根据以上思路最终制备图 13.4 实物作品,荣获全国一等奖。

图 13.4　机械蟹实物作品示意图

13.2 第二届

第二届大赛2006年10月湖南大学举行。大赛主题为“健康与爱心”，内容为“助残机械、康复机械、健身机械、运动训练机械等四类机械产品的创新设计与制作”。从本届开始创新设计大赛变为命题作文。

以助残机械——轮椅为例，西北工业大学的参赛作品为多功能轮椅。

该作品经充分市场调查，发现现有普通轮椅还存在一些缺陷，并不能很好地解决残疾人急需解决的棘手问题。主要为：轮椅上的如厕自理、爬坡驻坡以及前轮地越障能力低等问题。针对上述问题，同学们在现有轮椅的基础上设计一种多功能自助轮椅，使残疾人能在无人照看的情况下方便地自理如厕，爬坡时能驻坡，方便残疾人倒手，同时提高了针对小台阶等的越障能力。产品如图13.5、图13.6所示。

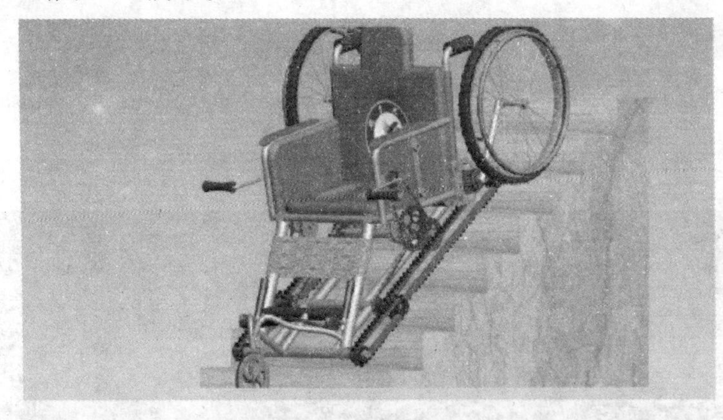

图13.5 轮椅在楼梯上运动示意图

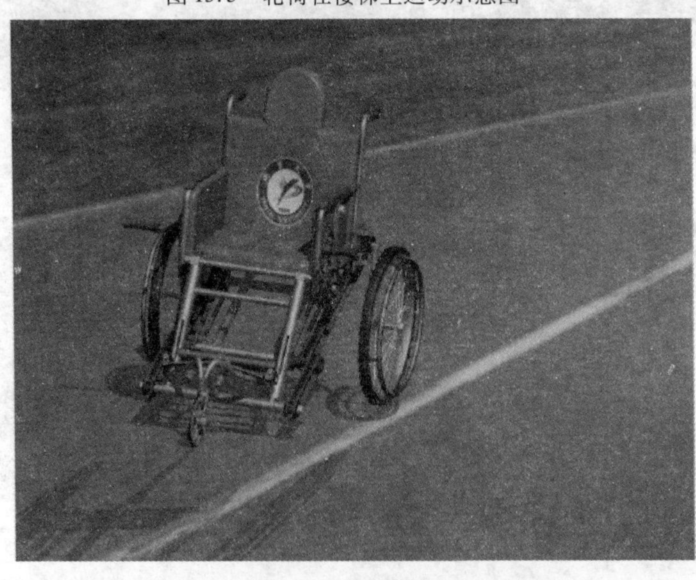

图13.6 轮椅在平坦道路上运动示意图

主要创新点如下：

①采用曲柄连杆机构实现自理如厕功能，灵活简单，使用者只需往后躺下即可，同时躺下可方便脱去裤子，操作简单，而且符合人机工程学。

②驻坡功能的实现是对棘轮的简单应用，上坡时使大轮具备单向旋转能力，可靠性好，上坡时便于残疾人倒手。

③在前轮加一小轮便可以大大提高其越障（如小台阶）能力。

哈尔滨工业大学参赛的作品为多功能电动轮椅，如图13.7、图13.8所示。该作品综合考虑了现行行业标准《城市道路和建筑物无障碍设计规范》和爬楼轮椅标准的前提下，同学们采用了对楼梯适应性能好，且无损伤的行星轮结构，将多星轮机构改为双星轮机构并采用单轴支撑，平地可实现前进、后退、任意半径转弯。上楼时主驱动电机与光电码盘组成半闭环速度负反馈系统，控制行星轮的翻转速度，使整个上楼及下楼过程匀速、低速进行，可减小甚至消除冲击，通过测倾仪的反馈信号控制轮椅上楼、下楼和原地静止，使乘坐者在上下楼时可实时、任意地控制轮椅运动状态。差动装置可以平均分配两行星爬楼轮上所受转矩，与主驱动电机配合可实现单轮越障（包括垂直障碍如马路牙子）、四轮调整自适应凹凸不平的地面的功能。姿态调整电机与测倾仪构成位置闭环负反馈系统，可以调整座椅姿态，控制整个轮椅的重心位置起到安全保护的作用，同时也可以满足不同人的舒适度要求。

主要创新点如下：

①车体单轴支撑，降低爬楼时的协调性要求、降低了控制难度。

②采用差动装置，可在任意不平路面行驶时四轮着地。

③采用轮椅姿态闭环控制，提高了安全系数，降低了行星轮翻转力矩，采用了双星轮结构不损伤楼梯，适应性强。

④降低电磁制动器与电磁离合器的巧妙组合代替了失电制动性电磁离合器，大幅度降低了成本。

⑤基于分布式结构的主从机控制系统，提高了系统的可靠性。

⑥测倾仪与姿态电机组成的闭环姿态调整系统，使轮椅趋向于重心平衡位置，不同路面重心稳定。

⑦改进数字PID控制算法进行速度控制，保证控制精度同时，系统响应时间短，超调量小。

探讨了该作品的推广应用价值，根据相关数据可知我国现有肢体残疾人877万人，目前尚未发现国内有自主爬楼轮椅的生产能力，国外也仅仅在少数几个发达国家有商品化的爬楼轮椅，但价格都在10万元以上。而该作品的爬楼轮椅目前共花了大约4万元人民币。一旦商品化，估计质量会降低1/2～2/3，外形也会更加美观，成本能控制在1.5万元人民币以下。因此，商品具有巨大的价格优势和市场空间。随着中国经济的飞速发展，2万～3万元人民币对大多数中国人已不再是天文数字，有理由相信该产品会有很好的市场前景。

图 13.7　轮椅的状态示意图(一)

图 13.8　轮椅的状态示意图(二)

13.3　第三届

第三届大赛 2008 年 10 月在武汉海军工程大学举行,作品主题为“绿色与环境”。内容为“环保机械、环卫机械、厨卫机械三类机械产品的创新设计与制作”。其中,“环保机械”的解释为用于环境保护的机械;“厨卫机械”的解释为用于厨房、卫生间内所使用的机械。参赛作品必须以机械设计为主,提倡采用先进理论和先进技术,如机电一体化技术等。对作品的评价不以机械结构为单一标准,而是对作品的功能、结构、工艺制作、性能价格比、先进性、创新性等多方面进行综合评价。在实现功能相同的条件下,机械结构越简单越好。

中央空调长期使用后,灰尘、污垢、细菌等会积聚在空调通风管道内部,不但影响空调的制冷,还会促成螨虫的滋生;附着在室内机的细菌随送风系统吹回室内,污染室内的空气、传播疾病,严重影响人们身心健康。另外,空调在无数次的重复运行中,空气中夹杂的大量尘埃和液态烟雾就会层层包裹散热片,并严重堵塞散热片之间微小空隙,影响散热片的散热,从而导致冷凝器压力升高,压缩机马达电流增大,运行时间成倍延长,耗电量显著增加。因此需要定期清洗中央空调通风管道。

但高楼内空调管道纵横交错、管路复杂,有大口径的总管和小口径的支管,管道截面有矩形管和圆形管,不同管径和不同形状的管道之间构成有阶梯接口、锥形接口、圆弧弯道、“L”直角弯道、“T”或“Y”岔道等规格繁多,非人力所能及,而且人爬进管道清洗也不符合劳动卫生规范,所以需采用专用的机器人进行清洗和消毒。如图 13.9 所示为做保洁的机器人。

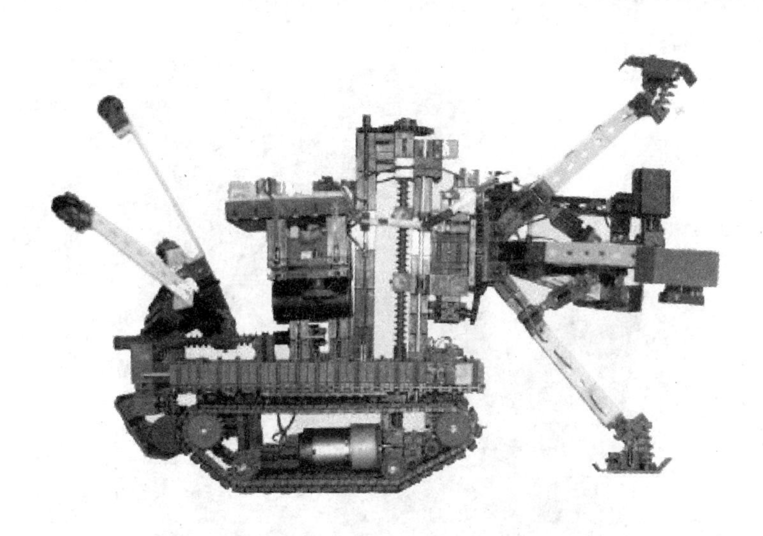

图 13.9　中央空调通风管道清洁机器人示意图

随着经济的发展和社会进步,人们对生存质量的要求越来越高,道路的清扫和保洁越来越受到有关部门的重视,人工清扫粉尘飞扬,严重影响清洁工人的身体健康,也不可避免地造成环境的二次污染,公路车辆的高速行驶对清洁工人的生命安全造成潜在威胁,这就要求我们必须迅速发展清扫机械,只有这样才能满足迅速发展的高等级公路的客观要求,使人们生活在洁净健康的环境中,这也是人类21世纪高品质生活的必然要求。如图13.10所示为一个多功能水车模型。

图13.10 一款多功能水车示意图

人人都穿鞋,穿鞋就离不开擦拭。皮鞋光亮,既体现人的精神面貌,又反映人的素质修养。随着现代人工作和生活节奏的加快,人们无暇把时间浪费在手握鞋刷两手油上,人工擦鞋既费时又费力。全自动擦鞋机取代传统的手工擦鞋便应运而生(见图13.11)。因此,解决此项服务的全自动擦鞋机具有广阔的市场潜力。

图13.11 自动擦鞋机示意图

13.4　第四届

第四届大赛 2010 年 10 月在南京东南大学举行。作品主题为“珍爱生命，奉献社会”，内容为“在突发灾难中，用于救援、破障、逃生、避难的机械产品的设计与制作”。其中，“用于救援、破障的机械产品”是指在火灾、水灾、地震、矿难等灾害发生时，为抢救人民生命和财产所使用的机械；“用于逃生、避难的机械产品”是指立足防患于未然，在突发灾害发生时保护自我和他人的生命和财产安全的机械，也包括在灾难和紧急情况发生时，房屋建筑、车船等运输工具以及其他一些公共场合中可以紧急逃生、避难功能的门、窗、锁的创新设计。

参赛作品必须以机械设计为主，提倡采用先进理论和先进技术，如机电一体化技术等。对作品的评价不以机械结构为单一标准，而是对作品的功能、结构、工艺制作、性能价格比、先进性、创新性等多方面进行综合评价。在实现功能相同的条件下，机械结构越简单越好。

获奖作品中“安全拱形门自动呼救式防震床”创意好，可圈可点。

2010 年前后，汶川、玉树接连发生地震，同学们决定设计“防地震床”（见图 13.12）。防震床启动后，两片拱形防护罩自动升起闭合，可起到抵挡坠落物的功能。同时，床里还设有自动呼救系统，包括扬声器呼救、红外线发射器和 GPS 定位仪。此外，床头备有饮用水、压缩食品、氧气瓶、急救箱等自救保障物品。评委们认为该作品独辟蹊径，而且特别符合大赛“珍爱生命，奉献社会”的主题。这也许就是“防地震床”能在全国 2 700 项作品中脱颖而出的原因。

图 13.12　防震床示意图

13.5　第五届

第五届大赛 2012 年 7 月在中国人民解放军第二炮兵工程学院（陕西西安）举行。作品主题为“幸福生活——今天和明天”;内容为“休闲娱乐机械和家庭用机械的设计和制作”。所有参加决赛的作品必须与本届大赛的主题和内容相符,与主题和内容不符的作品不能参赛。家庭用机械是指“对家庭或宿舍内物品进行清洁、整理、储存和维护用机械”。休闲娱乐机械是指“机械玩具或在家庭、校园、社区内设置的健康益智的生活、娱乐机械”。

参赛作品必须以机械设计为主,提倡采用先进理论和先进技术,如机电一体化技术等。对作品的评价不以机械结构为单一标准,而是对作品的功能、设计、结构、工艺制作、性能价格比、先进性、创新性等多方面进行综合评价。在实现功能相同的条件下,机械结构越简单越好。

同济大学的参赛作品是“康乐马”——以人工脚踏为动力的四脚步行机械马,这机械马以健身,休闲娱乐为设计主题。“康乐马”结构上分成主体框架,马脚和脚踏传动3大部分。主体框架使用铝合金材料,既达到强度要求也减轻整体质量,框架上安装有齿轮、链轮等机构传递动力给4个马腿。马腿采用对称布置,但行走时仿照真正马的方式,4个马腿相互错开行走,并且马腿抬腿、收腿速度不同,实现了“康乐马”在行走时重心始终不变,保持行走时的平稳,脚踏传动部分,设计人员——同学们沿用现有自行车脚踏机构,链条链轮的方式传动,安装方便的同时也节约了成本。“康乐马”采用仿生设计,人骑在上面以脚踏的形式提供动力,然后通过传动机构带动机械马的四肢从而实现前进后退。由于仿照马行走时四肢的相互平衡协调的特点,本作品相比于现在使用的自行车,人坐在上面将会很舒适的越过泥泞,草地和沙地等不平稳的路面,即使马蹄踩到石头等物品也不会出现侧翻的情况。本作品操作简单,只要坐上去就会操作,完全不用像自行车经过学习才会使用,是老少皆宜的大众化产品,而且以人力为动力的机械马完全不受能源的限制,并且不会对周围环境造成污染。同时,它体积小,只要有小块空地就能使用,可以是家里使用的健身工具,也可供小区人们休闲娱乐。

康乐马整体按功能分为3部分,即支撑架、行走机构和传动机构。支撑架一方面承受认得重力,将其传给腿,另一方面给其他机构提供一个相对静止的机架。支撑架分为前段、中段、后段。其中,前段后端分别放置前后腿及前后传动变速齿轮。中段安置座子和脚踏机构。行走机构有两组四杆机构构成,由脚踏机构传来的动力驱动。传动部分分为链条传动和齿轮传动,安置在机架内部,将人脚产生的扭矩传递到四条腿的主动件上。整体结构如图13.13所示。

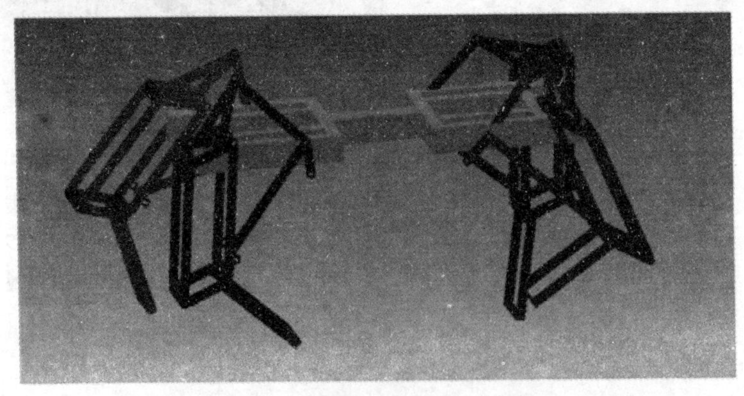

图13.13 “康乐马”结构示意图

马的腿部机构采用两个四杆机构构成,有同一个主动件驱动,只有一个自由度,如图13.14所示。

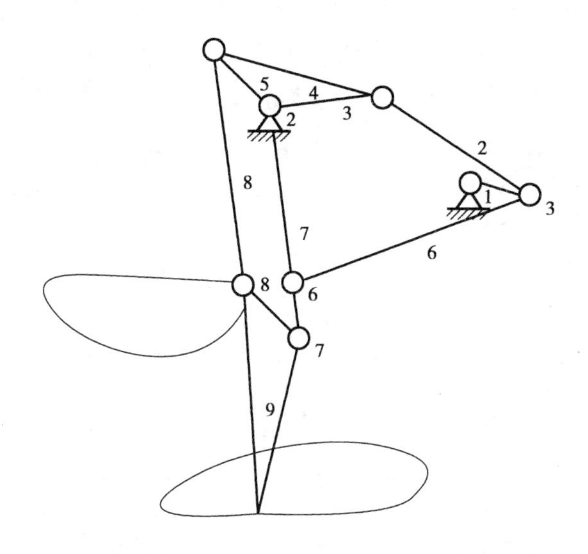

图 13.14　“康乐马”马腿运动机构图

马腿的机构采用空间杆组来加强稳定性,如图 13.15 所示。

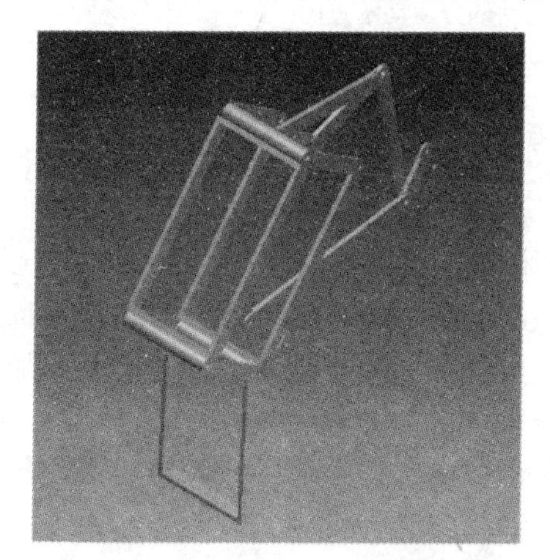

图 13.15　“康乐马”马腿示意图

马腿关节加装轴承,结构图如图 13.16 所示。

图 13.16　“康乐马”马腿关节示意图

传动部分主要由两部分组成:第一部分为链条传动,将人脚产生的扭矩传递到前面架子上的齿轮。链条不受距离限制,可随意安置;第二部分为齿轮传动,将链条传来的扭矩变速后传递到四杆机构的原动件。整体布局如图 13.17 所示。

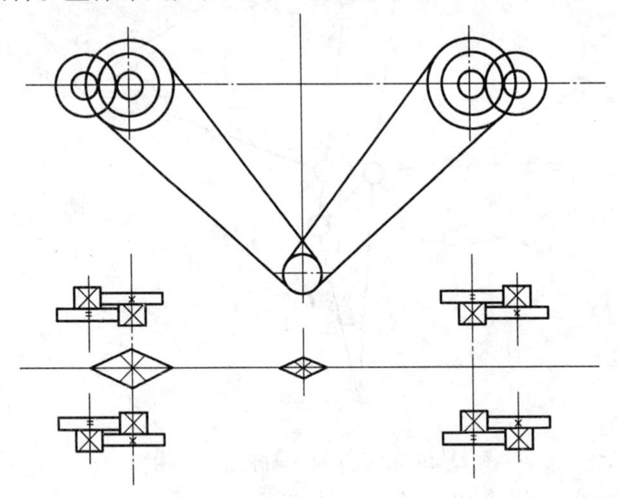

图 13.17 "康乐马"传动部分运动示意图

13.6 第六届

第六届大赛 2014 年 7 月 27 日—29 日在沈阳东北大学举行。作品主题为"幻·梦课堂";内容为"教室用设备和教具的设计与制作"。学生们可根据对日常课堂教学情况的观察,或根据对未来若干年以后课堂教学环境和状态的设想,设计并制作出能够使课堂教学更加丰富、更具吸引力的机械装置。

课堂包括教室、实验室等教学场所。教室用设备包括桌椅、讲台、黑板、投影设备、展示设备等;教具是指能帮助大学生理解和掌握机械类课程(包括但不限于"理论力学""材料力学""机械制图""机械原理""机械设计""机械制造基础"等)的基本概念、基本原理、基本方法等的教学用具。

学生在设计时,应注重作品功能、原理、结构上的创新性。

所有参加决赛的作品必须与本届大赛的主题和内容相符,与主题和内容不符的作品不能参赛。参赛作品必须以机械设计为主,提倡采用先进理论和先进技术,如机电一体化技术等。对作品的评价不以机械结构为单一标准,而是对作品的功能、设计、结构、工艺制作、性能价格比、先进性、创新性等多方面进行综合评价。在实现功能相同的条件下,机械结构越简单越好。图 13.18—图 13.20 即为符合主题的参赛作品。

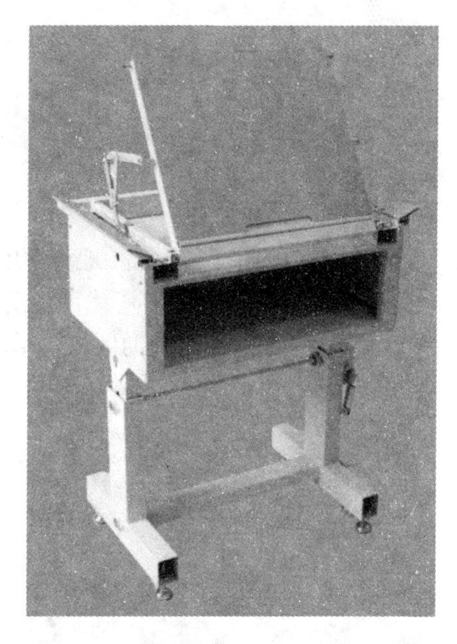

图 13.18　多教学环节共享型课桌示意图

图 13.19　凸轮研究仪示意图

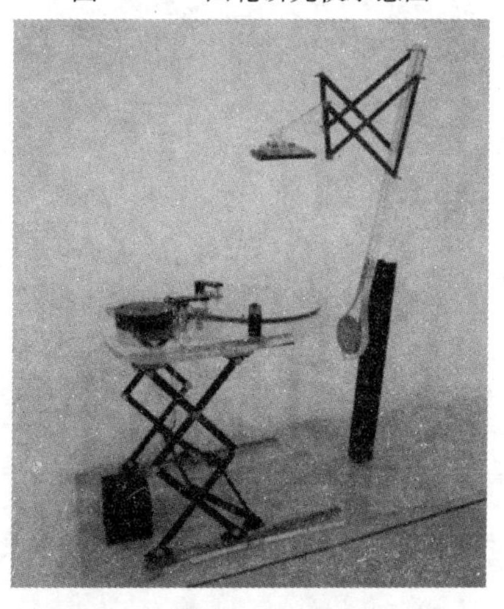

图 13.20　幻梦全方位多媒体模型展示台

13.7　第七届

第七届大赛2016年7月20日左右在山东交通学院(地点:山东济南市长清区)举行。作品的主题为“服务社会——高效、便利、个性化”,内容为“钱币的分类、清点、整理机械装置;不同材质、形状和尺寸商品的包装机械装置;商品载运及助力机械装置”。

第14章 全国大学生工程训练综合能力竞赛

全国大学生工程训练综合能力竞赛是基于国内各高校综合性工程训练教学平台，为深化实验教学改革，提升大学生工程创新意识、实践能力和团队合作精神，促进创新人才培养而开展的一项公益性大学生科技创新实践活动，具有较大影响力，是教育部、财政部资助的大学生竞赛项目，目的是加强学生创新能力和实践能力培养，提高本科教育水平和人才培养质量。为开办此项竞赛，经教育部高等教育司批准，专门成立了全国大学生工程训练综合能力竞赛组织委员会和专家委员会。竞赛组委会秘书处设在大连理工大学。每两年一届。

首届全国大学生工程训练综合能力竞赛全国总决赛于2009年10月17日—19日在大连理工大学隆重举行，第二届全国大学生工程训练综合能力竞赛全国总决赛于2011年6月在大连理工大学举行，第三届全国大学生工程训练综合能力竞赛全国总决赛于2013年6月在大连理工大学举行，第四届全国大学生工程训练综合能力竞赛全国总决赛于2015年5月23日至24日在合肥工业大学举行。

大赛的指导思想是"重在实践，鼓励创新，突出综合，强调能力"，以提高大学生的实践动手能力、科技创新能力和团队精神。

竞赛宗旨：竞赛为人才培养服务，竞赛为教育质量助力，竞赛为创业就业引路。

竞赛方针：基于理论、注重创新，突出能力，强化实践。

(1)竞赛主题

无碳小车越障竞赛，以重力势能驱动具有方向控制功能的自行小车。给定重力势能为4 J，竞赛时统一用质量为1 kg的重块(普通碳钢Q195 直径50 mm，长度65 mm，$\phi50\times65$)铅垂直下降来获得，落差400 ± 2 mm，重块落下后，须被小车承载并同小车一起运动，不允许从小车上掉落。

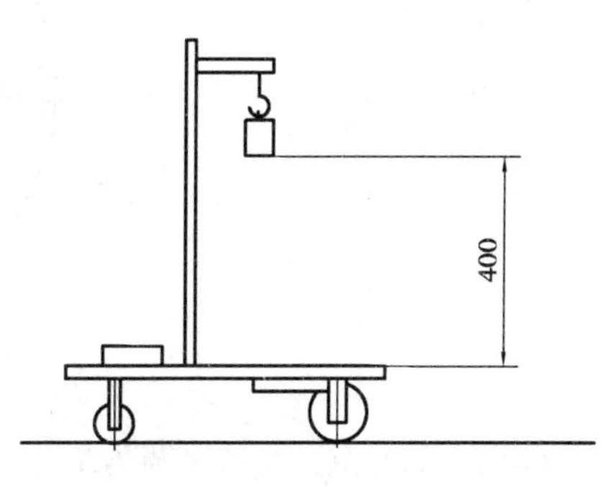

图14.1　小车示意图

要求小车为三轮结构，小车转向控制机构具有可调节功能，以适应放有不同间距障碍物的竞赛场地。要求经过一定的前期准备后，在比赛现场完成一台符合本命题要求的可运行的机械装置，并进行现场竞争性运行考核。每个参赛作品需要提交相关的设计、工艺、成本分析和工程管理 4 个文件及长度为 3 min 的关于参赛作品设计及制作过程的汇报视频。

（2）**竞赛项目**

①参赛小车拆装调试。

②3D 打印设计及制作。

③“S”形赛道场地常规赛：参赛小车在前行时能够自动交错绕过赛道上设置的障碍物，障碍物的是直径为 20 mm、高度为 200 mm 的圆棒，沿直线排放，以小车前行距离和绕过障碍物数量来综合评定成绩，如图 14.2 所示。

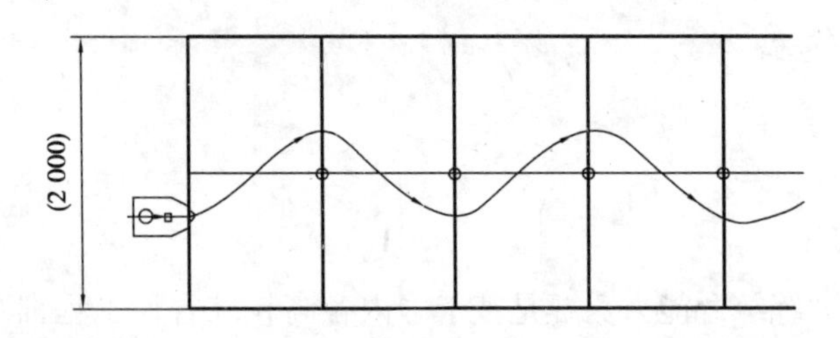

图 14.2 “S”赛道示意图

出发端线距离第一个障碍物及障碍物与障碍物的间距均为 1 m，小车位置和角度自定。

④“8”字形赛道场地常规赛，如图 14.3 所示。

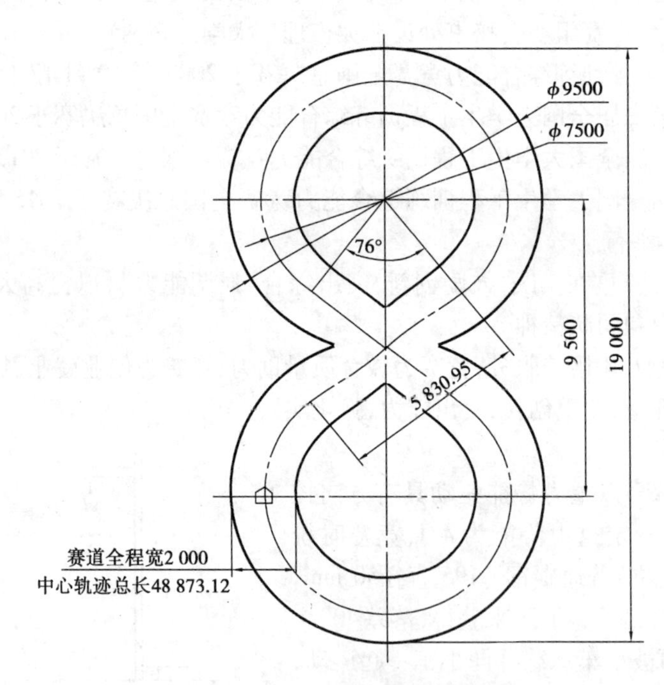

图 14.3 “8”字形赛道示意图

⑤场地挑战赛。本项比赛为最小障碍物间距挑战赛，分为“S”形赛道和“8”字形赛道两项进行。“S”形赛道，要求完成连续 10 个障碍物成功绕行；“8”字形赛道，要求完成连续 10 个完整“8”字绕行。

每个参赛队可以报名参加一项挑战赛，挑战赛需提前报名，并提交挑战的最小障碍物间距和按报名最小障碍物间距成功运行的视频记录资料。根据报名成绩排序,按“S”赛项和“8”赛项分别选出 10 个队进入挑战赛。

挑战赛可以使用与常规赛不同的小车,但所用小车应符合本命题要求。

完成 10 个障碍或 10 个完整“8”字绕行的参赛队,按障碍物最小间距的数值,计算成绩。数值相同时,按完成时间的长短,计算成绩。间距越小,时间越短,成绩越高。

⑥现场问辩。

(3)**小车制作**

小车的加工制作要注意:设计的零件加工要简单,公差配合要最大化,尽量采用标准件,减少加工件数量,固定联接尽可能地采用胶接,结构要简单,运动副要尽可能地选用低副。图 14.4、图 14.5 是常见的小车结构。

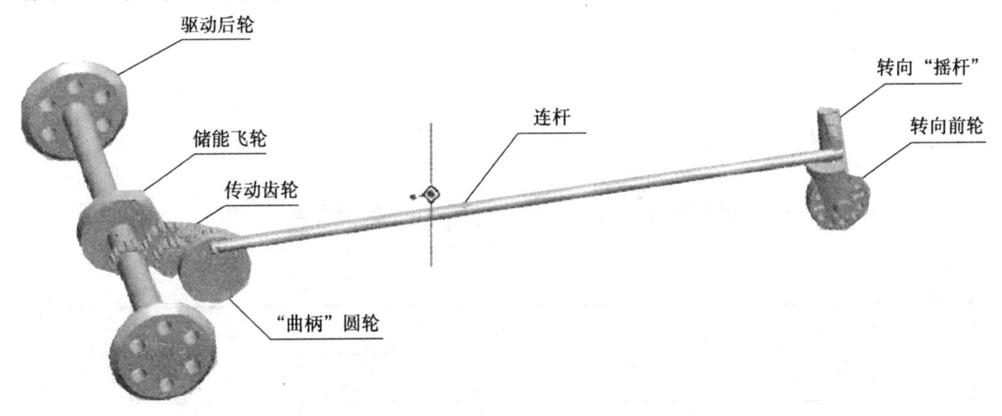

图 14.4　小车传动机构示意图

图 14.5　小车底盘示意图

附　录

附录1　冷加工工程训练报告

<table>
<tr><td colspan="6">1. 工程训练项目名称：</td></tr>
<tr><td colspan="6">2. 工程训练目的：</td></tr>
<tr><td colspan="6"></td></tr>
<tr><td colspan="6"></td></tr>
<tr><td colspan="6">3. 工程训练要求：</td></tr>
<tr><td colspan="6"></td></tr>
<tr><td colspan="6"></td></tr>
<tr><td colspan="6">4. 工程训练过程：</td></tr>
<tr><td>内容
步骤</td><td>设备</td><td>工件草图</td><td>工具</td><td>量具</td><td>结论</td></tr>
<tr><td></td><td></td><td></td><td></td><td></td><td></td></tr>
<tr><td></td><td></td><td></td><td></td><td></td><td></td></tr>
<tr><td></td><td></td><td></td><td></td><td></td><td></td></tr>
<tr><td></td><td></td><td></td><td></td><td></td><td></td></tr>
</table>

续表

5. 工程训练总结：
6. 评语：
备注：

附录2 热加工工程训练报告

<table>
<tr><td colspan="6">1. 工程训练项目名称：</td></tr>
<tr><td colspan="6">2. 工程训练目的：</td></tr>
<tr><td colspan="6"></td></tr>
<tr><td colspan="6"></td></tr>
<tr><td colspan="6">3. 工程训练要求：</td></tr>
<tr><td colspan="6"></td></tr>
<tr><td colspan="6"></td></tr>
<tr><td colspan="6">4. 工程训练过程：</td></tr>
<tr><td>内容
步骤</td><td>设备</td><td>原材料</td><td>工具及方法</td><td>表征方法</td><td>结论</td></tr>
<tr><td></td><td></td><td></td><td></td><td></td><td></td></tr>
</table>

续表

5. 工程训练总结：					
6. 评语：					
备注：					

参考文献

[1] 何国旗,何瑛. 机械制造工程训练[M]. 长沙:中南大学出版社,2013.
[2] 张木青,于兆勤. 机械制造工程训练[M]. 3 版. 广州:华南理工大学出版社,2010.
[3] 柳成,刘顺心. 金工实习[M]. 北京:冶金工业出版社,2012.
[4] 张志强,李建军. 金工实习教程[M]. 天津:天津大学出版社,2013.
[5] 刘丽国. 铣工[M]. 北京:经济科学出版社,2008.
[6] 胡家富. 铣工:中级[M]. 2 版. 北京:机械工业出版社,2012.
[7] 吴文. 机械制造基础实训教程[M]. 北京:机械工业出版社,2015.
[8] 蒋士博,欧阳刚. 机械加工实训教程[M]. 成都:电子科技大学出版社,2007.
[9] 徐永礼. 金工实习[M]. 北京:北京理工大学出版社,2009.
[10] 机械创新论坛,哈工程仿生机器蟹(全国一等奖).